工业和信息化普通高等教育"十三五"规划教材立项项目

21世纪高等教育计算机规划教材

基于Arduino的嵌入式系统入门与实践

Embedded System Based on Arduino

李兰英 韩剑辉 周昕 编著

人民邮电出版社

北 京

图书在版编目（CIP）数据

基于Arduino的嵌入式系统入门与实践 / 李兰英，韩
剑辉，周昕编著. -- 北京 : 人民邮电出版社，2020.9（2022.11重印）
21世纪高等教育计算机规划教材
ISBN 978-7-115-53441-5

Ⅰ. ①基… Ⅱ. ①李… ②韩… ③周… Ⅲ. ①微控制
器－程序设计－高等学校－教材 Ⅳ. ①TP368.1

中国版本图书馆CIP数据核字（2020）第030474号

内 容 提 要

本书全面、系统地讲述了以开源、简单、易用的 Arduino 开发板为控制核心的嵌入式系统的软硬件设计技术。本书主要内容包括对电子设计常用元件和常用 Arduino 开发板的介绍，Arduino IDE 软件开发环境的安装和使用方法，Arduino 软件设计的相关基础知识和技术以及硬件设计技术。本书最后介绍了 6 个与实际应用相关的 Arduino 嵌入式综合应用系统，全面讲述了基于 Arduino 的嵌入式系统设计技术。

本书既可作为高等院校计算机、自动化、电子、通信、物联网等相关专业的教材或竞赛培训用书，也可作为极客、电子爱好者和极客教育培训者的参考用书。

◆ 编　　著　李兰英　韩剑辉　周　昕
　　责任编辑　罗　朗
　　责任印制　王　郁　陈　犇

◆ 人民邮电出版社出版发行　　北京市丰台区成寿寺路 11 号
　　邮编 100164　　电子邮件 315@ptpress.com.cn
　　网址 https://www.ptpress.com.cn
　　固安县铭成印刷有限公司印刷

◆ 开本：787×1092　1/16
　　印张：24.5　　　　　　　　　　2020 年 9 月第 1 版
　　字数：580 千字　　　　　　　　2022 年 11 月河北第 4 次印刷

定价：72.00 元

读者服务热线：**(010)81055256**　印装质量热线：**(010)81055316**
反盗版热线：**(010)81055315**
广告经营许可证：京东市监广登字 20170147 号

一、写作背景和目的

嵌入式系统无处不在。当前我国嵌入式人才供不应求，如何培养适合社会需求的嵌入式开发人才成为了整个行业急需解决的问题。然而，嵌入式技术门槛高、难度大、实践性强，而且目前高校普遍存在重理论、轻实践的问题，专业设置和课程内容远不能满足人才培养需求。

开源 Arduino 为这个难题带来了转机。Arduino 是基于 AVR 单片机的一个开源的控制平台和开发环境。开源的优势在于，软件、硬件都很容易找到支持工具，没有经验的人也很容易开始学习，降低学习时间成本。Arduino 不仅开发简单、价格便宜、模块丰富，能够作为人机交互、物联网的节点，还可以成为各种人工智能的中心。很多消费电子产品的原型都是用 Arduino 开发的，然后交给专业的工程师迁移至更高级的平台。目前 Arduino 已经成为极客和创业者的首选。

编者从多年的 Arduino 竞赛培训经验中发现，由于 Arduino 的简单易用性，读者只要学完 C、C++等编程语言，即使是在没有任何专业基础知识的情况下，也可以掌握基于 Arduino 的嵌入式系统设计技术，完成各种嵌入式应用系统设计，并且读者在大一、大二就可以参加各种电子竞赛、物联网竞赛，并取得很好的成绩。这不仅降低了嵌入式技术学习的门槛和难度，也提高了读者的自信心和主动参与度，使读者短时间内提高了学习兴趣，能切身体会到实际应用和实现系统设计后的乐趣和成就感。

读者在没有学习相关专业基础课的情况下，理解和掌握基于 51 单片机或 ARM 单片机的嵌入式系统设计方法的难度是很大的。将嵌入式系统的基本概念和理论与 Arduino 相结合，可大大加强嵌入式人才的实践能力，这是嵌入式专业方向教学体系改革的一种行之有效的思路和方法。

本书的编写主要是为了更好地满足高校"嵌入式系统设计"课程的教学需求。读者通过本书的学习，对 Arduino 的嵌入式系统设计技术进行实践的同时，兼顾嵌入式系统相关概念和基础理论的学习，为今后深入学习基于 51 或 ARM 系列单片机的嵌入式系统设计技术打下良好的基础。

二、本书特点

1．轻松入门，快速上手

本书适合作为大一读者的竞赛培训教材，按"基础知识+模块测试"和"中小应用实例+

综合应用实例"的思路编写,内容由浅入深、循序渐进、入门与实践相结合。本书内容全面,语言通俗易懂,完整详尽地描述了大量应用实例的硬件组成、引脚连接、程序代码,引导零基础的读者通过实际操作来学习 Arduino 嵌入式系统设计技术,即"做中学、学中做",使读者轻松入门、快速上手。

2. 模块种类全,涵盖面广,分类明确

将开源、简单易学的 Arduino 平台引入嵌入式系统教学中,从嵌入式应用系统设计的角度,对其关键的接口技术,按照开发板上资源的接口技术、人机界面接口技术、常用传感器和控制模块接口技术、无线通信模块接口技术进行分类和组织,条理清晰,便于读者更深入地理解和学习相关硬件技术。

3. 内容系统,实践性强

本书系统、全面、深入地讲述 Arduino 中 C 语言编程相关的基础知识和技术。其中,基础知识包括函数、变量、程序结构、控制语句和运算符等内容;技术包括自定义类库的方法,以及 Arduino 编程中的定时、外中断等高级应用。力图做到一书在手,入门与实践无忧。

本书对常用模块和应用的封装类库,包括 IDE 内部的、第三方以及自定义的类库函数进行详细介绍,便于读者深入理解软件设计技术,拓展 Arduino 嵌入式系统的应用领域。

书中给出了大量非常适合实验教学的常用模块的测试方案和应用实例,所有代码均测试通过并加以注释。读者也可直接或稍加改动后应用于自己的项目,提高学习和设计效率。

书中分享了多个与实际应用接轨的综合应用实例,希望对读者的创新创意设计有所启发,对读者全面掌握和提升基于 Arduino 的嵌入式系统设计技术有所帮助。

4. 完善的技术支持

技术支持邮箱:1595903765@qq.com。欢迎读者针对本书内容提出问题,共同探讨和学习。

三、配套资源

为了方便读者学习和实践,本书提供了以下配套资源:
① Arduino IDE 安装包
② 所有示例程序源代码
③ 示例程序所用类库安装包
④ 实验用到的小工具软件
⑤ 教材配套课件
配套资源可登录人邮教育社区(http://www.ryjiaoyu.com)自行下载。

四、读者对象

① 参加电子设计、物联网相关竞赛的读者

② 嵌入式等相关专业的读者

③ 电子设计爱好者

④ 极客及培训教师

五、作者

本书第 4、6、7 章由李兰英编著，第 1、5、8 章由韩剑辉编著，第 2、3 章由周昕编著，李兰英对全书进行了统稿。

虽然我们对书中内容进行了反复核查和校对，但纰漏和不足在所难免，敬请读者批评指正，可通过邮箱 1595903765@qq.com 与我们联系。

编　　者

2019 年 10 月

目　　录

第 **1** 章 相关基础知识概述

本章将对嵌入式的相关知识进行概述，包括嵌入式系统及其技术、Arduino 的概念、分类，以及电子设计基础等内容。

1.1 嵌入式系统概述

嵌入式产品在生活中处处可见，上到太空的人造卫星，下到常见的机顶盒、空调、智能手表等。其实，所有带有数字接口的设备，几乎都可以划入嵌入式产品的范围。如果将嵌入式产品比作楼房，那么嵌入式系统就是里面的"钢筋"。

嵌入式系统因体积小、可靠性高、功能强、方便灵活等优点，对很多行业的技术改造、产品更新换代、自动化进程加速、生产效率提高等方面起到了极其重要的推动作用。嵌入式系统可以用在一些特定专用的设备上，通常这些设备的硬件资源（如处理器、存储器等）非常有限，并且对实现功能要求不一。另外，随着消费家电向智能化发展，嵌入式系统更显重要。按照行业细分，嵌入式产品主要分布在消费类电子、通信、医疗等行业。

嵌入式软件产业也发展迅猛，已成为软件体系中的重要组成部分，作为包含在硬件产品中的特殊软件形态，其产业增幅不断加大，而且在整个软件产业中的比重日趋提高。

1. 嵌入式系统的定义

嵌入式系统的定义很多，以下是常用的 3 种定义。

（1）国内普遍认同的嵌入式系统定义：以应用为中心、以计算机技术为基础、软件硬件可裁剪，且适应系统对功能、可靠性、成本、体积、功耗严格要求的专用计算机系统。

（2）IEEE 的定义：用于控制、监视或者辅助操作机器和设备的装置。

（3）其他定义：以提高对象体系智能性、控制力和人机交互能力为目的，通过相互作用和内在指标评价的，嵌入对象体系的专用计算机系统。

2. 嵌入式系统的分类

根据不同的分类标准，嵌入式系统有不同的分类方法。如果按其形态的差异，一般可将嵌入式系统分为芯片级（MCU、SoC）、板级（单片机、模块）和设备级（工控机）3 级。

由单片机组成的嵌入式系统可以分为不含操作系统和含操作系统两大类。不含操作系统的嵌入式系统学习和入门相对容易，免去了操作系统带来的学习难度，但即便如此，采用传统的 8 位 51 单片机或 32 位 ARM 单片机进行嵌入式学习和教学，短时间内掌握其相关技术的难度仍旧很大。

3. 嵌入式系统的组成

按照定义，嵌入式系统是专用计算机系统，它的硬件组成应包含计算机的五大组成部件，但大多数嵌入式系统是面向某一种特殊应用的，每一种应用都有独特的要求，因此不同嵌入式系统在具体应用中的硬件组成千变万化，但从整体来看，都大致分为微处理器、存储器、输入/输出设备及通信与扩展接口，也称为嵌入式系统的四大组成部分。

嵌入式微处理器是嵌入式系统的核心部件，它担负着控制、协调系统工作等重要任务，其功能的强弱直接决定了嵌入式产品的适用范围和开发复杂度。嵌入式微处理器通过数据线、地址线、控制线与存储器等各种外设相连。

嵌入式系统中的存储器是另一个重要的元件，它不像桌面计算机那样要求尽可能大的容量，虽然其容量较小，但对速度和功耗要求较高。

输入/输出设备也是不可或缺的，它的种类很多，此处列举一些设备及其用途：人机交互设备，使人们可以和系统进行交互；各种传感器设备，使人们可以了解系统的运行情况；还有各种输入设备，使人们实现对系统运行的控制。

通信与扩展接口可使嵌入式系统和其他系统或设备进行数据交换，并能对系统进行必要的扩展。接口一般指在处理器和外设之间的适配电路，其功能主要是解决处理器和外设之间工作速度、数据格式和电压等级等的相互匹配问题。接口在嵌入式系统中起到与外部世界沟通的"桥梁"作用。嵌入式系统中接口的形式多种多样。通信接口可分为有线和无线两类。有线接口需要考虑电位匹配、连接干扰、驱动功率等问题。在嵌入式系统中常用的有线接口有 RS-232 接口、USB 接口、RJ-45 接口、I2C 接口、SPI 接口等；而常用的无线接口有红外接口、蓝牙接口、Wi-Fi 接口、ZigBee 接口、GPS/GPRS 接口、GPS 接口等。

由于体积和成本的限制，嵌入式系统一般只由满足特定功能的硬件组成，有时还需要一些高级功能，但为了一些不常用的功能而增加过多的成本是不合理的。为了满足不同客户的需求，可预留一些扩展接口，例如 SD 卡接口、CF 卡接口等。

除了四大组成部分，嵌入式系统还包括时钟与总线、内存管理、看门狗和供电与能耗等要素。

4. 嵌入式技术简介

对于不包含操作系统的嵌入式系统，有以下可学习的相关技术。

（1）单片机原理以及各种输入/输出设备、传感器、通信模块的编程方法。

（2）网络编程技术。

（3）各种算法思路及其编程方法。

对于包含操作系统的嵌入式系统还可学习以下相关技术。

（1）基于 Linux 操作系统的驱动程序设计方法。

（2）基于 Linux 操作系统的移植和裁剪技术。

（3）基于 Linux 操作系统的应用程序编程技术。

若学习嵌入式技术，则需要经常和硬件打交道，技术知识涉及面广，这也是嵌入式技术学习的难点。

嵌入式应用编程主要有以下特点：开发环境交叉、可利用的资源有限、输入/输出界面不同、需要和硬件打交道、高可靠性、高实时性及程序的可移植性等特点。

总之，嵌入式系统是将先进的计算机技术、半导体技术和电子技术与各个行业的具体应用相结合后的产物。这一点就决定了它必然是一个技术密集、资金密集、高度分散、不断创新的知识集成系统。

1.2　Arduino 概述

1.2.1　Arduino 是什么

Arduino 是一个简单易用的开源电子平台。Arduino 开发板（简称 Arduino 板，有时也直接称 Arduino）可读取开关或传感器的数据，并控制电机、LED 灯等。通过对 Arduino 板上控制器进行软件编程，可控制 Arduino 实现所需要的功能。软件开发环境是基于 Processing 的 Arduino IDE。多年来，从常见的控制对象到复杂的科学仪器，Arduino 已经成为许多工程或项目的控制中心。世界各地的爱好者们，包括读者、艺术家、发烧友、程序员和专家等，贡献了数不胜数的知识，供新手和进阶者学习和应用。Arduino 诞生于意大利米兰互动设计学院，源于没有电子和编程背景的读者迫切需要一个简单的样机制造工具。Arduino 被广泛使用后，不断发展去适应新的需要和挑战，从简单的 8 位处理器板到 IoT 应用、可穿戴产品、3D 打印机和嵌入式系统。所有 Arduino 板是完全开源的，准许用户独立地使用它们，以满足他们的特殊需要。因为对初学者来说，Arduino 软件简单易学，对有经验的用户来说又足够灵活，Arduino 已经被应用在成千上万的工程和应用系统中。它可运行在 Mac OS、Windows 和 Linux 操作系统中。教师和读者使用 Arduino 设计低成本的科学仪器，证明化学和物理原理，或开始学习编程和机器人技术；设计者和建筑师使用 Arduino 设计交互原型；音乐家和艺术家使用它进行创作；制造者利用它制造许多在相关博览会上展示的工程或项目。Arduino 是学习新事物的重要工具，孩子、爱好者、艺术家、程序员等任何人都可按照说明一步一步地学习 Arduino，或者和其他人分享设计思想。Arduino 简化了微控制器的工作过程，它为教师、读者和业余爱好者提供了许多便利。Arduino 简化了微控制器的工作过程，它具有以下优点。

（1）价格便宜

与其他微控制器相比，Arduino 价格便宜。自制 Arduino 板可以最大限度降低成本。

（2）跨平台

Arduino 软件的集成开发环境（Integrated Development Environment，IDE）可运行在 Windows、Mac OS 和 Linux 操作系统上，但大部分微控制器只能在 Windows 环境下运行。

（3）简单、清晰的编程环境

Arduino 软件对初学者而言，很容易上手；对高级用户而言，又不乏灵活性；对教师而言，它基于 Processing 编程环境，方便已学过 Processing 编程的读者学习 Arduino。

（4）开源和可扩展软件

Arduino 软件是一种开源工具，有经验的开发者可以通过 C++库对它进行扩充。想要了解技术细节的人可以跳过 Arduino，直接用 AVR-C 进行编程。同样，如果需要，也可以将 AVR-C 代码直接添加到 Arduino 程序中。

（5）开源和可扩展硬件

Arduino 的发布遵循"知识共享许可协议"，故有经验的电路设计者可以开发自己的模块，扩展它，或对它进行改进。为了解 Arduino 的工作原理和降低成本，有经验的用户甚至可以设计 Arduino 电路试验板。

对于嵌入式技术的学习，Arduino 具有重要的意义。Arduino 技术的简单易用性，大大降低了基于 Arduino 的嵌入式技术学习的门槛和难度，可使读者克服畏难情绪，短时间内提高学习兴趣，并切身体会到实际应用和实现系统设计的乐趣和成就感，为今后进一步深入学习 8 位 51 单片机或 32 位 ARM 系列单片机打下良好的基础。

1.2.2 Arduino 开发板分类

Arduino 开发板分入门级、高级类、物联网类、教育类和可穿戴类五大类。

入门级开发板包括 UNO、Leonardo、101、Esplora、Micro、Nano 等。

高级类开发板包括 Mega 2560、Zero、Due、Mega ADK、MKRZero 等。

物联网类开发板包括 Yun、Ethernet、MKR1000 等。

教育类开发板包括 CTC 101、Engineering KIT 等。

可穿戴类开发板包括 Gemma、LilyPad、LilyPad USB、LilyPad SimpleSnap 等。

建议 Arduino 初学者选用入门级产品。如果要完成复杂功能，则选用性能较高、速度较快的高级类开发板。采用物联网类开发板便于设备互联。教育类开发板可以使教师利用必需的软硬件工具，充分激发读者的兴趣和热情，引导读者进行编程和电子设计创新实践。可穿戴类开发板可以使开发者感受将电子产品穿戴在身上的神奇。表 1-1 列出了部分开发板的主要性能指标。

表 1-1 开发板的主要性能指标

开发板名称	处理器	操作/输入电压（V）	CPU速度（MHz）	模拟 I/O引脚数	数字 IO/PWM引脚数	EEPROM（KB）	SRAM（KB）	Flash（KB）	USB类型	串口个数
101	Intel® Curie	3.3/7～12	32	6/0	14/4		24	196	Regular	
Gemma	ATtiny85	3.3/4～16	8	1/0	3/2	0.5	0.5	8	Micro	0
LilyPad	ATmega168V ATmega328P	2.7～5.5	8	6/0	14/6	0.512	1	16		
LilyPad SimpleSnap	ATmega328P	2.7～5.5	8	4/0	9/4	1	2	32		
LilyPad USB	ATmega32U4	3.3/3.8～5	8	4/0	9/4	1	2.5	32	Micro	
Mega 2560	ATmega2560	5/7～12	16	16/0	54/15	4	8	256	Regular	4
Micro	ATmega32U4	5/7～12	16	12/0	20/7	1	2.5	32	Micro	1

开发板名称	处理器	操作/输入电压（V）	CPU速度（MHz）	模拟I/O引脚数	数字IO/PWM引脚数	EEPROM（KB）	SRAM（KB）	Flash（KB）	USB类型	串口个数
MKR1000	SAMD21 Cortex-M0+	3.3/5	48	7/1	8/4	–	32	256	Micro	1
UNO	ATmega328P	5/7～12	16	6/0	14/6	1	2	32	Regular	1
Zero	ATSAMD21G18	3.3/7～12	48	6/1	14/10	–	32	256	2 Micro	2
Due	ATSAM3X8E	3.3/7～12	84	12/2	54/12	–	96	512	2 Micro	4
Esplora	ATmega32U4	5/7～12	16	–	–		2.5	32	Micro	1
Ethernet	ATmega328P	5/7～12	16	6/0	14/4	1	2	32	Regular	
Leonardo	ATmega32U4	5/7～12	16	12/0	20/7	1	2.5	32	Micro	1
Mega ADK	ATmega2560	5/7～12	16	16/0	54/15	4	8	256	Regular	4
Nano	ATmega168 ATmega328P	5/7～9	16	8/0	14/6	0.512 1	1 2	16 32	Mini	1
Yun	ATmega32U4 AR9331 Linux	5	16 400	12/0	20/7	1	2.5 16MB	32 64MB	Micro	1
MKRZero	SAMD21Cortex-M0+32bit low powerARM MCU	3.3	48	7 (ADC 8/10/12bit)/1 (DAC 10 bit)	22/12	No	32	256	1	1

1.3 电子设计基础

Arduino 电路离不开各种电子元件,本节介绍电路和电子元件的一些基本知识。

图 1-1 是一个简单的开关控制电路。电流的起点称为"电源",电流经过开关流入灯泡,在灯泡上做功发热,再流回电源。所以一个可运行、可靠和可控的电路必须遵循的基本原则是:有电源、开关和负载（如灯泡）,用导线串联起来,形成从电源正极到负极的电路。

图 1-1 简单的开关控制电路

1.3.1 电源和 USB 数据线

电源是向电子设备提供能源的装置,也称为电源供应器,它提供计算机中所有部件所需要的电能。电源功率的大小以及电流和电压是否稳定,将直接影响计算机的工作性能和使用寿命。

电源的大小用电压（Voltage）表示,电压在国际单位制中的主单位为伏特（V,简称伏）,常用的单位还有毫伏（mV）、微伏（μV）和千伏（kV）等。

电源分直流电（Direct Current,DC）和交流电（Alternating Current,AC）。小型用电设备一般由直流电源供电。电池（Battery）是一种具有稳定电压和电流的,长时间稳定供电的直流电源。电池种类很多,常用的有碱性干电池、锂电池等,电池电压有 1.5V、3.7V、5V

和 9V 等，通过组合电池可以提供 12V 以上的电压。计算机电源是一种将交流电转换为+5V、-5V、+12V、-12V 和+3.3V 等稳定的直流电的变压器开关电源。如果 Arduino 或元器件采用 5V（无特殊说明均为+5V）电压供电，可用图 1-2 表示其电路原理图。

VCC（Volt Current Condenser）代表电路的供电电压，即电源的正极，也可以直接标注其电压值，如 5V。GND（地，Ground）代表地线或电源负极，就是公共地的意思，但这个地并不是真正意义上的大地，是相对的一个地，它与大地是不同的。

如果考虑整体供电，或者其他需要独立供电的模块，比如电机驱动模块等，外部模块需要与 Arduino 板共地，即 Arduino 板的电源地与外部模块的电源地需连接在一起，用同一个参考地。这一点初学者需要特别注意。

Arduino 板最简单的供电方式是通过一根 USB 数据线进行供电，供电的同时 USB 数据线还负责程序下载和数据通信。USB 数据线有多种长度可供选择，常用的有 30cm、50cm 和 150cm 等，一般短线的稳定性要好于长线。USB 数据线实物如图 1-3 所示。

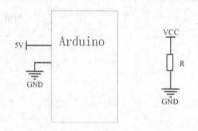

图 1-2　5V 直流电压供电的电路原理图

图 1-3　USB 数据线实物图

1.3.2　电路中信号的分类

电子线路中的电信号可以分为模拟信号和数字信号两大类。在数值和时间上都连续变化的信号，称为模拟信号，例如随声音、温度、压力、湿度、速度、流量等物理量连续变化的电压或电流。在数值和时间上不连续变化的信号，称为数字信号，例如只有高、低电平跳变的矩形脉冲信号。这两类信号在处理方法上各有不同。处理模拟信号的电路称为模拟电路，如放大电路。处理数字信号的电路，称为数字电路，如脉冲信号的产生、整形数字电路。

1.3.3　常用元件简介

1．电阻器

电阻器（Resistor），都有一定的阻值，它代表电阻对电流阻挡力的大小。电阻的单位是欧姆（Ω，简称欧），标记为 R。除了欧姆外，电阻的单位还有千欧（kΩ）、兆欧（MΩ）等，以千进位换算。电阻器符号及实物如图 1-4 所示。

电阻器的电气性能指标通常有标称电阻值、误差和额定功率等。电阻器与其他元件一起构成一些功能电路，如限流、分压电路等。电阻器是一个线性元件，在一定条件下，流经一个电阻器的电流（I）

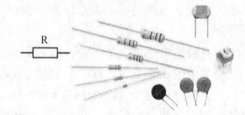

图 1-4　电阻器符号及实物图

与电阻器两端的电压（U）成正比，即它符合欧姆定律：$I=U/R$。

电阻器有很多种类，有可调电阻器（电位器）、热敏电阻器、光敏电阻器和压敏电阻器等。很多传感器都可以通过测量其电阻值体现其物理量值，如测量光强的光敏电阻器，其特点是电阻值与光照强度变化程度呈比例关系。

2. 电容器

电容器（Capacitor），顾名思义，是"装电的容器"，是一种容纳电荷的器件。所带电荷量 Q 与电容器两极间的电压 U 的比值，称为电容器的电容。在国际单位制里，电容的单位是法拉（F，简称法），标记为 C。由于法拉这个单位太大，所以常用的电容单位有毫法（mF）、微法（μF）、纳法（nF）和皮法（pF）等，以千进位换算。图 1-5 所示的是电容器符号及实物。

电容器是储能元件，它具有充放电特性和阻止直流电流通过、允许交流电流通过的性能。在实际电路中电容器有很多用途，例如，用在滤波电路中的电容器称为滤波电容器，滤波电容器将一定频段内的信号过滤掉；用在积分电路中的电容器称为积分电容器；用在微分电路中的电容器称为微分电容器。

3. 电感器

电感器（Inductor），是能够把电能转化为磁能存储起来的元件。电感器是由导线绕制而成的线圈，具有一定的自感系数，称为电感，电感的单位是亨利（H，简称亨），标记为L。电感也常用毫亨（mH）或微亨（μH）为单位，以千进位换算。图 1-6 是电感器符号及实物图。

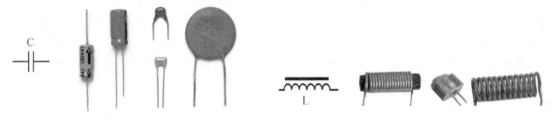

图 1-5 电容器符号及实物图　　　　　　　　　图 1-6 电感器符号及实物图

电感器对交变电流有阻碍作用，其阻碍大小用感抗（X_L）表示，单位用欧姆表示。感抗与交变电流的频率 f 的关系如下。

$$X_L=2\pi f L$$

电感量表示线圈本身的固有特性，与电流大小无关。电感器在电路中主要起到滤波、振荡、延迟等作用，常用于筛选信号、过滤噪声、稳定电流及抑制电磁波干扰。

4. 二极管

二极管（Diode）是最常用的电子元件之一。它由两个电极组成，一个称为阳极，另一个称为阴极。二极管的特点是正向导通，即当阳极接电源正极，阴极接电源负极时，施加在其上的电压称为正向电压，二极管导通；反之二极管则处于截止状态。

二极管一般标记为 D，常用在整流、稳压、恒流、开关、发光及光电转换等电路中。二极管符号及实物如图 1-7 所示。

发光二极管（LED 灯）是半导体二极管的一种，可以把电能转化成光能。常用作信号指

示灯、文字或数字显示等。发光二极管与普通二极管一样，也具有单向导电性。当给发光
二极管加上正向电压后，会产生自发辐射的荧光。发光二极管用的材料不同，发光颜色就
不同。发光二极管符号及实物如图 1-8 所示。发光二极管的两个引脚中较长的是阳极，较
短的是阴极。

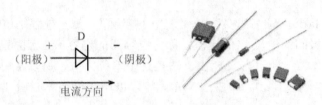

图 1-7　二极管符号及实物图

发光二极管的导通电压一般在 1V 左右，导通电流一般为 10mA。如果施加的正向电压超
过导通电压，发光二极管电流会急剧上升直到损坏。在应用中需要在发光二极管电路中串联
一个限流电阻器来保证其正常工作。电阻器阻值根据施加电压和发光二极管导通电压计算，
计算公式如下。

$$R=(E-U_E)/I_F$$

其中，E 是施加的电压，U_E 是导通电压，I_F 是导通电流。如果施加的电压是 5V，U_E 取
1V，I_F 取 10mA，R 计算值则是 400Ω，实际采用 1kΩ 也能满足发光要求。

5．晶体管

晶体管全称为半导体晶体管，也称双极型晶体管、晶体三极管，是常用的电子元件之一。
晶体管是一种控制电流的半导体器件，其作用是把微弱的电信号放大成幅度值较大的电信号，
可用作无触点开关。

晶体管按内部结构分为 NPN 型和 PNP 型两种。晶体管一般标记为 Q，图 1-9（A）和
图 1-9（B）是晶体管的图形符号。

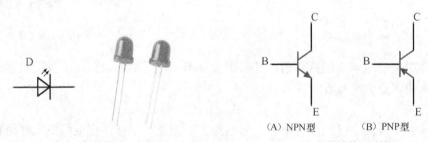

图 1-8　发光二极管符号及实物图　　　　图 1-9　晶体管的图形符号

晶体管有三个极，即 B 是基极，E 是发射极，C 是集电极。晶体管具有放大作用，通过
控制基级电流 I_b 可改变集电极到发射极的电流 I_{ce}，$I_{ce}=\beta I_b$，β 是晶体管的放大倍数。发射极
的箭头代表电流方向。

晶体管实物如图 1-10 所示，在数字电路中晶体管常用作驱动开关，控制大功率电器供电。
如图 1-11 所示，如果采用 NPN 型晶体管，在基极与发射极之间施加正向电压（高电平），晶
体管 E、C 之间导通，相当于开关闭合，晶体管导通后，灯泡上有电流通过，电灯发光，加
在灯泡上的电压要高于输入控制信号。而如果采用 PNP 型晶体管，需要在基极与发射极之间

施加反向电压（低电平），晶体管才能导通。

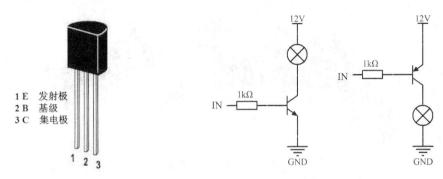

图 1-10 晶体管实物图　　　　　　　　图 1-11 晶体管放大驱动电路图

1.3.4 万用表

万用表按显示方式分为指针万用表和数字万用表。万用表是一种多功能、多量程的测量仪表，一般万用表可测量直流电流、直流电压、交流电流、交流电压和电阻等，有的还可以测量电容量、电感量及半导体的一些参数（如 β）等。数字万用表的测量值由液晶显示屏直接以数字形式显示，读取方便，是目前广泛使用的测量仪表，实物如图 1-12 所示。

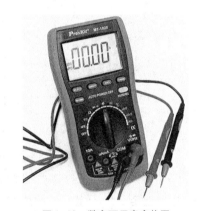

万用表的选择开关是一个多挡位的旋转开关，用来选择测量的项目和量程。常用的万用表测量项目包括以下几个，"mA"，即直流电流；"V（—）"，即直流电压；"V（～）"，即交流电压；"Ω"，即电阻。每个测量项目又划分为几个不同的量程以供选择。

常用数字万用表有 2 个绝缘探针表笔和 4 个测量插孔，表笔分为红、黑两种。测量时将黑色表笔插入标有"COM"的插孔，测量电压和电阻时将红色表笔插入标有"VΩ"的

图 1-12 数字万用表实物图

插孔，测量电流时根据测量的大小将红色表笔插入标有"mA/μA"或"10A"的插孔。

测量电阻或电压时，将两个表笔并联在被测元件两边，测量电流时将两个表笔串联到被测回路中，测量时要注意极性。万用表量程的选择很重要，如果选择不正确，可能导致万用表保险丝烧断或测量不准确。例如不能用电流挡位测量电压，不能用小挡位测量大信号。而用大挡位测量小信号时，结果的精度将受影响。

1.3.5 杜邦线

杜邦线是一种连接导线，可用于扩展实验板的引脚、增加实验项目等。通过杜邦线，可以快速地把各种模块与 Arduino 引脚连接在一起，无须焊接就可进行电路实验。

杜邦线接头有两种形式：插针和插孔。根据不同用途接头有 3 种组合形式：两头都是插孔，两头都是插针，一头插针一头插孔。杜邦线有很多种颜色，连线时可用来区分不同信号。Arduino 引脚是标准的 0.01 英寸（1 英寸≈2.54 厘米）间距，各种模块引脚也基本都是标准间距，市场上供应商用标准排线为杜邦线，有多种长度可供选择，如图 1-13 所示。杜邦线可

以重复使用，完成实验后把杜邦线拆卸下来可供下次使用。

图 1-13　杜邦线实物图

1.3.6　面包板

面包板是用于搭建电路的基础元件之一。面包板上有很多小插孔，是专为电子电路的无焊接实验设计制造的。各种电子元件可根据需要随意插入或拔出，不用焊接，节省了电路的组装时间，而且元件可以重复使用，所以非常适合电子电路实验的组装、调试和训练。

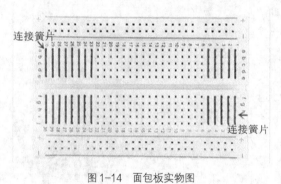

图 1-14　面包板实物图

面包板整板使用热固性酚醛树脂制造，款式有很多种，大小各异，基本原理相同。图 1-14 所示的面包板以中间的长凹槽为界分成上、下两部分，每一部分中的每一列有 5 个插孔，同一竖列的 5 个插孔被一条金属簧片连接，但不同竖列的方孔之间是绝缘的。元器件插入孔中时能够与金属条接触，从而达到导电目的。横排上的器件要连通的话，需要用杜邦线连接。板子上下两侧各有两排插孔，也是 5 个一组，一般用来给板子上的元件提供电源。

1.3.7　Arduino 扩展板

Arduino 扩展板也被称为传感器扩展板，可以堆叠接插到 Arduino 板上，进而实现特定功能的扩展。在面包板上接插元件固然方便，但需要有一定的电子知识来搭建各种电路。而使用传感器扩展板可以一定程度地简化电路搭建过程，更快速地搭建出自己的项目。使用传感器扩展板，只需要通过连接线把各种模块接插到 Arduino 板上即可，例如使用网络扩展板可以使 Arduino 具有网络通信功能。

传感器扩展板种类很多，我们可以按需要购买或自行设计，其扩展原理基本相同。传感器扩展板并不会增加 I/O 口的数量，但有方便插入传感器的接口，方便连接多个传感器。每个传感器模块都需要电源供电，Arduino 板上电源插孔少，不能满足多个模块电源引脚的连接，而传感器扩展板可给每个 I/O 接口都配上电源。图 1-15（A）所示的是 Arduino UNO 扩展板，图 1-15（B）所示的是官网上的 LCD Keypad Shield 扩展板，它除了扩展了按键和液晶显示外，还引出了少部分 I/O 接口，图 1-15（C）所示的 Arduino Mega 2560（简称 Mega 2560）传感器扩展板是自行设计的，每个数字引脚和模拟输入引脚采用"3P"设计，用"S"表示信号引脚，用"V"表示 VCC，用"G"表示 GND。

(A)

(B)

(C)

图 1-15 传感器扩展板

另外，Arduino Mega 2560 扩展板上设计了外接 5V 电源的接线端子，可以给传感器提供大电流的电源。通过跳线，可以选择由 Arduino 板供电或外部供电。常用总线和专用接口也进行了扩展设计，如 I2C 总线、SPI 和异步串行接口等。Arduino Mega 2560 扩展板还扩展了专用模块接口，如 XBee 模块接口、语音模块接口等。

1.3.8 模块

用 Arduino 完成各种制作和实验，需要多种有特殊功能的传感器、驱动电路及人机交互器件等组成的模块。从应用角度说，可以不用了解这些电子器件模块的原理，只要按要求将这些模块用杜邦线与 Arduino 的接口引脚连接，就能完成应用系统的硬件制作。

大多数模块与 Arduino 通过数字量接口或模拟量接口连接。简单的模块只有 3 个信号线，即电源线正极、电源线负极和信号线。采用串行方式进行通信的模块主要有 3 种协议：SPI、I2C 和 UART。只要掌握这 3 种协议的使用方法就可以很容易使用各种模块。下面列出了几种常用的传感器或模块及采用的协议。

（1）DS18B20 温度传感器（单总线）。

（2）直流电机驱动模块（模拟 I/O）。

（3）光敏电阻采集模块（模拟 I/O）。

（4）nRF24L01 无线通信模块（SPI）。

（5）PCF85631 日历时钟模块（I2C）。

（6）蓝牙模块（UART）。

1.4　本章小结

　　本章首先介绍了嵌入式系统的一些相关概念和知识，包括嵌入式系统定义、分类、组成和相关技术；之后对 Arduino 的特点、优势及应用进行了介绍，详细地给出了 Arduino 开发板的分类及性能指标；最后对 Arduino 嵌入式系统开发中经常用到的元件、万用表、杜邦线、面包板、扩展板和模块等进行了介绍。

第 **2** 章 　 **Arduino 软硬件开发基础**

本章将详细介绍 Arduino 软硬件开发的相关基础内容，包括开发板、软件集成开发环境、开发流程等。

2.1　Arduino 开发板

本节详细介绍两个常用的 Arduino 开发板：Arduino UNO 和 Arduino Mega 2560。

2.1.1　Arduino UNO

Arduino UNO 开发板（简称 UNO）是一个基于 ATmega328P 微控制器（又称单片机）的开发板，它有 14 个数字输入/输出引脚（其中 6 个可用于 PWM 输出）、6 个模拟输入、1 个 UART（硬件串口）、1 个 16 MHz 晶体振荡器、1 个 USB 接口、1 个电源插孔、1 个 ICSP（In-Circuit Serial Programming）插座和 1 个复位按钮。Arduino UNO 开发板采用 1 根 USB 线与计算机连接，USB 线同时具有供电和通信的功能，Arduino UNO 开发板也可以通过 1 个 AC-to-DCx 变换器或电池供电。

在意大利，"UNO" 的意思是 ONE，Arduino UNO 开发板和 Arduino IDE 1.0 是早期的参考版本。Arduino UNO 是第一个采用 USB 接口与计算机连接的 Arduino 开发板，其实物如图 2-1 所示。

Arduino UNO 开发板是硬件开源的，图 2-2 是其原理图。读者利用其 PCB 图可自己制作电路板。

Arduino UNO 开发板的 ATmega328P 微控制器中已烧录了 BootLoader（引导程序），该 BootLoader 允许下载新的代码而无须专门的编程器。ATmega328P 微控制器还有一种编程方式是将 BootLoader 旁路通过 ICSP 插座使用 Arduino ISP（一个可直接对微控制器进行编程的工具）对微控制器进行编程。

Arduino UNO 开发板硬件资源按功能分为电源、存储器、输入/输出接口和通信接口等几部分。下面介绍其硬件资源以及其他相关信息。

1．电源

Arduino UNO 开发板可通过 USB 连接或外部电源供电，它可自动选择供电电源。外部电源可以是 1 个 AC-DC 的变换器或电池，调节器通过 1 个 2.1mm 的中心正极（center-positive）

插头与 Arduino UNO 开发板的电源插座连接,电池通过 VIN 和 GND 引脚给 Arduino 板供电。外部电源电压供电范围是 6~20V,若小于 7V,转换后供电电源可能不足 5V,Arduino UNO 开发板有可能无法稳定工作;若超过 12V,电压转化器会出现过热的情况,有可能烧坏 Arduino UNO 开发板。电压推荐范围是 7~12V。

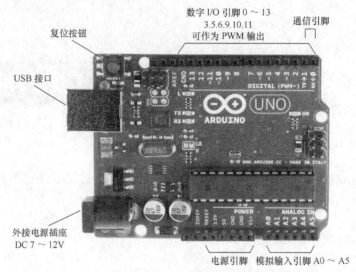

图 2-1 Arduino UNO 开发板实物图

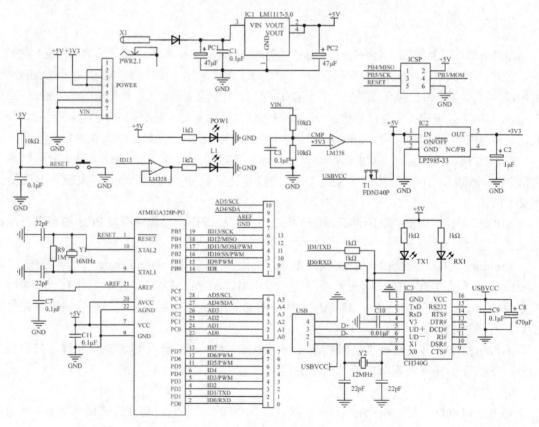

图 2-2 Arduino UNO 开发板原理图

电源引脚如下。

（1）VIN：当使用外部电源供电时，VIN 是 Arduino/Genuino 开发板的输入电压引脚，或者当通过电源插座供电时，可从这个引脚得到 5V 电压。

（2）5V：该引脚输出 5V 电压。若通过 5V 或 3.3V 引脚供电可能损坏旁路线性稳压器，故不推荐使用 5V 或 3.3V 引脚供电。

（3）3.3 V：该引脚输出 3.3 V 电压，其最大电流是 50 mA。

（4）GND：该引脚是接地引脚。

扩展板可读取 IOREF 引脚的电压并选择合适的电源，或者提供 3.3V 或 5V 的电平转换。

（5）AREF：模拟输入的参考电压。

2．存储器

Arduino UNO 有 32 KB Flash，其中 BootLoader 占用了 0.5 KB，另有 2 KB SRAM 和 1 KB EEPROM（可利用 EEPROM 类库对其进行读写操作）。

3．输入和输出

Arduino UNO 有 14 个数字引脚，可用于输入或输出。输入/输出电压是 5V。在推荐的操作条件下，工作电流是 20mA，且有一个电阻值为 20Ω～50kΩ的内部上拉电阻器（默认情况下未连接）。为了避免微控制器永久性损坏，输入/输出引脚的工作电流不能超过 40mA。

另外，某些引脚具有特殊功能。

（1）串口：0（RX）和 1（TX）。用于接收（RX）和发送（TX）TTL 串行数据。这 2 个引脚与 ATmega16U2（或 CH340）等 USB-TTL 串行芯片连接。

（2）外部中断：2 和 3。这 2 个引脚可配置为中断触发引脚。触发条件可以设为低电平触发、上升沿触发、下降沿触发和发生变化触发等 4 种。

（3）PWM：3、5、6、9、10 和 11。提供 6 路 8 位 PWM（即 PWM 输出有 2^8=256 个不同的值）。

（4）SPI：10（SS），11（MOSI），12（MISO）和 13（SCK）。这些引脚支持 SPI 通信（SPI 类库支持）。

（5）LED 灯：13。Arduino 开发板上有一个与 13 脚连接的 LED 灯。当 13 脚为 HIGH（高电平）时，LED 灯亮；当 13 脚为 LOW（低电平）时，LED 灯灭。

（6）TWI：A4 或 SDA 引脚和 A5 或 SCL 引脚。Wire 类库支持 TWI 通信。

Arduino UNO 有 6 个模拟输入：A0～A5，每个模拟输入均为 10 位分辨率（即有 1024 个不同的数值）。默认情况下，模拟电压的测量范围是 0～5V，通过 AREF 引脚和 analogReference()函数，可以改变引脚的上限电压。

4．复位

RESET：该引脚为低电平，将复位微控制器。一般通过在扩展板上增加一个复位按钮来实现复位功能。

5．通信

Arduino/Genuino UNO 开发板经常需要和计算机、另一个 Arduino 或其他微控制器通信。ATmega328P 通过数字引脚 0（RX）和 1（TX），提供 UART TTL（5V）串行通信。Arduino UNO

开发板上的 USB-TTL 芯片负责完成 USB 到串行通信的转换，并在计算机中将串口映射成一个虚拟的 COM 口。16U2 的固件使用标准的 USB COM 驱动程序，不需要任何外部驱动程序。但在 Windows 操作系统中，需要一个扩展名为 inf 的文件。Arduino 软件包括一个串口监视器，允许接收或发送文本信息。当 Arduino UNO 开发板通过 USB-to-serial 驱动与计算机的 USB 口连接并且进行数据通信时，Arduino UNO 开发板上的 RX 和 TX 指示灯将闪烁（但不是引脚 0 和 1 上的串行通信）。

SoftwareSerial（软件串口）类库允许在 Arduino UNO 开发板的任何数字引脚上实现串行通信。

ATmega328P 也支持 I2C（TWI）和 SPI 通信。Arduino 软件包括一个 Wire 类库，用来简化 I2C 总线的应用。使用 SPI 类库实现 SPI 通信。

6. 自动（软件）复位

Arduino/Genuino UNO 开发板允许软件复位，在程序下载之前不需要按复位按钮。Arduino/Genuino UNO 开发板在设计时，允许通过在与之连接的计算机上运行软件进行复位。ATmega8U2/16U2 的硬件流控制线（DTR）通过一个 100nF 的电容器与 ATmega328P 的复位引脚相连，当该引脚为低电平时，ATmega328P 有足够长的时间来复位。读者可以利用 Arduino 软件的这个特点，通过简单地单击菜单中的下载按钮来下载代码。这意味着 BootLoader（引导程序）可以有较短的超时，同时，DTR 可以与下载启动很好地同步。

当 UNO 连接到使用 Mac OS 或 Linux 操作系统的计算机时，每次软件通过 USB 连接 UNO，它都会复位，在接下来的半秒左右时间内，引导装载程序 BootLoader 在 UNO 上运行。当它被编程为忽略数据格式错误（即除了上传新代码之外的任何内容）时，将拦截打开连接后发送到板上的前几个字节的数据。如果板上运行的代码在首次启动时接收一次性配置或其他数据，必须保证与之通信的软件已打开连接，并等待一秒后再发送数据。

UNO 板上有一条线可以断开，目的是禁止自动复位。线两侧的焊盘可重新焊在一起以允许自动复位，该线被标注为"RESET-EN"。还可以通过在 5V 电源和复位线中间连接一个 110Ω 的电阻器，来禁用自动复位。

7. 版本信息

第 3 版的 Arduino UNO 开发板有以下新的特性。

（1）在 AREF 引脚附近增加了 SDA 和 SCL 引脚，两个新增引脚在 RESET 引脚附近。IOREF 引脚允许扩展板匹配 Arduino UNO 开发板提供的电压，扩展板可与使用 5V 供电的 AVR 以及使用 3.3V 供电的 Arduino Due 兼容。另外还有一个未连接的保留引脚。

（2）更稳定的复位电路。

（3）ATmega16U2 代替了 8U2。

Arduino UNO 开发板的性能指标如表 2-1 所示。

表 2-1　　　　　　　　　　　Arduino UNO 开发板的性能指标

名称	性能指标
微控制器	ATmega328P
操作电压	5V
输入电压（推荐）	7～12V

续表

名称	性能指标
输入电压	6～20V
数字输入/输出引脚	14 个
PWM 数字输入/输出引脚	6 个
模拟输入引脚	6 个
单个输入/输出引脚的 DC 直流电流	20mA
3.3V 引脚的 DC 电流	50mA
Flash 存储器	32KB（其中 0.5KB 用于 BootLoader）
SRAM	2KB
EEPROM	1KB
时钟	16MHz
闪烁灯连接引脚编号	13
尺寸	68.6mm×53.4mm
质量	25g

2.1.2　Arduino Mega 2560

Arduino Mega 2560 开发板适用于较复杂的工程。Arduino Mega 2560 开发板有较多的数字、模拟输入/输出引脚以及较大的存储空间，常用于 3D 打印机和机器人等工程，图 2-3 是其实物图。

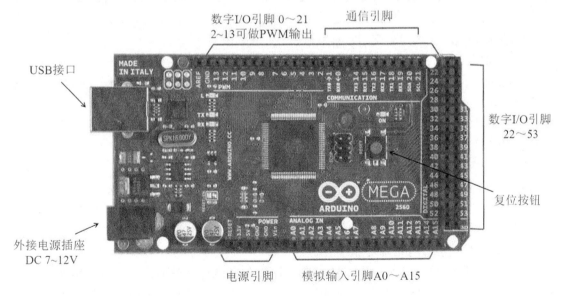

图 2-3　Arduino Mega 2560 实物图

Arduino Mega 2560（简称 Mega 2560）是一个基于 ATmega2560 微控制器的开发板。它有 54 个数字输入/输出引脚（其中 15 个可作为 PWM 输出）、16 个模拟输入、4 个 UART（硬件串口）、1 个 16 MHz 晶体振荡器、1 个 USB 接口、1 个电源插孔、1 个 ICSP 插座和 1 个复位按钮。Arduino Mega 2560 开发板可以简单地通过一根 USB 线与计算机连接，也可以通过 1 个 AC-DC 变换器或电池供电。Arduino Mega 2560 开发板与大部分用于 Arduino UNO 和早期的 Duemilanove 或 Diecimila 的扩展板兼容。

Arduino Mega 2560 开发板的性能指标如表 2-2 所示。

表 2-2　　　　　　　　　　　　Arduino Mega 2560 开发板的性能指标

名称	性能指标
微控制器	ATmega2560
操作电压	5V
输入电压（推荐）	7～12V
输入电压	6～20V
数字输入/输出引脚	54 个（其中 15 个提供 PWM 输出）
模拟输入引脚	16 个
单个输入/输出引脚的 DC 电流	20mA
3.3V 引脚的 DC 电流	50mA
Flash 存储器	256KB（其中 8KB 用于 BootLoader）
SRAM	8KB
EEPROM	4KB
时钟	16MHz
闪烁灯连接引脚编号	13
尺寸	101.52mm×53.3 mm
质量	37g

Arduino Mega 2560 开发板原理图如图 2-4 所示。

1．编程

Arduino Software（IDE）可对 Arduino Mega 2560 开发板进行编程。Arduino Mega 2560 开发板上 ATmega2560 的 BootLoader 允许下载新的代码到开发板，而无须一个外部硬件编程器。编程采用的是 STK500 协议，也可以使用旁路 BootLoader 利用 Arduino ISP，通过 ICSP 插座进行编程。

提示：Arduino Mega 2560 开发板有一个能复位的聚乙烯保险丝，可防止计算机的 USB 端口短路和过流。虽然大部分计算机有自己的内部保护机制，但保险丝可提供外层的保护。如果 USB 端口的电流超过 500mA，保险丝将自动断开连接，直到短路过载被消除。

另外，一些引脚具有特殊功能。

（1）串口用于接收（RX）和发送（TX）TTL 串行数据。Serial：0（RX）和 1（TX）；Serial 1：19（RX）和 18（TX）；Serial 2：17（RX）和 16（TX）；Serial 3：15（RX）和 14（TX）。引脚 0 和 1 同时与 ATmega16U2（或 CH340）USB-to-TTL 串口芯片对应引脚相连。

（2）外部中断：2（中断 0）、3（中断 1）、18（中断 5）、19（中断 4）、20（中断 3）和 21（中断 2）。这些引脚可设置为低电平、上升沿、下降沿或电平发生变化等 4 种触发模式。

（3）PWM：2～13 和 44～46。通过 analogWrite()函数提供 8 位 PWM 输出。

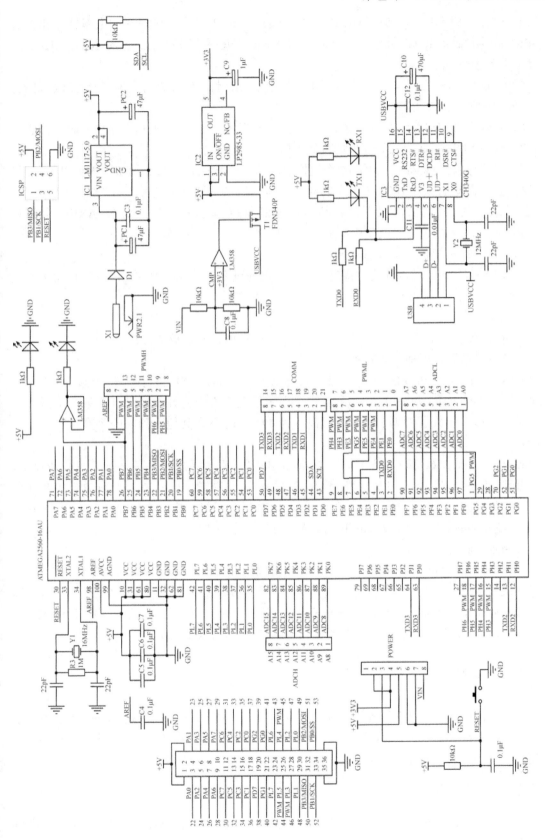

图 2-4 Arduino Mega 2560 原理图

（4）SPI：50（MISO）、51（MOSI）、52（SCK）和 53（SS）。通过 SPI 类库支持 SPI 通信，SPI 引脚也被连接到 ICSP 插座，与 Arduino/Genuino UNO 和旧版本 Duemilanove 和 Diecimila Arduino 开发板兼容。

（5）LED 灯：13。板上有一个与 13 引脚连接的 LED 灯。当引脚为高电平时，LED 灯亮；引脚为低电平时，LED 灯灭。

（6）TWI：20（SDA）和 21（SCL）。通过 Wire 类库支持 TWI 通信。这些引脚和旧版本 Duemilanove 或 Diecimila Arduino 板的位置有所不同。

（7）模拟输入：Mega 2560 有 16 个模拟输入，即 A0～A15。每个模拟输入可以用 10 位二进制数表示，即输入有 1024 个不同的数值。（分辨率是模数转换器的一个性能指标，是用转换位数表示的。）默认情况下，模拟电压的测量范围是 0～5V，通过 AREF 引脚和 analogReference()函数，可以改变引脚的上限电压。

（8）AREF：模拟输入的参考电压。

（9）RESET：该引脚拉低复位微控制器。一般通过在扩展板上增加一个复位按钮来实现复位功能。

2．通信

Arduino Mega 2560 开发板的通信特性与 Arduino UNO 开发板类似。

3．物理参数和扩展板的兼容性

Arduino Mega 2560 PCB 的尺寸是 10.16cm×5.33cm，USB 连接插座和电源插头大于 Duemilanove/Diecimila 板的尺寸。板上有 3 个螺丝孔，方便将开发板固定在某个平面上。注意：数字引脚 7 和数字引脚 8 之间的距离约为 4.06mm，不像其他引脚间的距离，是 2.54mm 的偶数倍。

Arduino Mega 2560 和 Duemilanove / Diecimila 开发板一样，其数字引脚 0～13、REF 和 GND 引脚、模拟输入 0～5、电源插座和 ICSP 插头都在同样的位置。主串口和外部中断 0 和 1（引脚 2 和引脚 3）位置也没变。SPI 可通过 ICSP 插头获得。注意 Arduino Mega 2560 开发板上的 I2C 和 Duemilanove / Diecimila 开发板的 I2C 位置不同。

4．自动（软件）复位

Arduino Mega 2560 开发板的自动（软件）复位特性与 Arduino UNO 开发板相同。

5．版本信息

Arduino Mega 2560 开发板没有使用 FTDI USB-to-serial 驱动芯片。它使用 ATmega16U2（Arduino 板的版本 1 和版本 2 采用 ATmega8U2）作为 USB-to-serial 转换器。

2.2　Arduino 软件开发环境 IDE

Arduino 的软件开发基于一个开源的开发环境，即 IDE。IDE 兼容 Windows、Mac OS 和 Linux 等操作系统，简单易用。本节将详细介绍 IDE 的安装、驱动和功能。本书只讨论 Windows 操作系统中 IDE 的使用。

2.2.1　IDE 搭建

IDE 基于 Processing、AVR-GCC 和其他开源软件，用 Java 语言编写，界面简洁、操作简单。Arduino 采用 C 语言编程，并自带多个应用实例和 C++类库。由于 IDE 没有调试的功能，只能将程序下载到开发板上运行，通过 IDE 提供的串口监视器进行调试。

从 Arduino 官方网站可下载最新版本，可以选择 EXE（即扩展名为.exe 的文件）安装版和 ZIP（即扩展名为.zip 的文件）压缩包免安装版两种。EXE 安装版需要按步骤安装，且全部安装，其中包括驱动程序，无须再做任何其他安装。ZIP 压缩包免安装版解压后即可使用，无须管理员权限，但需要手动安装驱动程序。

1. EXE 安装版

本节以 1.8.6 版本为例说明 IDE 的安装过程。下载完成后，得到 arduino-1.8.6-windows.exe 可执行文件，双击运行该文件，启动安装。安装过程中，操作系统会提示是否允许驱动程序的安装，单击"允许安装"即可。运行后会出现图 2-5 所示的界面，单击右下角的"I Agree"按钮。

进入图 2-6 所示的界面，默认全部选中，全部安装需要 474.8MB 的硬盘空间。单击"Next"按钮，进入图 2-7 所示的安装路径设置界面。

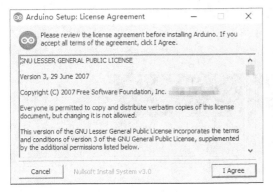

图 2-5　安装的协议界面

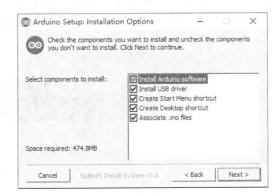

图 2-6　安装的选项界面

单击"Install"按钮启动安装，进入图 2-8 所示的安装过程界面。

图 2-7　安装路径设置界面

图 2-8　安装过程界面

安装过程中会多次出现图 2-9 所示的驱动程序安装提示，单击"安装"按钮即可。安装完成后出现图 2-10 所示的界面，单击"Close"按钮完成安装。

图 2-9　驱动程序安装提示

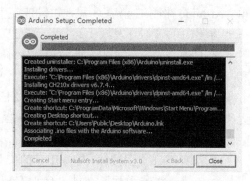

图 2-10　安装完成界面

2．ZIP 压缩包免安装版

将下载完成的 arduino-1.8.6-windows.zip 压缩包解压到任意目录即可完成安装。在安装目录下双击 arduino.exe 文件启动 IDE，也可用鼠标右键单击 arduino.exe 文件，在打开的快捷菜单中创建 IDE 的开始菜单快捷方式或桌面快捷方式，启动 IDE。

IDE 启动完成界面如图 2-11 所示，默认打开上一次打开的项目（如 SOS）。

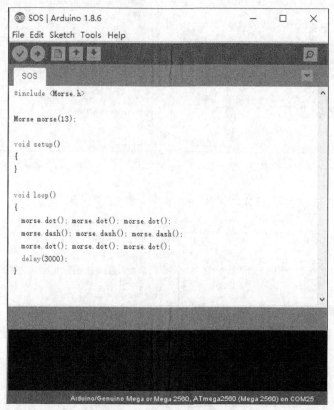

图 2-11　IDE 启动完成界面

启动后默认语言为英语，可单击"File>Preference"命令进入"首选项"对话框选择语言或设置是否显示行号、字体大小等。简体中文环境下的"首选项"对话框如图 2-12 所示。

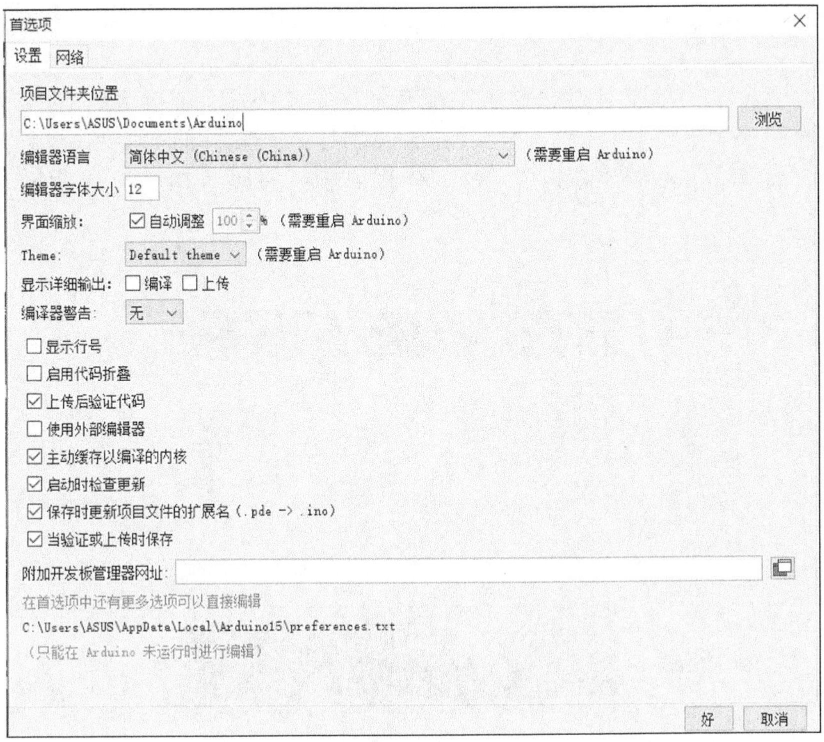

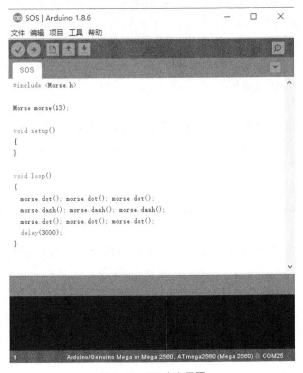

图 2-12　首选项界面

注意，只有 IDE 重启后，首选项中的设置才能生效。IDE 中文界面如图 2-13 所示。

图 2-13　IDE 中文界面

2.2.2　IDE 详述

IDE 界面包含了菜单工具栏、常用功能按钮区、文本编辑器、消息区和文本控制台，界面右上角有一个"串口监视器"按钮，界面底部显示开发板的类型和串口号，如图 2-14 所示。IDE 连接 Arduino 开发板之后，能下载程序到所连接的开发板，还能与开发板进行通信。

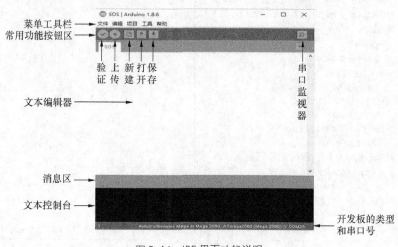

图 2-14　IDE 界面功能说明

1. IDE 功能

使用 IDE 编写的代码被称为项目（sketches），这些项目被写在文本编辑器中，以扩展名为.ino 的文件形式保存，IDE 中的文本编辑器有剪切/粘贴和搜索/替换等功能。当保存、上传以及出现错误时，消息区会显示反馈信息。文本控制台会以文字形式显示 IDE 的输出信息，包括完整的错误信息以及其他消息。整个窗口的底部会显示当前选定的开发板和串口号等信息。常用功能按钮区包含验证、上传、新建、打开、保存以及串口监视器等功能按钮。

注意：在 IDE 1.0 之前的版本中，项目的保存格式为.pde，在 1.0 以及之后的版本中依然可以打开.pde 的文件，但软件会自动将其重命名为.ino。

常用功能按钮区的按钮功能如下。

① 验证：检查代码编译时的错误。

② 上传（也作下载）：编译代码并且上传到选定的开发板中，细节请查看后面的"上传"内容。

③ 新建：弹出一个新建项目的窗口，可在该窗口中输入新的项目代码。

④ 打开：弹出一个包含项目文件夹在内的所有项目的菜单，选中其子菜单中的一个项目，会打开相应的代码，新的项目会覆盖当前的项目。注意这个菜单不会滚动，如果你要打开的项目在列表的最后，那么需要通过菜单中的"文件>项目文件夹"来选择。

⑤ 保存：保存项目。

⑥ 串口监视器：打开串口监视器。

其他命令能够在菜单工具栏中找到，菜单工具栏包含 5 个部分：文件、编辑、项目、工具和帮助。这些部分与执行的操作和内容有关，所以只有那些与当前操作有关的部分才能使用。

（1）文件

● 新建：创建一个新的项目。创建后项目中已经自动完成了一段 Arduino 程序的最小结构的代码编写。

● 打开：允许通过计算机的文件管理器打开一个指定的项目。

● 打开最近的：提供一个最近打开过的项目的列表，可以通过选择打开其中一个。

● 项目文件夹：显示当前项目文件夹中的项目，选中其中的一个，会弹出新的窗口并打开相应的代码。

● 示例：显示 IDE 和库文件提供的每一个例子，所有这些例子通过树形结构显示，这样就能通过主题或库的名字很容易找到对应的示例程序。

● 关闭：关闭当前选中的项目窗口。

● 保存：用当前的文件名保存项目，如果文件还没有命名，则会弹出"项目文件夹另存为"对话框，要求输入一个文件名。

● 另存为：允许用另一个文件名保存当前的项目。

● 页面设置：显示用于打印的"页面设置"对话框。

● 打印：按照页面设置中的设置发送当前的项目给打印机。

● 首选项：打开"首选项"对话框，能够设定 IDE 的参数，例如 IDE 的语言环境。

● 退出：关闭所有 IDE 窗口，当下次打开 IDE 时会自动打开同样的项目。

（2）编辑

● 复原：复原在文本编辑器中的一步或多步操作。

● 重做：当复原之后，可以通过重做再执行一遍相应的操作。

● 剪切：删除选择的文本并放置在剪贴板中。

● 复制：将选中的文本放置在剪贴板中。

● 复制到论坛：复制项目中的代码到剪贴板中，复制的内容包括完整的语法、颜色、提示等，可以粘贴到论坛中。

● 复制为 HTML 格式：以 HTML 格式复制项目中的代码到剪贴板中，可以将代码嵌入网页。

● 粘贴：将剪贴板中的内容放在文本编辑器的光标处。

● 全选：选中文本编辑器的所有内容。

● 注释/取消注释：选中行的开头，增加或移除注释标记符"//"。

● 增加缩进：选中行的开头，增加一段缩进的位置，文本内容会相应地向右移动。

● 减少缩进：选中行的开头，减少一段缩进的位置，文本内容会相应地向左移动。

● 查找：打开查找和替换窗口，在这个小窗口内，可以根据几个选项在当前的项目中查找特定的文字。

● 查找下一个：高亮显示下一个在查找窗口中指定的文字（如果有的话），同时将光标移动到对应的位置。

● 查找上一个：高亮显示上一个在查找窗口中指定的文字（如果有的话），同时将光标移动到对应的位置。

（3）项目

- 验证/编译：检查代码中编译的错误，代码和变量使用存储区的情况会显示在文本控制台。
- 上传（也作下载）：编译并通过设定的串口将二进制代码上传到选定的 Arduino 开发板中。
- 使用编程器上传：这将覆盖 Arduino 开发板中的引导程序；需要使用"工具>烧录引导程序"命令来恢复控制板，这样下次才能再通过 USB 串口上传程序。不过这种形式允许项目使用芯片的全部存储区。
- 导出已编译的二进制文件：保存一个.hex 文件作为存档或用其他工具给开发板上传程序。
- 显示项目文件夹：打开当前项目所在的文件夹。
- 加载库：在代码开头通过#include 的形式添加一个库文件到项目中，更多细节请参考库的内容。另外，通过这个功能，能够访问库管理器，并且能够从.zip 文件中导入新库。
- 添加文件：添加源文件到项目中（会从当前位置复制过来）。新的文件会出现在项目窗口的新选项卡中。可以通过窗口右侧的三角形图标按钮的选项卡菜单命令来删除文件，选项卡菜单位于"串口监视器"按钮的下方。

（4）工具

- 自动格式化：格式化之后代码看起来会更美观。比如，花括号内的代码要增加一段缩进，而花括号内的语句则要缩进更多。
- 项目存档：将当前的项目以.zip 形式存档，存档文件放在项目所在的目录下。
- 编码修正并重新加载：修正编辑字符与其他系统字符间可能存在的差异。
- 串口监视器：打开串口监视器，通过当前选定的串口查看与 Arduino 开发板之间交互的数据。如果当前 Arduino 开发板支持打开串口复位的话，这个操作会重启控制器。
- 开发板：选择使用的 Arduino 开发板，详细信息参考相应 Arduino 开发板的介绍。
- 端口：这个菜单包含了计算机上所有的串口设备（实际的串口设备和虚拟的串口设备），每次打开"工具"菜单时，这个列表都会自动刷新。
- 编程器：当不是通过 USB 转串口的连接方式给 Arduino 开发板或芯片上传程序的时候就需要通过这个菜单选择硬件编程器。一般不需要使用这个功能，除非要为一个新的 Arduino 开发板烧录引导程序。
- 烧录引导程序：这个功能允许烧录引导程序到 Arduino 开发板上的微控制器，如果是正常使用 Arduino 或 Genuino 开发板，这个功能不是必须使用的。不过如果购买了一个新的 ATmega 微控制器（通常都不包含引导程序），那么这个功能非常有用。在为目标板烧录引导程序时要确保从"开发板"菜单中选择正确的开发板。

（5）帮助

通过"帮助"菜单能够轻松地找到和 IDE 相关的各种文件。在未联网的情况下能够找到入门、参考资料、IDE 使用指南以及其他本地文件，这些文件是网站资源的复制文件，通过它们能够链接到 Arduino 网站。

- 在参考文件中寻找：这是"帮助"菜单中唯一的交互功能，这样能够根据选中的部分直接跳转到相关的参考文件。

2．项目文件夹

IDE 采用项目的方式对程序进行管理：所有的代码保存在一个统一的位置，可以通过单击菜单工具栏"文件>项目文件夹"选项或常用功能按钮区中的"打开"按钮，从项目文件夹中打开一个项目。第一次运行 Arduino 软件的时候会自动创建一个项目文件夹，可以通过"首选项"对话框来改变项目文件夹的位置。

允许在项目中使用多个文件(每个文件对应一个选项卡)，这些文件可以是正常的 Arduino 代码文件（扩展名不可见），也可以是 C 文件（扩展名为.c）、C++文件（扩展名为.cpp）或头文件（扩展名为.h）。

3．上传

上传程序之前，需要通过"工具>开发板"以及"工具>端口"选择正确的选项。在 Windows 操作系统中，通常是 COM1 或 COM2，或 COM4、COM5、COM7 甚至更大（USB 接口板），通常在 Windows 操作系统的设备管理器中查看 USB 串口设备的串口号。

选择了正确的开发板和端口，则当单击常用功能按钮区中的按钮或在"项目"菜单中选择"上传"命令时，当前的 Arduino 开发板就会自动重启，然后开始上传。旧版本的开发板（Diecimila 之前）没有自动重启功能，所以当开始上传时需要按开发板上的重启按钮。上传时能看到 RX 和 TX 灯开始闪烁。当上传完成时，IDE 将显示上传完成或上传错误的信息。

项目上传时，用到了 Arduino 的引导程序，这是一个在微控制器中运行的小程序，这个程序允许在没有其他附加硬件设备的情况下上传代码。引导程序在开发板重启时会运行几秒，此时就能够将项目上传到微控制器中。当引导程序运行时，开发板上的 LED 灯（接 13 脚）会闪烁（例如重新启动时）。

4．库和第三方硬件

C++类库为项目提供了额外的功能，例如，硬件的使用和数据的处理。若在项目中使用库，需要选择菜单工具栏"项目>加载库"命令，在代码开头通过#include 的形式添加一个或多个库文件到项目当中。因为库会随项目上传到开发板中，故会增加代码对存储空间的占用。如果不再需要一个库，简单的做法就是在代码中删除相应的#include 部分。

在参考文件中有库的列表，一些库已包含在 Arduino 的软件中，另外一些则可以从不同的网站或库管理器下载。IDE 软件从 1.0.5 这个版本开始，允许从一个.zip 文件中导入一个库并用在项目中，具体参照第三方库安装指南。

自定义类库的方法请参见 3.7 节。

可以直接添加第三方硬件到项目文件夹所在目录的 hardware 文件夹中，硬件安装必须包含开发板定义（出现在开发板菜单项中）、核心库、引导程序以及编程器定义。步骤是首先创建一个 hardware 的文件夹，然后将第三方硬件解压到相应的文件夹下（不要使用"arduino"作为子目录的名称，这样有可能改变原本的 Arduino 平台）。卸载第三方硬件只需简单删除文件夹即可。

创建第三方硬件的详细内容可以参考第三方硬件说明。

5．串口监视器

串口监视器显示 Arduino 或 Genuino（USB 或串口）发送的数据。若要发送数据到开发板，需要在文本框中输入文本，然后单击"发送"按钮或按 Enter 键。注意要选择合适的波特率，这个波特率要与程序中 Serial.begin 后的参数一致。注意在 Windows、Mac OS 或 Linux 操作系统中，当打开串口监视器的时候，Arduino 或 Genuino 会重启（程序会重新开始运行）。开发板也能与 Processing、Flash 和 MaxMSP 等软件通信。

6. 首选项

一些首选项能够通过"首选项"对话框设定（Mac OS 操作系统中在"Arduino"菜单下打开该对话框，Windows 或 Linux 操作系统中在文件菜单下打开该对话框）。其他的设定能够在"首选项"对话框中设定的目录中找到。

从 1.0.1 版本开始，IDE 已被翻译成 30 多种语言文字，IDE 会根据系统的语言选择默认的语言。

如果想手动更改语言，打开 IDE，在"首选项"对话框中选择编辑器语言。在弹出的下拉列表框中选中相应的语言，然后重新启动软件使所选中的语言生效。如果操作系统不支持所选语言，IDE 会采用英文。可以返回 Arduino 的默认设置，让 IDE 根据系统语言选择相应的语言，只需要在下拉菜单中选中"系统默认"，当重启 IDE 时这个设置会生效。同样地，改变系统设置后，也需要重新启动 Arduino 才能使设置生效。

IDE 语言选择界面如图 2-15 所示。

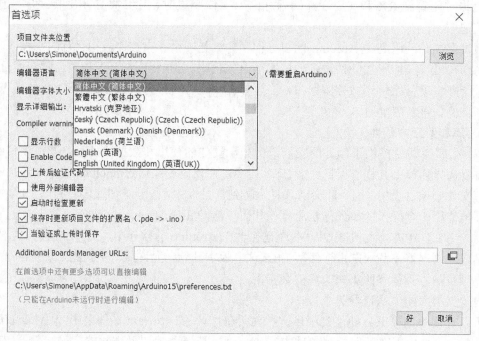

图 2-15 IDE 语言选择界面

7. 开发板的作用

选择开发板有两个作用：设定编译或上传程序时的参数（比如 CPU 的速度和波特率），以及设定烧录引导程序时的文件以及熔丝位设置。一些开发板只是引导程序不一样，所以即使在一个特定的选择下上传成功了，在烧录引导程序之前也要仔细检查一下。不同 Arduino 开发板的参数如表 1-1 所示。

2.2.3　IDE 的文件目录结构

Arduino 的文件目录如图 2-16 所示。

需要手动安装驱动程序时，可以选择安装目录"/Arduino/drivers"下的驱动程序进行安装。

注意该目录中有两个 libraries 目录，安装目录"/Arduino/hardware/arduino/avr/libraries"下包含 Arduino 板上硬件接口的类库函数。IDE 自带的其他不在板上的输入/输出接口模块的类库包含在 Arduino/libraries 目录下。用户自定义类库也要复制到该目录下才可在 IDE 中使用。

在安装目录"\hardware\arduino\avr\cores\arduino"下，Arduino IDE 对数据类型和 main()等进行了封装。任何一个 Arduino 平台的核心，至少要包括 Arduino.h 和 main.cpp 两个文件。

（1）arduino.h：该文件通常用于函数声明、常量定义和类型定义等。在#include 语句中使用该文件时，当 Arduino IDE 执行编译时，它会被自动引用到程序中。

（2）main.cpp：任何一个 C/C++源代码文件都是从 main 函数开始的，Arduino 也不例外。Arduino 封装了 main()函数，在该函数中设置了 setup()和 loop()两个接口函数。setup( )先执行且仅执行一次，通常设置引脚和初始化，setup( )执行后，loop( )不断地循环执行该函数体内的语句。Arduino 不仅支持 C 语言，还支持部分 C++扩展特性。

main.cpp 代码如下，

图 2-16　Arduino 的文件目录

```
#include <Arduino.h>

// Declared weak in Arduino.h to allow user redefinitions.
intatexit(void (* /*func*/ )()) { return 0; }
// Weak empty variant initialization function.
// May be redefined by variant files.
voidinitVariant() __attribute__((weak));
voidinitVariant() { }
voidsetupUSB() __attribute__((weak));
voidsetupUSB() { }

int main(void)
{
    init();
```

```
        initVariant();
#if defined(USBCON)
        USBDevice.attach();
#endif
        setup();
for (;;) {
        loop();
        if (serialEventRun) serialEventRun();
        }
return 0;
}
```

2.3 Arduino 软件开发流程

本节以 Arduino Mega 2560 为例说明 Arduino 软件开发流程。

首先准备如下套件。

（1）开源 Arduino 开发板。

（2）USB 数据线。

（3）一台计算机。

（4）软件开发工具 Arduino IDE。

然后按下面步骤完成项目的开发。

1. 连接 Arduino 板

用 USB 数据线将 Mega 2560 板与 PC 机的 USB 口相连接。USB 数据线兼有供电和数据通信的功能，连线后板上的绿灯点亮。

2. 打开项目

单击"文件>示例>01.Basics > Blink"选项，打开 LED 灯闪烁样例，如图 2-17 所示。也可单击"文件>打开"选项，选中已编辑好的扩展名为 ino 的源文件。

3. 选择板的类型和通信端口

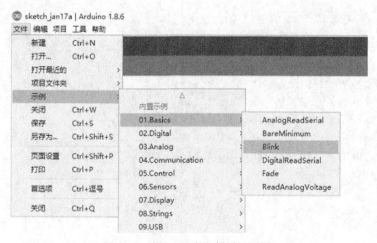

图 2-17　打开 LED 灯闪烁样例界面

单击"工具>开发板"选项，在开发板列表中选中 Mega 2560，如图 2-18 所示。

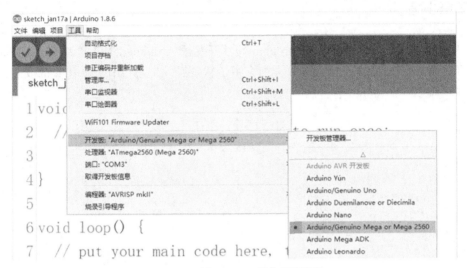

图 2-18　选择 Arduino 板的类型界面

单击"工具>端口"选项，选中开发板的通信端口（COM1 和 COM2 通常是硬件串口的保留端口）。断开连接后消失的那个串口是 Arduino 板的映射串口，如图 2-19 所示。

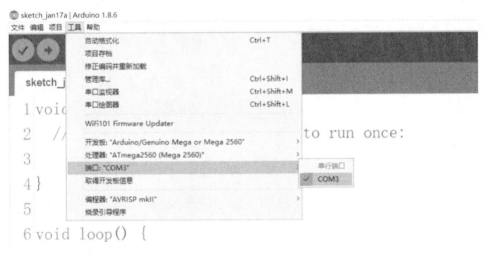

图 2-19　选择 Arduino 串口界面

4．下载程序

单击图 2-20 所示的"上传"按钮，等待几秒后，可以看到板子上的 RX 和 TX 指示灯在闪烁。若下载成功，则在状态栏会出现"Done uploading"的提示。

上传完成后，程序开始运行，板上的 13 灯开始闪烁。

Arduino 板上电或者复位后，首先执行引导程序，然后执行用户程序。IDE 还支持用户通过特定的引导程序实现对整个 Flash 区域的更新。

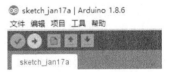

图 2-20　单击"上传"按钮界面

2.4 本章小结

本章详细介绍了两个最常用的 Arduino 硬件开发板 Arduino UNO 和 Arduino Mega 2560 的性能和参数，并以 1.8.6 版本为例，详细介绍了软件开发环境 Arduino IDE 的安装方法、功能、目录结构以及 Arduino 软件的开发流程。

第 **3** 章　Arduino 编程

　　Arduino 编程语言是建立在 C/C++基础上的，其实就 Arduino 编程语言把 C/C++相关的一些参数设置都函数化了，让不了解 AVR 单片机（微控制器）的人，不用去了解底层硬件，也能轻松上手。

　　Arduino 编程主要包括函数、数据类型、常量、结构、控制语句和运算符等内容。本章将对这些内容进行全面、详细的介绍。

3.1　函数

　　在 C/C++编程中，函数是很常见的。Arduino 提供了许多函数，其功能是控制 Arduino 开发板，进行数值计算等。Arduino 函数有数字 I/O 函数、模拟 I/O 函数、高级 I/O 函数、时间函数、数学函数、字符函数、随机函数、位和字节函数、外部中断函数以及串口通信函数等。

　　本章只介绍时间函数、数学函数、字符函数、随机函数、位和字节函数，其余的函数和 Arduino 板的输入/输出接口有关，将在第 4 章详述。

3.1.1　时间函数

本节介绍 4 个与时间有关的函数 delay()、delayMicroseconds()、micros()和 millis()。

1. delay()

功能：延长一段时间（单位为 ms）。

语法格式：delay(ms)。

参数说明：ms，延时的毫秒数（unsigned long 类型）。

返回值：无。

例子：下面代码中，输出取反的时间间隔是 1s。

```
int ledPin = 13;                    //LED 灯连到 13 引脚


void setup()
{
```

```
  pinMode(ledPin, OUTPUT);             //设置 13 引脚为输出模式
}

void loop()
{
  digitalWrite(ledPin, HIGH);          //点亮 LED 灯
  delay(1000);                         //延时 1s=1000ms
  digitalWrite(ledPin, LOW);           //LED 灯灭
  delay(1000);                         //延时 1s
}
```

注意：许多项目使用 delay()函数来实现较短的延时，例如开关去抖动，但使用 delay()也有严重缺陷。例如延时期间无法读取传感器的值，无法进行数学计算，及无法控制引脚等。因此，delay()函数阻止了大部分操作。控制时间的另一种方法是调用 millis()函数。当延时时间超过 10s 时，一般有经验的人都尽量避免使用 delay()函数。

延时函数不能禁止中断，故当 delay()函数运行时，这些操作不受影响：RX 引脚上的串行通信被记录下来；PWM (analogWrite()函数输出)的值和引脚状态保持不变；中断操作正常。

2. delayMicroseconds()

功能：延长一段时间（单位为μs，1ms=1000μs）。目前，可实现最大 16383μs 的精确延时。若延时时间超过几千毫秒，应该选择 delay()函数。

语法格式：delayMicroseconds (μs)。

参数说明：μs，延时的微秒数（unsigned int 类型）。

返回值：无。

例子：从引脚 8 输出周期大约为 100μs 的脉冲信号。

```
int outPin = 8;                        //数字引脚 8

void setup()
{
  pinMode(outPin, OUTPUT);             //设置数字引脚为输出模式
}

void loop()
{
  digitalWrite(outPin, HIGH);          //设置引脚为高电平
  delayMicroseconds(50);               //延时 50μs
  digitalWrite(outPin, LOW);           //设置引脚为低电平
  delayMicroseconds(50);               //延时 50μs
}
```

注意：为确保延时时间的精度，该函数延时时间应大于或等于 3μs。

3. micros()

功能：返回以μs 为单位的程序运行时间。micros()函数计时长度约 70 分钟，超出后归 0

重新计时。对晶体振荡器频率为 16MHz 的 Arduino 板来说，其返回值总是 4μs 的倍数。对晶体振荡器频率为 8MHz 的 Arduino 板来说，其返回值总是 8μs 的倍数。

　　语法格式：time = micros()。

　　参数说明：无。

　　返回值：返回以μs 为单位的程序运行时间（unsigned long 类型）。

　　例子：代码返回程序运行的μs 数。

```
unsigned long time;

void setup(){
  Serial.begin(9600);
}
void loop(){
  Serial.print("Time: ");
  time = micros();
  Serial.println(time);      //显示程序运行的时间长度
  delay(1000);               //延时 1s
}
```

　　注意：1ms=1000μs；1s=1000000μs。

4．millis()

功能：获取程序运行的毫秒数。millis()函数计时长度约 50 天，超出后归 0 重新计时。

　　语法格式：time = millis()。

　　参数说明：无。

　　返回值：以毫秒为单位的程序运行的时间值 (unsigned long 类型)。

　　例子：读取 Arduino 板运行的时间，并显示。

```
unsigned long time;

void setup(){
  Serial.begin(9600);
}
void loop(){
  Serial.print("Time: ");
  time = millis();

  Serial.println(time);      //显示时间
  delay(1000);               //延时 1s
}
```

3.1.2　数学函数

本节介绍 11 个与数学计算有关的函数。

1. abs()

功能：取绝对值。

语法格式：abs(x)。

参数说明：x，整数。

返回值：若 x 大于等于 0，返回 x；若 x 小于 0，返回−x。

注意：括号中使用其他函数可能导致不正确的结果。例如 abs(a++)会得到错误的结果，可用 abs(a); a++;来代替。

2. constrain()

功能：将值归一化在某个范围内。

语法格式：constrain(x, a, b)。

参数说明：x，需归一化的数据；a，数据下限；b，数据上限。三者均为任意数据类型。

返回值：若 x 在 a 和 b 之间，返回 x；若 x 小于 a，返回 a；若 x 大于 b，返回 b。

例子：将传感器的值限定在 10～50。

```
sensVal = constrain(sensVal, 10, 50);
```

3. map()

功能：将整数从一个范围映射到另一个范围，其下限可能大于或小于上限。该函数可用于将数的范围取反。map()函数只适用于整数。

语法格式：map(value, fromLow, fromHigh, toLow, toHigh)。

参数说明：value，要映射的整数；fromLow，映射前数据范围的下限；fromHigh，映射前数据范围的上限；toLow，映射后数据范围的下限；toHigh，映射后数据范围的上限。

返回值：映射后的数据。

例如：

```
y = map(x, 1, 50, 50, 1);//1 映射为 50,50 映射为 1
```

上限或下限也可以是负数，例如：

```
y = map(x, 1, 50, 50, -100);//1 映射为 50,50 映射为-100
```

例子：从一个 10 位模拟量映射到 8 位数值（0～255）。

```
void setup() {}

void loop()
{
  int val = analogRead(0);          //读取 10 位模拟量
  val = map(val, 0, 1023, 0, 255);  //将0~1023范围内的数据映射为0~255的范围内的数据
  analogWrite(9, val);              //从 9 脚输出 8 位 PWM 数据
}
```

4. max()

功能：计算两个数中的较大值。

语法格式：max(x, y)。

参数说明：x，第一个数据；y，第二个数据。二者可以为任意数据类型。

返回值：两个数中的较大者。

例子：

```
sensVal = max(sensVal, 20);     //确保 sensVal 的值至少是 20
```

注意：max()经常用于限制一个变量的下限，而 min()经常用于限制一个变量的上限。为确保结果的正确性，应避免在括号中使用其他函数。例如 max(a--, 0)语句可用 max(a, 0); a--;来代替。

5. min()

功能：计算两个数中的较小值。

语法格式：min(x, y)。

参数说明：x，第一个数据；y，第二个数据，二者可以为任意数据类型。

返回值：两个数中的较小者。

例子：

```
sensVal = min(sensVal, 100);     //确保 sensVal 的值不大于 100
```

注意：为确保结果的正确性，应避免在括号中使用其他函数。例如 min(a++, 100)语句可用 min(a, 100); a++;来代替。

6. pow()

功能：计算一个数的幂。幂可以是一个分数幂，方便用于求一个数或曲线的指数映射。

语法格式：pow(base, exponent)。

参数说明：base，数据（float 类型）；exponent，幂（float 类型）。

返回值：求幂的结果（double 类型）。

7. sqrt()

功能：计算一个数的平方根。

语法格式：sqrt (x)。

参数说明：x，实数（任意数据类型）。

返回值：求平方根的结果（double 类型）。

8. sq()

功能：计算一个数的平方。

语法格式：sq(x)。

参数说明：x，实数（任意数据类型）。

返回值：求 x 的平方的结果。

9. cos()

功能：计算一个角度（弧度）的余弦值。结果在-1～1。

语法格式：cos(rad)。

参数说明：rad，弧度角。

返回值：角度的余弦值（double 类型）。

10. sin()

功能：计算一个角度（弧度）的正弦值。结果在-1～1。

语法格式：sin(rad)。

参数说明：rad，弧度角。

返回值：角度的正弦值（double 类型）。

11．tan()

功能：计算一个角度（弧度）的正切值。结果在-1～1。

语法格式：tan(rad)。

参数说明：rad，弧度角。

返回值：角度的正切值（double 类型）。

3.1.3 字符函数

本小节介绍 13 个和字符有关的函数。

1．isAlpha()

功能：判断字符是否是字母。

语法格式：isAlpha(thisChar)。

参数说明：thisChar，变量（char 类型）。

返回值：如果字符是字母，返回真；否则返回假。

2．isAlphaNumeric()

功能：判断字符是否是字符或数字。

语法格式：isAlphaNumeric(thisChar)。

参数说明：thisChar，变量（char 类型）。

返回值：如果字符是字母或数字，返回真；否则返回假。

例子：

```
if (isAlphaNumeric(this))       //测试变量 this 是否是字母或数字
{
      Serial.println("The character is alphanumeric");
}
else
{
      Serial.println("The character is not alphanumeric");
}
```

3．isAscii()

功能：判断字符是否是 ASCII 码。

语法格式：isAscii(thisChar)。

参数说明：thisChar，变量（char 类型）。

返回值：如果字符是 ASCII 码，返回真；否则返回假。

4．isControl()

功能：判断字符是否是控制符。

语法格式：isControl(thisChar)。

参数说明：thisChar，变量（char 类型）。

返回值：如果字符是控制符，返回真；否则返回假。

5．isDigit()

功能：判断字符是否是数字。

语法格式：isDigit(thisChar)。

参数说明：thisChar，变量（char 类型）。

返回值：如果字符是数字，返回真；否则返回假。

6．isGraph()

功能：判断一个非空字符是否可输出。

语法格式：isGraph(thisChar)。

参数说明：thisChar，变量（char 类型）。

返回值：如果字符是可打印的，返回真；否则返回假。

7．isHexadecimalDigit()

功能：判断字符是否是十六进制数。

语法格式：isHexadecimalDigit (thisChar)。

参数说明 thisChar，变量（char 类型）。

返回值：如果字符是十六进制数，返回真；否则返回假。

8．isLowerCase()

功能：判断字符是否是小写字母。

语法格式：isLowerCase (thisChar)。

参数说明：thisChar，变量（char 类型）。

返回值：如果字符是小写字母，返回真；否则返回假。

9．isPrintable()

功能：判断任意一个字符是否可输出打印。

语法格式：isPrintable (thisChar)。

参数说明：thisChar，变量（char 类型）。

返回值：如果任意字符可输出打印，返回真；否则返回假。

10．isPunct()

功能：判断一个字符是否是标点符号。

语法格式：isPunct (thisChar)。

参数说明：thisChar，变量（char 类型）。

返回值：如果字符是标点符号，返回真；否则返回假。

11．isSpace()

功能：判断一个字符是否是空格符。

语法格式：isSpace (thisChar)。

参数说明：thisChar：变量（char 类型）。

返回值：如果字符是空格，返回真；否则返回假。

12．isUpperCase()

功能：判断字符是否是大写字母。

语法格式：isUpperCase (thisChar)。

参数说明：thisChar，变量（char 类型）。

返回值：如果字符是大写字母，返回真；否则返回假。

13．isWhitespace()

功能：判断字符是否是空格符、走纸符（'\f'）、换行符（'\n'）、回车符（'\r'）、水平制表符（'\t'）、垂直制表符（'\v'）。

语法格式：isWhitespace (thisChar)。

参数说明：thisChar，变量（char 类型）。

返回值：如果字符是空格符、走纸符（'\f'）、换行符（'\n'）、回车符（'\r'）、水平制表符（'\t'）、垂直制表符（'\v'），返回真；否则返回假。

3.1.4　随机函数

本节介绍 2 个随机函数：random()和 randomSeed()。

1．random()

功能：随机函数，产生伪随机数。

语法格式：random(max)和 random(min, max)。

参数说明：min，随机数的下限值，可选；max，随机数的上限值。

返回值：在 min 和 max−1 之间的随机数（long 类型）。

例子：产生一个随机数并显示。

```
long randNumber;

void setup(){
  Serial.begin(9600);
  //若 A0 悬空，随机的模拟噪音将使 randomSeed()函数的每次调用产生不同的种子数
  randomSeed(analogRead(0));
}

void loop() {
  //显示 0~299 的随机数
  randNumber = random(300);
  Serial.println(randNumber);

  //显示 10~19 的随机数
  randNumber = random(10, 20);
  Serial.println(randNumber);
  delay(50);
}
```

注意：random()函数产生的不是真正的随机数，每次执行程序时，产生的序列是一样的。若需要产生不同的序列，可以用 randomSeed(seed)初始化随机数发生器，使它具有一个随机的输入。seed 值不同，产生的序列也不同，例如通过 analogRead()函数读取一个悬空的引脚（读取结果是不同的）。相反，在某些场合也需要用到完全重复的伪随机序列，这可以在开始产生随机序列之前，调用一个固定数据的 randomSeed()函数来实现。

存储数据的变量类型决定了最大参数的选择。任何情况下，绝对最大值一定是 long 类型（32 位：2,147,483,647）。最大值设置高一些编译不会报错，但程序执行时，产生的数据将不是所预想的。

2．randomSeed()

功能：随机种子初始化伪随机数发生器，使产生的随机序列始于一个随机点。序列很长

时，这个序列总是相同的。

语法：randomSeed(seed)。

参数说明：seed，初始化伪随机序列的数据（unsigned long 类型）。

返回值：无。

例子：产生并显示小于 300 的随机序列。

```
long randNumber;

void setup(){
  Serial.begin(9600);
  randomSeed(analogRead(0));
}

void loop(){
  randNumber = random(300);
  Serial.println(randNumber);
  delay(50);
}
```

3.1.5 位和字节函数

本节介绍 5 个与位操作有关的函数和 2 个与字节操作有关的函数。

1．bit()

功能：计算指定位的二进制权值（bit 0 是 1，bit 1 是 2，bit 2 是 4，等等）。

语法格式：bit(n) 。

参数说明：n，指定位。

返回值：位的权值。

2．bitClear()

功能：清零一个数字变量的指定位。

语法格式：bitClear(x,n)。

参数说明：x，数字变量；n，指定要清零的位（最低位是 0 位）。

返回值：无。

3．bitRead()

功能：读取一个数字变量的指定位的值。

语法格式：bitRead (x,n)。

参数说明：x，数字变量；n，指定要读取的位（最低位是 0 位）。

返回值：指定位的值（0 或 1）。

4．bitSet()

功能：将一个数字变量的某一位设置为 1。

语法格式：bitSet(x,n)。

参数说明：x，数字变量；n，指定要置 1 的位（最低位是 0 位）。

返回值：无。

5．bitWrite()

功能：给一个数字变量的指定位赋值。

语法格式：bitWrite(x,n,b)。

参数说明：x，数字变量；n，指定要赋值的位（最低位是 0 位）；b，要赋的值（0 或 1）。

返回值：无。

6．highByte()

功能：提取一个字的高字节，或一个较大数据的第二个低字节。

语法格式：highByte(x)。

参数说明：x，数字变量（任意类型）。

返回值：字节。

7．lowByte()

功能：提取一个数据的最低字节。

语法格式：lowByte(x)。

参数说明：x，数字变量（任意类型）。

返回值：字节。

3.1.6 stream

流（即 stream）是字符和基于二进制流的基类。不能直接访问流，而是在使用它封装的函数时调用。Arduino 中的流定义了读取函数。当使用任何调用 read()或类似方法的核心功能时，可以确定它对 stream 类进行了调用。对于像 print()这样的函数来说，流继承自 Print 类。

依赖流的库包括：Serial、Wire、Ethernet 和 SD 等。

3.2 常量和数据类型

3.2.1 常量

1．浮点常量

与整数常量类似，浮点常量也被用于提高代码的可读性。浮点常量编译时被替换成表达式的值。

例子：

```
n = 0.005;  //0.005是浮点常量
```

注意：浮点常量可以采用多种方法来表示，'E'和'e'都代表指数。表 3-1 列举出了几个浮点常量的例子。

表 3-1　　　　　　　　　　　　　　　　浮点常量举例

浮点常量	表示	值
10.0	10	10
2.34E5	2.34×10^5	234000
67e-12	67.0×10^{-12}	0.000000000067

2．整数常量

整数常量是程序中直接使用的整型数值，例如 123。这些数默认为整型，但可以使用 U 和 L 格式符改变它。

正常情况下，整数常量是十进制整数，但可用专门记号表示其他进制。整数常量的表示方法如表 3-2 所示。

表 3-2　　　　　　　　　　　　　整数常量的表示方法

进制	例子	编程格式	说明
10（十进制）	123	无	0~9，10 个有效字符
2（二进制）	B1111011	前缀 "B"	2 个有效字符 0 和 1
8（八进制）	0173	前缀 "0"	0~7，8 个有效字符
16（十六进制）	0x7B	前缀 "0x"	0~9，A~F 或 a~f，16 个有效字符

十进制（decimal）：十进制是大家习惯使用的，没有前缀的常量默认是十进制格式。

例子：n = 101;　　　　　//等同于(1 * 10^2) + (0 * 10^1) + 1

二进制（binary）：只有 0 和 1 是有效的字符。

例子：n = B101;　　　　　//等同于十进制 5=(1 * 2^2) + (0 * 2^1) + 1

二进制格式以字节为单位（8 位，范围是 0~255）。例如：一个 int 类型（16 位）myInt 可表示如下。

```
myInt = (B11001100 * 256) + B10101010;    //B11001100 是高字节
```

八进制（octal）：只有 0~7 共 8 个字符是有效的，用前缀 0 表示。

例子：n = 0101;　　　　　//等同于十进制 65= (1 * 8^2) + (0 * 8^1) + 1

十六进制（hexadecimal）：有十六个有效字符：0~9，A~F。其中，A=10；B=11；C=12；D=13；E=14；F=15。十六进制用前缀 0x 表示。

例子：n = 0x101;　　　　　//等同于十进制 257= ((1 * 16^2) + (0 * 16^1) + 1)

注意：U 和 L 格式符。一个整型常量默认是 int 类型，可用 U 或 L 格式符将一个整型常量转换为其他数据类型。

u 或 U 强制常量成为一个无符号整型（unsigned）数据。例如：33u。

l 或 L 强制常量成为一个长整型（long）数据。例如：100000L。

ul 或 UL 强制常量成为一个无符号长整型（unsigned long）数据。例如：32767ul。

3．定义逻辑和数字引脚等级：HIGH 和 LOW

在 Arduino 中，常量是预定义的表达式，用于提高程序的易读性，可分为以下几组。

（1）逻辑级：true 和 false（Boolean 常量）

有两个量分别用于代表真和假，即 true 和 false。

false：被定义为 0（zero）。

true：通常 true 被定义为 1，代表正确，但 true 有比较广的定义。任何非零整数都为 true，从 Boolean 的意义上讲，−1、2 和−200 都被定义为 true。

注意：true 和 false 常量是小写格式。

（2）定义数字引脚级：HIGH 和 LOW

对一个数字引脚进行读和写，只有两种值，即 HIGH 和 LOW。

HIGH：HIGH 的含义对输入引脚和输出引脚是不同的，当用 pinMode()配置引脚为输入，用 digitalRead()读引脚时，若引脚上的电压大于 3.0V（针对 5.0V 开发板）；或引脚上的电压大于 2.0V（针对 3.3V 开发板）时，Arduino（ATmega）返回 HIGH。若用 pinMode()配置引脚为输入，接着用 digitalWrite()设置引脚为 HIGH，这将使能（enable）内部 20kΩ 的上拉电阻器，读引脚为 HIGH，除非该引脚被外部电路拉低。若用 pinMode()配置引脚为输出，且用 digitalWrite()设置引脚为 HIGH，该引脚为 5.0V（5.0V 开发板）或 3.3V（3.3V 开发板）。在这种状态下，它能提供源电流，可以点亮一个通过串联电阻器连接的 LED 灯。

LOW：LOW 的含义对输入引脚和输出引脚也是不同的。当用 pinMode()配置引脚为输入，用 digitalRead()读引脚时，若引脚上的电压小于 1.5V（对 5.0V 开发板），或引脚上的电压小于 1.0V（对 3.3V 开发板）时，Arduino（ATmega）返回 LOW。

若用 pinMode()配置引脚为输出，且用 digitalWrite()设置为 LOW，该引脚为 0V（5.0V 开发板或 3.3V 开发板）。在这种状态下，它能提供灌电流，可以点亮一个通过串联电阻器连接的 LED 灯。

4．定义数字引脚模式：INPUT、INPUT_PULLUP 和 OUTPUT

数字引脚可定义为 INPUT、INPUT_PULLUP 或 OUTPUT。用 pinMode()改变引脚即改变了引脚的电压。

INPUT：用 pinMode()配置 Arduino（ATmega）引脚为输入，这是一种高阻状态。

如果配置引脚为输入，读取一个开关的数值，当开关处于断开状态，输入引脚将是悬空状态，将导致不可预知的结果。为确保读取数据的准确性，必须使用上拉电阻器或下拉电阻器。这些电阻器的功能是当开关断开时，使引脚为固定的状态。通常选择 10kΩ 电阻器，因为它可有效防止一个悬空的输入，同时当开关闭合时又不消耗太多电流。

若使用下拉电阻器，当开关断开时，输入引脚将为 LOW；当开关闭合时，输入引脚将为 HIGH。

若使用上拉电阻器，当开关断开时，输入引脚将为 HIGH；当开关闭合时，输入引脚将为 LOW。

INPUT_PULLUP：在 Arduino 板上的 ATmega 微控制器有内部上拉电阻器（连接到内部电源的电阻器）。在 pinMode()中使用 INPUT_PULLUP 参数，可以用内部上拉电阻器代替外部上拉电阻器。

OUTPUT：用 pinMode()将 Arduino（ATmega）引脚配置为输出。这是一种低阻状态，这意味着它可以给其他电路提供足够大的电流。

5．定义 built-ins：LED_BUILTIN

大部分 Arduino 板上有一个引脚通过一个串联电阻器与 LED 灯相连。常量 LED_BUILTIN 是这个引脚的定义。大部分 Arduino 板用 13 引脚连接 LED 灯。

3.2.2　数据类型转换函数

本节介绍 6 个数据类型转换函数。

1．byte()

功能：将一个数据转换成字节型数据。

语法格式：byte(x)。

参数说明：x，任意类型数据。

返回值：字节型数据。

2．char()

功能：将一个数据转换成字符型数据。

语法格式：char(x)。

参数说明：x，任意类型数据。

返回值：字符型数据。

3．float()

功能：将一个数据转换成浮点型数据。

语法格式：float (x)。

参数说明：x，任意类型数据。

返回值：浮点型数据。

4．int()

功能：将一个数据转换成整型数据。

语法格式：int (x)。

参数说明：x，任意类型数据。

返回值：整型数据。

5．long()

功能：将一个数据转换成长整型数据。

语法格式：long (x)。

参数说明：x，任意类型数据。

返回值：长整型数据。

6．word()

功能：将一个数据转换成字型数据或将两个字节转换成一个字。

语法格式：word(x) 和 word(h, l)。

参数说明：x，任意类型数据；h，高字节；l，低字节。

返回值：字型数据。

3.2.3　变量数据类型

Arduino 支持的变量数据类型有以下 17 种。

1．String

文本串可以用两种方式表示：一种是使用 String 数据类型，另一种是用 char 类型的数组将最后一个字符置为 0（null-terminate）。

下面列出几种定义字符串的形式。

```
char Str1[15];
char Str2[8] = {'a', 'r', 'd', 'u', 'i', 'n', 'o'};
char Str3[8] = {'a', 'r', 'd', 'u', 'i', 'n', 'o', '\0'};
char Str4[ ] = "arduino";
```

```
char Str5[8] = "arduino";
char Str6[15] = "arduino";
```

可以声明一个字符串而不初始化，例如 Str1；也可以声明一个字符串（多出一个字符），编译器将负责添加一个空字符，例如 Str2；Str3 中已添加了空字符；用双引号初始化字符串，例如 Str4，编译器将分配一个满足该字符串常量和一个空字符的数组；Str5 给出了数组长度和字符串常量；Str6 预留了较大的空间给字符串。

一般地，字符串的结尾是一个空字符（0 的 ASCII 码）。允许函数（例如 Serial.print()）指明字符串的结尾。这意味着字符串需要留出一个字节给零字符。所以 Str2 和 Str5 需要 8 个字符，因为 "arduino" 是 7 个，最后的位置被自动添加为字符 0 的 ASCII 码。Str4 将自动赋值 8 个字符，最后一个给空字符。在 Str3 中，已经把空字符包含在数组中了。

注意：如果没有给空字符留位置（例如把 Str2 的长度由 8 改成 7），将会出现错误的结果。字符串总是被放在双引号中（如"Abc"），而字符总是被定义在单引号里（如'A'）。

可以对长字符串进行封装（wrap），如下所示。

```
char myString[] = "This is the first line"
                  " this is the second line"
                  " etcetera";
```

当需要处理大量文本数据时，使用字符串数组会比较方便，例如 LCD 显示，因为字符串本身是数组。实际上字符串数组是二维数组。

下面的代码中，数据类型 char 后面的星号（*）指明这是一个指针数组。所有的数组名实际上都是指针，所以要定义一个数组中的数组。对初学者，指针是难点之一，不过没有详细地了解指针的原理，并不影响使用。

代码举例如下。

```
char* myStrings[]={"This is String 1", "This is String 2", "This is String 3",
                   "This is String 4", "This is String 5","This is String 6"};
void setup(){
Serial.begin(9600);
}
void loop(){
for (int i = 0; i < 6; i++){
    Serial.println(myStrings[i]);
    delay(500);
    }
}
```

2. String 类

功能：构造字符串类的实例。包括以下实例。

（1）一个字符常量串，用双引号（一个 char 数组）。

（2）一个字符常量，用单引号。

（3）字符串对象的另一个实例。

（4）整型或长整型常量。

（5）使用指定进制的整型或长整型常量。

（6）整型或长整型变量。

（7）使用指定进制的整型或长整型变量。

（8）指定小数位数的浮点或双精度浮点常量。

一个数字组成的字符串是一个包含数字的 ASCII 码字符串，默认是十进制数。例如：

String thisString = String(13)；得到"13"。

也可以用其他进制，例如：

String thisString = String(13, HEX)；得到"D"，13 的十六进制数。

或者可以选择二进制数：

String thisString = String(13, BIN)；得到"1101"，13 的二进制数。

语法格式：String(val)、String(val, base)、String(val, decimalPlaces)。

参数说明：val，需要格式化为字符串的变量，允许的数据类型有 string、char、byte、int、long、unsigned int、unsigned long、float、double。base（可选），格式化为整数值的进制。decimalPlaces，小数位数（只有当 val 是 float 或 double 时）。

返回值：字符串类的一个实例。

例子：

```
String stringOne = "Hello String";              //字符串常量
String stringOne = String('a');                 //转换字符常量为字符串
String stringTwo = String("This is a string");  //转换字符串常量为字符串对象
String stringOne = String(stringTwo + " with more");//合并 2 个字符串
String stringOne = String(13);                  //使用整数常量
String stringOne = String(analogRead(0), DEC);  //使用整数和十进制
String stringOne = String(45, HEX);             //使用整数和十六进制
String stringOne = String(255, BIN);            //使用整数和二进制
String stringOne = String(millis(), DEC);       //使用长整数和十进制
String stringOne = String(5.698, 3);            //使用浮点数和小数位数
```

3．array

数组：是变量的集合，可通过索引号访问。

数组声明方法如下。

```
int myInts[6];
int myPins[] = {2, 4, 8, 3, 6};
int mySensVals[6] = {2, 4, -8, 3, 2};
char message[6] = "hello";
```

可以只声明数组而不初始化，例如 myInts；对数组 myPins，没有定义长度，编译器可计算元素的个数，创建一个长度合适的数组；数组 mySensVals 的长度和元素都进行了初始化。

注意：声明一个字符类型的数组时，其长度应比元素个数多一，用于存放空字符。

数组的第一个元素索引是 0，如 mySensVals[0] == 2, mySensVals[1] == 4，以此类推。对于有 10 个元素的数组，索引号是 9 的元素是最后一个。

例子：

```
int myArray[10]={9,3,2,4,3,2,7,8,9,11};
```

myArray[9] = 11，而 myArray[10]无效且是随机数。所以，访问数据时需要格外注意，当索引号大于索引长度时，实际上是在访问其他用途的存储器。从这些存储单元读取数据只能得到无效数据。写到这些单元的相关代码时会导致不可预知的结果，这也是一种较难发现的 bug。

与 Basic 或 Java 不同，C 编译器不会检查数组的索引号是否会超出范围。

可以用下面的方法给数组元素赋值。

```
mySensVals[0] = 10;
```

可以用下面的方法读取数组元素的值。

```
x = mySensVals[4];
```

数组经常用在循环体中，每个元素的索引号用作循环计数变量。例如通过串口输出一个数组元素，可以用下面的代码实现。

```
int i;
for (i = 0; i < 5; i = i + 1) {
    Serial.println(myPins[i]);
}
```

4. bool

bool（即布尔）变量：只有 true 或 false 两个值（每个 bool 变量占一个字节）。

下面的代码说明如何使用 bool 变量。

```
int LEDpin = 5;                          //LED 灯接 5 引脚
int switchPin = 13;                      //瞬时开关接 13 引脚，另一端接地
bool running = false;                    //定义 bool 变量 running 为 false
void setup()
{
  pinMode(LEDpin, OUTPUT);
  pinMode(switchPin, INPUT);
  digitalWrite(switchPin, HIGH);         //上拉电阻器有效
}

void loop()
{
  if (digitalRead(switchPin) == LOW) {
//开关闭合：正常情况上拉电阻器使引脚保持高电平
    delay(100);                          //延时去抖
    running = !running;                  //取反 running 变量
    digitalWrite(LEDpin, running);       //通过 LED 灯指示开关的状态
  }
}
```

5. boolean

boolean 是 Arduino 定义的 bool 的非标准的类型别名。推荐使用 boolean 代替标准类型 bool，二者用法相同。

6. byte

字节类型：存储 8 位无符号数 0~ 255。

7. char

字符类型：存储一个字符值，占一个字节。单个字符用单引号表示，例如'A'（多个字符组成的字符串，用双引号表示，如"ABC"）。

字符按 ASCII 码存储，可以对字符的 ASCII 值做运算（例如'A' + 1 =66, 因为大写字母 A 的 ASCII 值是 65）。

字符类型是一个有符号类型。对无符号类型的数，一个字节（8 位）的数据类型，用字节数据类型。

例子：

```
char myChar = 'A';
char myChar = 65;        //两者相同
```

8. double

双精度浮点型：对 UNO 和其他基于 ATmega 的开发板来说，它占 4 个字节。

对 Arduino Due 来说，双精度浮点数有 8 字节（64 位）的精度。

9. float

浮点型：有小数点的数。由于 float 的精度较高，模拟量和连续变化的量常用浮点数表示。在 Arduino 中，浮点运算的结果是不够准确的，并且返回的值有一个小的近似误差。出现误差的原因是浮点数仅用 32 位的空间来存储一个巨大范围内的所有值。float 的范围约为-2^{128}~$+2^{128}$，即$-3.40E+38$ ~ $+3.40E+38$，占用 4 个字节。对 Arduino 浮点数，8 位用于小数位置（指数），剩下的 24 位留给符号和数值（只够写入 7 位有效十进制数字）。对 Arduino 板，双精度浮点数和浮点数具有同样的精度，浮点数只有 6~7 个十进制数位（注意：是总的数字个数，不是小数位数），不像其他平台可以使用双精度（15 个数字位），以得到更高的精度。

当判断两数是否相等时，若精度不够，有可能得到不对的结果，例如 6.0 / 3.0 可能不等于 2.0。若以两数的差的绝对值小于一个很小的数作为判断条件，则可以解决这个问题。

浮点数的计算速度比整型慢很多。例如当要求一个关键的定时函数循环，且必须以最快的速度运行时，应尽量避免使用浮点数。为了提高速度，可以将浮点数运算转换成整数运算。

若用浮点数做运算，需加一个小数点，否则会被计算机按整数处理。

语法格式：float var=val。

参数说明：var，浮点变量名；val，给变量赋的值。

例子：

```
float myfloat;
float sensorCalbrate = 1.117;
int x;  int y;  float z;
```

```
x = 1;
y = x / 2;                  //y 等于 0, int 不能有分数
z = (float)x / 2.0;         //z 等于 0.5 (必须用 2.0, 不能用 2)
```

10. int

整型：一种常用的数据类型。

对 Arduino UNO 和其他基于 ATmega 的开发板，整型是 16 位（2 字节）的数值。数据范围是$-32,768\sim32,767$（最小值：-2^{15}，最大值：$2^{15}-1$）。对 Arduino Due 和基于 SAMD 的开发板（MKR1000 和 Zero），整型占 4 个字节（32 位），数据范围是$-2,147,483,648\sim2,147,483,647$（最小值：$-2^{31}$，最大值：$2^{31}-1$）。

整型数据是 16 位的补码，最高位是符号位，其余位按位求反加 1 是整数的数值。

Arduino 用整数处理有符号数，但向右移位操作符（>>）会比较麻烦。

语法格式：int var = val。

参数说明：var，整型变量名；val，给变量赋的值。

例子：int ledPin = 13。

注意：当有符号变量超过数据的表示范围时产生溢出，溢出的结果不可预知，应尽量避免。

11. long

长整型：存储 32 位（4 字节），数据范围为$-2,147,483,648\sim2,147,483,647$。

如果做整数运算，至少有一个数据需要用 L 强制为长整型。

语法格式：long var = val。

参数说明：var，变量名；val，给变量赋的值。

例子：long speedOfLight = 186000L。

12. short

短整型：一个 16 位的数据类型。

对所有的 Arduino 板（基于 ATMega 和 ARM），短整型 short 存储一个 16 位（2 字节）数据。数据范围是$-32,768\sim32,767$。

语法格式：short var = val。

参数说明：var，变量名；val，给变量赋的值。

例子：short ledPin = 13。

13. unsigned char

无符号字符型：该数据类型和字节类型一样，占用存储器的一个字节，无符号字符类型从 0 到 255 对数据进行编码。建议使用字节类型。

例子：unsigned char myChar = 240。

14. unsigned int

无符号整型：对 UNO 和其他基于 ATMega 的 Arduino 板，unsigned int（unsigned integer）和 int 同样存储 2 个字节的值。但 unsigned int 只存储无符号数。数据范围是$0\sim65,535$（$2^{16}-1$）。

Due 存储 4 个字节（32 位）值，范围是$0\sim4,294,967,295$（$2^{32}-1$）。

unsigned int 和（signed）int 的区别是最高位，即符号位。在 Arduino 中，若 int 类型的最高位是 1，代表是负数，后 15 位取反加 1 代表数值的大小。

语法格式：unsigned int var = val。

参数说明：var，变量名；val，给变量赋的值。

例子：unsigned int ledPin = 13。

当 unsigned 变量溢出时，数值变为 0。

```
unsigned int x;
x = 0;
x = x-1;                      //x = 65535, 负方向溢出
x = x + 1;                    //x =0, 溢出
```

即使无符号变量没有溢出，对无符号变量做运算也可能出现无法预知的结果。

MCU 遵循规则如下。

运算在目标变量的范围内进行，即如果目标变量是有符号数，进行有符号运算。即使两个输入变量都是无符号数，也进行有符号运算。但是对于需要中间结果的运算，且中间结果的范围未在代码中指明时，MCU 将对中间结果做无符号运算，因为输入是无符号的。

```
unsigned int x=5;
unsigned int y=10;
int result;
result = x-y;                 //5-10 = -5, 正如预期
result = (x-y)/2;             //5-10 无符号运算的结果是 65530! 65530/2 = 32765
```

解决办法：用 signed 变量，或一步一步进行运算。

```
result = x-y;                 //5-10 =-5, 正如预期
result = result / 2;          //-5/2 =-2 (只做整数运算, 小数点丢掉了)
```

使用无符号整型的原因是有时希望溢出归零，例如计数器。

signed 变量的数据范围较小，但和 long/float 类型比较，可以节省空间，提高运算速度。

15. unsigned long

无符号长整型：存储 32 位（4 字节）。与长整型不同，unsigned long 只存储无符号数。数据范围是 $0 \sim 4,294,967,295$（$2^{32}-1$）。

语法格式：unsigned long var = val。

参数说明：var，变量名；val，给变量赋的值。

例子：

```
unsigned long time;          //定义无符号长整型变量 time
void setup()
{
  Serial.begin(9600);
}

void loop()
{
```

```
    Serial.print("Time: ");
    time = millis();
    Serial.println(time);            //输出程序运行时间
    delay(1000);                     //延时 1s
}
```

16. void

无类型 void 关键字仅用在函数声明中，声明函数无返回值。

例子：

```
//函数 setup()和 loop()调用均无返回值。
void setup()
{
  //...
}
void loop()
{
  //...
}
```

17. word

无符号整型：字型变量存储 16 位无符号数，数值范围是 0～65535，和 unsigned int 意义相同。

例子：word w = 10000。

3.3　程序结构

Arduino 程序的基本结构包含两个函数。

1. setup()

当程序开始运行时，setup() 函数被调用。setup()也被称为初始化函数，可用于变量初始化、设置引脚模式、启动库等。上电后或 Arduino 板复位后，setup() 函数只运行一次。

2. loop()

执行完 setup()函数（初始化和给变量赋初值），运行函数 loop()，loop()里的语句始终按顺序循环执行，实现对 Arduino 板的控制。函数里面的内容被称为循环体。

例子：

```
int buttonPin = 3;

//初始化串口和按键引脚
void setup()
{
  Serial.begin(9600);
  pinMode(buttonPin, INPUT);
}
```

```
//循环检测按键引脚，若按下则送串口
void loop()
{
    if (digitalRead(buttonPin) == HIGH)
        Serial.write('H');
    else
        Serial.write('L');
        delay(1000);
}
```

注意：setup()和 loop()函数是 Arduino 程序的基本组成部分，即使我们不需要其中的功能，也必须保留。虽然循环体部分会一直运行，但我们也可以在 loop()函数中用代码停止该函数的执行，例如执行 while(1)语句。需要强调的是，一个 Arduino 程序中只能有一个 setup()和一个 loop()函数。

3.4 控制语句

控制语句是 Arduino 程序的重要组成部分，本节将介绍其功能及使用方法。

3.4.1 break 语句

break 语句通常用在 for、while 或 do...while 循环语句中，其功能是退出循环。用于 switch 语句，可使程序跳出 switch 语句，执行 switch 后面的语句。

例子：当传感器的值超过门槛值时，退出循环。

```
for (x = 0; x < 255; x ++)
{
    analogWrite(PWMpin, x);
    sens = analogRead(sensorPin);
    if (sens > threshold){        //判断传感器的值
        x = 0;
        break;                    //退出 for 循环
    }
    delay(50);
}
```

3.4.2 continue 语句

continue 语句跳过循环体（for、while 或 do...while）里位于其后面的语句，强制执行下一次循环。

例子：写 0~255 到 PWMpin 引脚，但跳过 41~119 内的值。

```
for (x = 0; x <= 255; x ++)
{
    if (x > 40 && x < 120){     //当 x 在 40 和 120 之间时，跳过后面 2 条语句，进行下一个循环
```

```
    continue;
  }
  analogWrite(PWMpin, x);
  delay(50);
}
```

3.4.3 do...while 语句

do...while 语句先进入循环，在循环的最后测试条件是否为真，为真继续执行循环。循环至少执行一次。

语法格式：

```
do
  {
    //statement block
} while (condition);        //注意分号不能丢
```

参数说明：condition 是一个布尔表达式，即只有 true 或 false 两种结果。

例子：

```
do
  {
    delay(50);              //等待传感器进入稳定状态
    x = readSensors();      //读取传感器的值
} while (x < 100);          //x 小于 100 时，条件为真，进入循环
```

3.4.4 while 语句

while 语句循环执行其后面花括号里的语句，直到花括号里的条件为假（false）。若被测试的条件不变，循环将一直执行下去。

语法格式：

```
while(condition){
                          //statement(s)
              }
```

参数说明：condition 是一个布尔表达式，即只有 true 或 false 两种结果。

例子：

```
var = 0;
while(var < 200){          //执行语句，重复 200 次
var++;                     //修改变量
}
```

3.4.5 if 语句

使用 if 语句检测条件，如果条件为真，执行后面的语句。

语法格式：

```
if (condition)
{
    //statement(s)
}
```

参数说明：condition 是一个布尔表达式，即只有 true 和 false 两种结果。

例子：if 语句后面的花括号可以省略，但只能执行一条语句。下面给出了 if 语句的多种写法。

```
if (x > 120) digitalWrite(LEDpin, HIGH);

if (x > 120)
digitalWrite(LEDpin, HIGH);

if (x > 120){ digitalWrite(LEDpin, HIGH); }

if (x > 120){
    digitalWrite(LEDpin1, HIGH);
    digitalWrite(LEDpin2, HIGH);
}
```

注意：圆括号里面的表达式可能需要使用下面的操作符。

x == y（x 等于 y）；

x != y（x 不等于 y）；

x < y（x 小于 y）；

x > y（x 大于 y）；

x <= y（x 小于等于 y）；

x >= y（x 大于等于 y）。

注意 x=y 和 x==y 的区别。

3.4.6　if… else 语句

if…else 语句允许多个条件测试，它比 if 语句对代码的控制能力强。当 if 语句中的条件为假时，else 语句将被执行。else 语句可以有多个。

当某个条件测试为假时，继续测试下一个 else if 条件；当某个测试条件为真时，相应的代码被执行，退出 if…else 语句。当所有条件测试为假时，则执行默认的 else 语句（如果有默认语句，设置默认语句）。

注意：else if 语句后面的 else 语句可有可无，else if 分支数量不限。

语法格式：

```
if (condition1)
{
    //do Thing A
```

```
}
else if (condition2)
{
    //do Thing B
}
else
{
    //do Thing C
}
```

例子：下面是测量温度的部分代码。

```
if (temperature >= 70)
{
        //危险，关闭系统
}
else if (temperature >= 60 && temperature < 70)
{
        //警告，引起注意
}
else
{
    //安全，继续执行任务
}
```

3.4.7 for 语句

for 语句用于重复执行花括号里面的语句。增量计数器常用来增加控制变量的值并结束循环。for 语句对任何重复操作都适用，常和数组一起使用。

语法格式：

```
for (initialization; condition; increment) {
                                    //statement(s)
                                    }
```

控制变量先初始化，且只执行一次。每循环一次，条件被测试一次，如果为真，花括号里面的语句和变量修改语句被执行，然后条件再次被测试；当条件为假时，循环结束。

例子 1：用 PWM 引脚控制一个 LED 灯渐变。

```
int PWMpin = 10;              //LED 灯通过 470Ω 电阻器与引脚 10 连接
void setup()
{
                              //setup 可以为空
}
void loop()
{
```

```
    for (int i=0; i <= 255; i++){
    analogWrite(PWMpin, i);     //i 从 0 增加到 255 时，循环执行该语句
    delay(10);
    }
}
```

例子 2：用乘法产生一个对数序列。

```
for(int x = 2; x < 100; x = x * 1.5){
println(x);
}
```

运行结果是产生序列：2,3,4,6,9,13,19,28,42,63,94。

例子 3：循环控制一个 LED 灯渐亮和渐灭。

```
void loop()
{
int x = 1;
for (int i = 0; i > -1; i = i + x){
analogWrite(PWMpin, i);
if (i == 255) x = -1;            //达到最大值时改变方向
delay(10);
}
}
```

3.4.8　goto 语句

goto 语句是一个无条件转移语句。

语法格式：

```
goto label;   //跳转到标号 label 继续执行程序
```

例子：

```
for(byte r = 0; r < 255; r++){
    for(byte g = 255; g > 0; g--){
        for(byte b = 0; b < 255; b++){
            if (analogRead(0) > 250){ goto bailout;} //跳出循环，转移到标号
            //bailout 处语句
        }
    }
}
bailout:
```

注意：编程中不鼓励使用 goto 语句，但有时可用它来简化程序。使用 goto 语句，有可能会产生一些未定义的程序流程，且很难被测试出来。

常用 goto 语句来跳出多重循环或某些逻辑语句。但只能从内层循环跳到外层循环，不允许从外层循环跳到内层循环。

3.4.9 return 语句

return 语句的作用是结束执行函数，返回一个值到调用函数。

语法格式：

```
return value;
```

参数说明：value，任何变量或常量类型。

例子 1：比较传感器的输入值和门槛值函数。

```
int checkSensor(){
    if (analogRead(0) > 400) {
        return 1;
    }
    else{
        return 0;
    }
}
```

例子 2：

```
void loop(){
//成形的代码放这个位置进行测试
return;
//不成形的代码放这个位置，绝不会被执行
}
```

3.4.10 switch...case 语句

switch 语句可实现多分支的选择结构。switch 语句将变量与 case 语句中定义的值做比较，若二者相同则执行 case 语句后面的语句。

break 语句常用在 case 语句的最后来退出 switch 语句。没有 break 语句，switch 语句将继续执行后面的 case 语句，判断变量的值是否等于表达式的值，直到遇到 break 语句或 switch 语句执行完毕。

语法格式：

```
switch (var) {
case label1:
//statements
break;
case label2:
//statements
break;
default:
//statements
}
```

参数说明：var，变量名，允许的数据类型为 int、char；label1、label2，常量名，允许的数据类型为 int、char。

返回值：无。

例子：

```
switch (var) {
case 1:
    //当变量等于 1 时，执行的语句
    break;
case 2:
    //当变量等于 2 时，执行的语句
    break;
default:
    //如果前面都不匹配，执行默认语句，默认部分是可选的
    break;
}
```

3.4.11 其他语句和符号

1. #define 语句

#define 语句给常量定义一个名称。在 Arduino 中被定义的常量不占用存储空间。编译器编译时用常量替代这些被定义的名称。

语法格式：

```
#define constantName value
```

注意："#"不能省略。

例子：

```
#define ledPin 3              //编译时，编译器将所有的 ledPin 用 3 替代
```

注意：#define 语句后没有分号，如果加了分号，编译器会报错。

```
#define ledPin 3;             //这是一个错误语句
```

类似地，若语句中用了等号，编译器也会报错。

```
#define ledPin = 3            //这是一个错误语句
```

2. #include 语句

#include 语句用于包含库文件名，方便用户对大量标准 C 库和 Arduino 库进行访问。

注意：类似于#define，#include 语句后面不能有分号。

例子：下面的例子包含一个头文件，用来把数据存放到 flash 而不是 ram。这节省了动态存储需要的 ram 空间，使查找大型存储表成为可能。

```
#include <avr/pgmspace.h>
```

3. /* */ 语句

块注释是对程序进行功能或内容的说明，编译器会忽略它，处理器也不执行它，故它不占据任何存储空间。注释的唯一目的是帮助用户进行记忆，提高程序的可读性。

/*是块注释的起始符，*/ 是结束符。编译器发现/*后，会忽略后面的内容，直到遇到*/为止。

例子 1：

```
/* This is a valid comment */
/*
Blink
Turns on an LED on for one second, then off for one second, repeatedly.
This example code is in the public domain.
*/
```

例子 2：

```
/*
if (gwb == 0){         //在多行注释里的单行注释是允许的
 x = 3;                /* 但不允许有另一个多行注释——这是无效的 */
 }
//不要忘记结束符。必须成对出现！
*/
```

注意：调试程序时，注释部分有问题的程序是很有用的方法。

4. // （单行注释）

单行注释用//（两个双斜杠）开始，到一行的最后结束。编译器将忽略//开始的整行。

例子：两种单行注释的例子。

```
//Pin 13 has an LED connected on most Arduino boards.
//give it a name:
int led = 13;
digitalWrite(led, HIGH);   //turn the LED on (HIGH is the voltage level)
```

5. ; （分号）

语句的结束符。

例子：

```
int a = 13;
```

注意：语句后边没有分号将导致编译错误。错误提示可能很明显，也可能不明显。如果出现了一些似乎难于理解的或不合逻辑的错误提示，首先要检查是否漏掉了分号。

6. {} （花括号）

花括号是 C 语言编程中重要的一部分，常被用于不同的结构中，有时会给初学者造成困惑。

一个开始"{"必须和结束"}"成对出现。Arduino IDE 有一个检查花括号是否成对出现的方法。单击一个，另一个会高亮显示。

花括号没有成对出现会导致编译器报错，且有时错误信息很难理解，尤其是这种错误出现在大型程序中的时候。

例子：下面是花括号常用的几种方法。

（1）函数

```
void myfunction(datatype argument){
```

```
    statements(s)
}
```

（2）循环

```
while (boolean expression)
{
 statement(s)
}
do
{
 statement(s)
} while (boolean expression);

for (initialisation; termination condition; incrementing expr)
{
 statement(s)
}
```

（3）条件语句

```
if (boolean expression)
{
        statement(s)
}
else if (boolean expression)
{
 statement(s)
}
else
{
 statement(s)
}
```

3.5　运算符

3.5.1　算术运算符

本节介绍余数、加、减、乘、除和赋值这 6 个运算符。

1. %（余数运算符）

功能：当一个整数除以另一个整数时，计算余数。%（百分号）符号做余数运算。常用于保持一个变量的值在某个范围内（如数组的下标）。

语法格式：remainder = dividend % divisor。

参数说明：remainder，变量，允许的数据类型是 int、float 和 double；

dividend，变量或常量，允许的数据类型是 int；

divisor，非零变量或常量，允许的数据类型是 int。

例子 1：

```
int x = 0;
x = 7 % 5;        //x=2
x = 9 % 5;        //x=4
x = 5 % 5;        //x=0
x = 4 % 5;        //x=4
x =-4 % 5;        //x=-4
x = 4 %-5;        //x =4
```

例子 2：数组的下标在每次循环中被修改。

```
int values[10];
int i = 0;
void setup() {}
void loop()
{
    values[i] = analogRead(0);
    i = (i + 1) % 10;              //余数运算符对 10 取余
}
```

注意：余数运算符不能对浮点数进行操作。如果被除数是负数，那么 x % 10 的结果也是负数（或 0），故 x % 10 的结果就不只是在 0～9 变化。

2．*（乘法）

功能：运算符 "*"（星号）对两个操作数进行乘法运算，得到积。

语法格式：product = operand1 * operand2。

参数说明：product，变量，允许的数据类型是 int、float、double、byte、short 和 long；

operand1，变量或常量，允许的数据类型是 int、float、double、byte、short 和 long；

operand2，变量或常量，允许的数据类型是 int、float、double、byte、short 和 long。

例子：

```
int a = 5, b = 10, c = 0;
c = a * b;         //语句执行后，变量 c 的值为 50
```

注意：若乘积较大，结果可能溢出（超出数据类型所能表示的范围）。若乘数和被乘数中有一个是 float 或 double 型数据，将采用 float 型进行计算。若乘数和被乘数的数据类型是 float 或 double，而乘积是整型变量，则小数部分将丢失，如下所示。

```
float a = 5.5, b = 6.6;
int c = 0;
c = a * b;         //c 的值是 36，而期望的结果是 36.3
```

3．+（加法）

功能：运算符 "+"（加号）对两个操作数进行加法运算，得到二者之和。

语法格式：sum = operand1 + operand2。

参数说明：sum，变量，允许的数据类型是 int、float、double、byte、short 和 long；

operand1，变量或常量，允许的数据类型是 int、float、double、byte、short 和 long；

operand2，变量或常量，允许的数据类型是 int、float、double、byte、short 和 long。

例子：

```
int a = 5, b = 10, c = 0;
c = a + b;          //语句执行后，c 的值是 15
```

注意：若和较大，结果可能溢出（超出数据类型所能表示的范围）。若加数和被加数中有一个是 float 或 double 型数据，将采用 float 型进行计算。若加数和被加数的数据类型是 float 或 double，而和是一个整型变量，则小数部分将丢失，如下所示。

```
float a = 5.5, b = 6.6;
int c = 0;
c = a + b;          //c 为 12，而期望结果为 12.1
```

4．-（减法）

功能：运算符"-"（减号）对两个操作数进行减法运算，得到二者之间的差。

语法格式：difference = operand1 - operand2。

参数说明：difference，变量，允许的数据类型是 int、float、double、byte、short 和 long；

operand1，变量或常量，允许的数据类型是 int、float、double、byte、short 和 long；

operand2，变量或常量，允许的数据类型是 int、float、double、byte、short 和 long。

例子：

```
int a = 5, b = 10, c = 0;
c = a - b;  //语句执行后，c 的值是-5
```

注意：若和较小，结果可能溢出（超出数据类型所能表示的范围）。若减数和被减数中有一个是 float 或 double 型数据，将采用 float 型进行计算。若减数和被减数的数据类型是 float 或 double，而差是一个整型变量，则小数部分将丢失，如下所示。

```
float a = 5.5, b = 6.6;
int c = 0;
c = a-b;            //c 为-1，而期望结果为-1.1
```

5．/（除法）

功能：运算符"/"（斜线）对两个操作数进行除法运算，得到商。

语法格式：result = numerator / denominator。

参数说明：result，变量，允许的数据类型是 int、float、double、byte、short 和 long；

numerator，变量（被除数），允许的数据类型是 int、float、double、byte、short 和 long；

denominator，非 0 变量或常量（除数），允许的数据类型是 int、float、double、byte、short 和 long。

例子：

```
int a = 50, b = 10, c = 0;
c = a / b;          //语句执行后，c的值是5
```

注意：若除数和被除数中有一个是 float 或 double 型数据，将采用 float 型进行计算。若除数和被除数的数据类型是 float 或 double，而商是一个整型变量，则小数部分将丢失，如下所示。

```
float a = 55.5, b = 6.6;
int c = 0;
c = a / b;          //c的值是8，而预期的结果是8.409
```

6. =（赋值）

赋值运算符功能是将 "="（等号）右边的表达式的值赋给等号左边的变量。

例子：

```
int sensVal;                 //声明一个整型变量 sensVal
sensVal = analogRead(0);     //将 A0 引脚输入的数字化的输入电压存入变量中
```

注意："="左边的变量存储的数据范围要足够大，否则会出错。要注意赋值运算符 "="（一个等号）和比较运算符 "=="（双等号）的区别。

3.5.2 关系运算符

本节介绍不等于、小于、小于或等于、等于、大于、大于或等于这 6 个关系运算符。

1. !=（不等于）

功能：比较运算符两边变量或常量的值，当其值不相等时返回真。若比较的变量的数据类型不同，会产生不可预知的结果，建议两个操作数的数据类型要保持一致。

语法格式：

```
x != y      //若 x 等于 y 返回假；若 x 不等于 y 返回真
```

参数说明：x，变量，允许的数据类型是 int、float、double、byte、short 和 long；
　　　　　y，变量或常量，允许的数据类型是 int、float、double、byte、short 和 long。

例子：

```
if (x!=y)    //测试 x 是否等于 y
{
//当且仅当比较结果为真时，执行花括号里面的语句
}
```

2. <（小于）

功能：比较运算符两边变量或常量的值。当左边的操作数小于右边的操作数时返回真。若比较的变量的数据类型不同，会产生不可预知的结果，建议两个操作数的数据类型要保持一致。

语法格式：

```
x < y       //若 x 小于 y 返回真；若 x 等于或大于 y 返回假
```

参数说明：x，变量，允许的数据类型是 int、float、double、byte、short 和 long；
　　　　　y，变量或常量，允许的数据类型是 int、float、double、byte、short 和 long。

例子：

```
if (x<y)     //测试 x 是否小于 y
```

```
{
//当且仅当比较结果为真时，执行花括号里面的语句
}
```

注意：负数小于正数。

3．<=（小于或等于）

功能：比较运算符两边变量或常量的值。当左边的操作数小于或等于右边的操作数时返回真。若比较的变量数据类型不同，会产生不可预知的结果，建议两个操作数的数据类型要保持一致。

语法格式：

```
x < =y          //若 x 小于或等于 y 返回真；若 x 大于 y 返回假
```

参数说明：x，变量，允许的数据类型是 int、float、double、byte、short 和 long；
　　　　　y，变量或常量，允许的数据类型是 int、float、double、byte、short 和 long。

例子：

```
if (x<=y)        //测试 x 是否小于或等于 y
{
//当且仅当比较结果为真时，执行花括号里面的语句
}
```

4．==（等于）

功能：比较运算符两边变量或常量的值。当左边的操作数等于右边的操作数时返回真。若比较的变量数据类型不同，会产生不可预知的结果，建议两个操作数的数据类型要保持一致。

语法格式：

```
x == y          //若 x 等于 y 返回真；若 x 不等于 y 返回假
```

参数说明：x，变量，允许的数据类型是 int、float、double、byte、short 和 long；
　　　　　y，变量或常量，允许的数据类型是 int、float、double、byte、short 和 long。

例子：

```
if (x==y)        //测试 x 是否等于 y
{
//当且仅当比较结果为真时，执行花括号里面的语句
}
```

5．>（大于）

功能：比较运算符两边变量或常量的值。当左边的操作数大于右边的操作数时返回真。若比较的变量数据类型不同，会产生不可预知的结果，建议两个操作数的数据类型要保持一致。

语法格式：

```
x> y            //若 x 大于 y 返回真；若 x 不大于 y 返回假
```

参数说明：x，变量，允许的数据类型是 int、float、double、byte、short 和 long；
　　　　　y，变量或常量，允许的数据类型是 int、float、double、byte、short 和 long。

例子：

```
if (x>y)         //测试 x 是否大于 y
```

```
{
//当且仅当比较结果为真时，执行花括号里面的语句
}
```

6. >=（大于或等于）

功能：比较运算符两边变量的值。当左边的操作数大于或等于右边的操作数时返回真。若比较的变量数据类型不同，会产生不可预知的结果，建议两个操作数的数据类型要保持一致。

语法格式：

```
x>=y              //若 x 大于或等于 y 返回真；若 x 小于 y 返回假
```

参数说明：x，变量，允许的数据类型是 int、float、double、byte、short 和 long；
           y，变量或常量，允许的数据类型是 int、float、double、byte、short 和 long。

例子：

```
if (x>=y)         //测试 x 是否大于或等于 y
{
//当且仅当比较结果为真时，执行花括号里面的语句
}
```

3.5.3 逻辑运算符

本小节介绍逻辑与、逻辑或和逻辑非这 3 个逻辑运算符。

1. !（逻辑非）

若操作数是假，逻辑非就是真；若操作数是真，逻辑非就是假。

例子："!"可用在 if 语句的条件里。

```
if (!x) { //如果 x 为假，执行下面语句
    //语句
}
```

"!"可用于取反布尔值。例如：

```
x = !y;   //对 y 取反后存入 x
```

注意：逻辑非（!）和位运算符（~）的区别。

2. &&（逻辑与）

如果两个操作数都为真，逻辑与为真。

例子："&&"可用在 if 语句的条件里。

```
if (digitalRead(2) == HIGH && digitalRead(3) == HIGH) {
//如果读两个值都为高，执行下面语句
//语句
}
```

注意：逻辑与（&&）和位运算符（&）的区别。

3. ||（逻辑或）

如果两个操作数任意一个为真，逻辑或为真。

例子："||"可用在 if 语句的条件里。

```
if (x > 0 || y > 0) { //如果 x 或 y 大于 0,执行下面语句
    //语句
}
```

注意：逻辑或（||）和位运算符（|）的区别。

3.5.4　位运算符

本节介绍按位与、按位或、按位取反、按位异或、左移和右移这 6 个位运算符。

1. &（按位与）

参加运算的两个数据，按二进制位进行"与"运算。如果两个相应的二进制位都为 1，则该位的结果值为 1，否则为 0，如下所示。

```
0  0  1  1    操作数 1
0  1  0  1    操作数 2
-----------------
0  0  0  1    返回结果：（操作数 1 & 操作数 2）
```

在 Arduino 中，int 数据是 16 位的整数，故两个 int 表达式之间用&表示 16 个按位与操作同时进行。

例子：

```
int a = 92;    //二进制: 0000000001011100
int b = 101;   //二进制: 0000000001100101
int c = a & b;    //二进制:   0000000001000100,或十进制: 68
```

变量 a 和 b 中的 16 位数每一位按位相与，则结果存入 c 中。

按位与的最常用的功能是将一个整数中的某些位清零。

例子：

```
PORTD = PORTD & B00000011;  //清零位 2~7,位 0 和 1 不变
```

2. |（按位或）

两个相应的二进制位中只要有一个为 1，该位的结果值为 1，如下所示。

```
0  0  1  1    操作数 1
0  1  0  1    操作数 2
-----------------
0  1  1  1    返回结果：（操作数 1 | 操作数 2）
```

例子：

```
int a = 92;      //二进制:   0000000001011100
int b = 101;     //二进制:   0000000001100101
int c = a | b;   //二进制:   0000000001111101,或十进制: 125
```

按位或最常用的功能是将一个整数中的某些位置为 1。

例子：

```
DDRD = DDRD | B11111100; //将位 2 到 7 置为 1，位 0 和 1 不变（xx | 00 == xx）
```

3. ~（按位取反）

对一个二进制数按位取反，就是将 0 变 1，1 变 0，如下所示。

```
0 1    操作数 1
-----
1 0    返回结果：（~操作数 1）
int a = 103;    //二进制: 0000000001100111
int b = ~a;     //二进制: 1111111110011000 = -104
```

注意：103 取反得到结果 -104，原因是最高位是符号位，16 位整数是以补码的形式存放的。有意思的是，对任意整数 x，～x 等同于 -x-1。

4. ^（按位异或）

参加运算的两个数据，按二进制位进行"异或"运算。如果两个相应的二进制位不同，则该位的结果值为 1，若相同为 0，如下所示。

```
0  0  1  1    操作数 1
0  1  0  1    操作数 2
----------------
0  1  1  0    返回结果：（操作数 1 ^ 操作数 2）
```

例子：

```
int x = 12;    //二进制:  1100
int y = 10;    //二进制:  1010
int z = x ^ y; //二进制:  0110，或十进制: 6
```

异或常用于将某位取反，即用 1 和对应位异或，结果将对应位取反，用 0 异或，对应位不变。

例子：下面的程序将数字引脚 5 取反。

```
void setup(){
pinMode(5,OUTPUT);           //设置数字引脚 5 为输出模式
Serial.begin(9600);
}
void loop(){
PORTD = PORTD ^ B00100000; //取反第 5 位（数字引脚 5），其余位不变
delay(100);
}
```

5. <<（左移）

功能：左移用来将左边的操作数的位全部左移右边操作数指定的位数。

语法格式：variable << number_of_bits。

参数说明：variable，变量，允许的数据类型是 byte、int 和 long；

number_of_bits，小于等于 32 的数，允许的数据类型是 int。

例子：

```
int a = 5;                  //二进制: 0000000000000101
int b = a << 3;             //二进制: 0000000000101000，或十进制: 40
注意: 对 x << y, x 中的最左边的 y 位会溢出。
int x = 5;                  //二进制:  0000000000000101
int y = 14;
int result = x << y;        //二进制: 0100000000000000，101 左边的 1 被移出
```

左移 1 位相当于乘以 2，左移 2 位相当于乘以 4，以此类推。但只适用于该数左移时被溢出舍弃的高位中不包含 1 的情况。例如：为了产生 2 的幂，可使用下面的表达式。

```
    操作          结果
    ---------     ------
    1 << 0        1
    1 << 1        2
    1 << 2        4
    1 << 3        8
    ...
    1 << 8        256
    1 << 9        512
    1 << 10       1024
    ...
```

例子：输出显示字节的二进制值（1 或 0）。

```
void printOut1(int c) {
  for (int bits = 7; bits > -1; bits--) {
    //判断一个字节的 8 个位是 1 还是 0
    if (c & (1 << bits)) {
        Serial.print ("1");
    }
    else {
        Serial.print ("0");
    }
  }
}
```

6. >>（右移）

功能：右移是以右边操作数指定的位数来将左边的操作数的位全部右移。

语法格式：variable >> number_of_bits。

参数说明：variable，允许的数据类型是 byte、int 和 long；

number_of_bits，小于等于 32 的数，允许的数据类型是 int。

例子：

```
int a = 40;                 //二进制: 0000000000101000
int b = a >> 3;             //二进制: 0000000000000101，或十进制: 5
```

注意：右移时(x >> y)，若 x 的最高位是 1，右移操作和数据类型有关，如果 x 是 int 型，

最高位是符号位，则符号位被复制到低位。例如：

```
int x = -16;                      //二进制: 1111111111110000
int y = 3;
int result = x >> y;              //二进制: 1111111111111110
```

这种操作称为符号扩展，也许这种操作不是我们需要进行的操作，若希望左边补 0，对 unsigned int 型数据，右移的操作是不同的。可使用类型转换强制左边补 0，例如：

```
int x = -16;                         //二进制: 1111111111110000
int y = 3;
int result = (unsigned int)x >> y;   //二进制: 0001111111111110
```

右移 1 位相当于除以 2，例如：

```
int x = 1000;
int y = x >> 3;                      //整数 1000 除以 8，结果是 125
```

3.5.5 复合运算符

本小节介绍加法赋值、减法赋值、乘法赋值、除法赋值、按位与赋值、按位或赋值、按位异或赋值、自增和自减这 9 种复合运算符。

1. +=

功能：加法赋值。

语法格式：

```
x += y;                  //等同于表达式 x = x + y
```

参数说明：x，变量，允许的数据类型是 int、float、double、byte、short 和 long；
　　　　　y，变量或常量，允许的数据类型是 int、float、double、byte、short 和 long。

例子：

```
x = 2;
x += 4;                  //语句执行后，x 的值是 6
```

2. -=

功能：减法赋值。

语法格式：

```
x -= y;              //等同于表达式 x = x - y
```

参数说明：x，变量，允许的数据类型是 int、float、double、byte、short 和 long；
　　　　　y，变量或常量，允许的数据类型是 int、float、double、byte、short 和 long。

例子：

```
x = 20;
x -= 2;                 //语句执行后，x 的值是 18
```

3. *=

功能：乘法赋值。

语法格式：

```
x *= y;                 //等同于表达式 x = x * y
```

参数说明：x，变量，允许的数据类型是 int、float、double、byte、short 和 long；

　　　　　y，变量或常量，允许的数据类型是 int、float、double、byte、short 和 long。

例如：

```
x = 2;
x *= 2;                 //语句执行后，x 的值是 4
```

4. /=

功能：除法赋值。

语法格式：

```
x /= y;                 //等同于表达式 x = x / y
```

参数说明：x，变量，允许的数据类型是 int、float、double、byte、short 和 long；

　　　　　y，非零变量或常量，允许的数据类型是 int、float、double、byte、short 和 long。

例子：

```
x = 2;
x /= 2;                 //x 的值是 1
```

5. &=

功能：按位与赋值。

按位与赋值（&=）操作常用于一个变量和一个常量的按位与赋值，例如，将变量中的某些位强制赋为 0，如下所示。

```
0 0 1 1             操作数 1
0 1 0 1             操作数 2
----------
0 0 0 1             返回结果：（操作数 1& 操作数 2）
```

语法格式：

```
x &= y;                 //等同于 x = x & y
```

参数说明：x，变量，允许的数据类型是 char、int 和 long；

　　　　　y，变量或常量，允许的数据类型是 char、int 和 long。

例子：用 0 进行按位与赋值操作，结果清零。若 myByte 是一个字节变量，则如下所示。

```
myByte & B00000000 = 0;
```

用 1 进行按位与赋值操作的，结果不变：myByte & B11111111 = myByte。

结论：若需要清零一个变量的 0 位和 1 位，其余位不变，则可用常量 B11111100 和变量进行按位与操作，如下所示。

```
1 0 1 0 1 0 1 0   变量
1 1 1 1 1 1 0 0   屏蔽常量
--------------------
```

```
1 0 1 0 1 0 0 0     高 6 位不变，低 2 位清 0
```

或写成：

```
x x x x x x x x      变量
1 1 1 1 1 1 0 0     屏蔽常量
--------------------
x x x x x x 0 0
```

所以：

```
myByte = B10101010;
myByte &= B11111100;           //结果：B10101000 存入 myByte
```

6. |=

功能：按位或赋值。

按位或赋值（|=）操作常用于一个变量和一个常量的按位或赋值，例如，将变量中的某些位设置为 1，如下所示。

```
0 0 1 1     操作数 1
0 1 0 1     操作数 2
---------
0 1 1 1     返回结果：（操作数 1 | 操作数 2）
```

语法格式：

```
x |= y;                  //等同于 x = x | y
```

参数说明：x，变量，允许的数据类型是 char、int 和 long；

　　　　　y，变量或常量，允许的数据类型是 char、int 和 long。

例子：用 0 去进行按位或赋值操作的，结果不变。若 myByte 是一个字节变量，则：

```
myByte | B00000000 = myByte;
```

用 1 去进行按位或赋值操作的，结果为 1。

```
myByte | B11111111 = B11111111;
```

结论：若要将一个变量的 0 位和 1 位置 1，其余位不变，则可用常量 B00000011 和变量进行按位或操作，如下所示。

```
1 0 1 0 1 0 1 0     变量
0 0 0 0 0 0 1 1     屏蔽常量
--------------------
1 0 1 0 1 0 1 1     高 6 位不变，低 2 位置 1
```

或写成：

```
x x x x x x x x     变量
0 0 0 0 0 0 1 1     屏蔽常量
--------------------
x x x x x x 1 1     高 6 位不变，低 2 位置 1
```

所以：

```
myByte =  B10101010;
myByte |= B00000011              //myByte 值是 B10101011
```

7．^=

功能：按位异或赋值。

按位异或赋值（^=）操作常用于一个变量和一个常量的按位异或赋值，将变量中的某些位取反，如下所示。

```
0  0  1  1    操作数 1
0  1  0  1    操作数 2
----------
0  1  1  0    返回结果：（操作数 1 ^ 操作数 2）
```

语法格式：

```
x ^= y;                 //等同于 x = x ^ y
```

参数说明：x，变量，允许的数据类型是 char、int 和 long；
　　　　　y，变量或常量，允许的数据类型是 char、int 和 long。

例子：用 0 进行按位异或赋值操作，结果不变。若 myByte 是一个字节变量，则：

```
myByte ^ B00000000 = myByte;
```

用 1 进行按位异或赋值操作的，结果取反。

```
myByte ^ B11111111 = ~myByte;
```

结论：若要将一个变量的 0 位和 1 位取反，其余位不变，则可用常量 B00000011 和变量进行按位异或操作，如下所示。

```
1  0  1  0  1  0  1  0    变量
0  0  0  0  0  0  1  1    屏蔽常量
--------------------
1  0  1  0  1  0  0  1    高 6 位不变，低 2 位取反
```

或写成：

```
x  x  x  x  x  x  x  x    变量
0  0  0  0  0  0  1  1    屏蔽常量
--------------------
x  x  x  x  x  x  ~x  ~x   高 6 位不变，低 2 位取反
```

所以：

```
myByte =  B10101010;
myByte ^= B00000011              //myByte 值是 B10101001
```

8．++（自增）

功能：变量的值加 1。
语法格式：

```
x++;                    //x 加 1，返回 x 的旧值
++x;                    //x 加 1，返回 x 的新值
```

参数说明：x，变量，允许的数据类型是 integer、long（包括 unsigned long）。

返回值：变量原来的值或加 1 后的值。

例子：

```
x = 2;
y = ++x;                    //语句执行完后，x 是 3，y 也是 3
y = x++;                    //语句执行完后，x 是 4，但 y 仍是 3
```

9. --（自减）

功能：变量的值减 1。

语法格式：

```
x--;            //x 减 1，返回 x 的旧值
--x;            //x 减 1，返回 x 的新值
```

参数说明：x，变量，允许的数据类型是 integer、long（包括 unsigned long）。

返回值：变量原来的值或减 1 后的值。

例子：

```
x = 2;
y = --x;                    //语句执行完后，x 为 1，y 也是 1
y = x--;                    //语句执行完后，x 是 0，但 y 仍是 1
```

3.5.6 指针操作符

指针操作符有两个。

1. &（间址）

如果 x 是一个变量，则&x 代表变量 x 的地址。

例子：

```
int *p;                 //声明一个指针，指向一个 int 数据类型
int i = 5, result = 0;
p = &i;                 //现在 p 的值是 i 的地址
result = *p;            //result 读取 p 指向的地址单元里的内容 5
```

注意：指针是 C 语言编程中的重点之一，由于指针概念比较复杂，使用比较灵活，初学者常会在这里出错。指针可有效地表示复杂的数据结构，能动态分配内存，能有效而方便地使用数组，在调用函数时能得到多于一个的值，能直接处理内存地址，等等。掌握指针的应用，可以使程序简洁、紧凑和高效。

2. *（取消间址）

如果 p 是一个指针，*p 代表指针指向的内容。

例子同上。

3.6 类库

库是代码的集合，使用库可以轻松连接并使用传感器、显示屏和模块等。例如，内置 LiquidCrystal 库可以很容易实现字符在 LCD（液晶显示器）上的文本显示。网上有很多其他

的库可以下载。通过其他库可以扩展 Arduino 的性能，其他库只有安装后才能使用。

1. 使用库管理器安装类库

为了将新库安装在 Arduino 软件中，可以使用库管理器（1.6.2 及以上版本中可用）。

打开 Arduino IDE，单击"项目"，然后选中"加载库>管理库"，如图 3-1 所示。

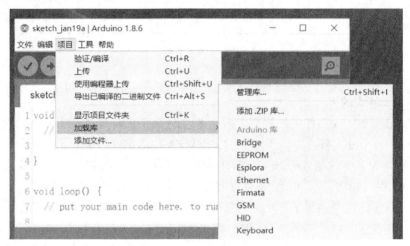

图 3-1 选中"加载库>管理库"

打开库管理器后，会出现已安装或可以安装的库清单。下面以安装 LiquidCrystal 库为例，介绍库的安装方法。在库管理器中找到 LiquidCrystal，如图 3-2 所示，然后选中想要安装的库版本。有时可能仅有一个库版本可用。若未出现库版本选择清单，也属于正常情况。

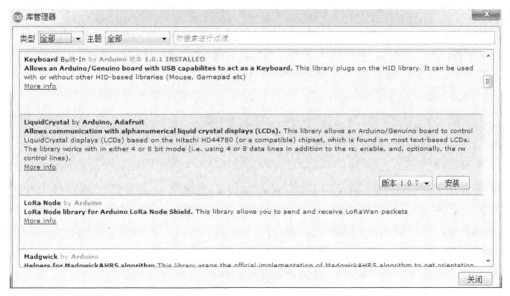

图 3-2 找到 LiquidCrystal 库

最后单击"安装"按钮，等待 Arduino IDE 安装新库。下载安装可能需要一段时间，时间长短取决于计算机的连接速度。安装完成后，"安装"按钮变暗，如图 3-3 所示。

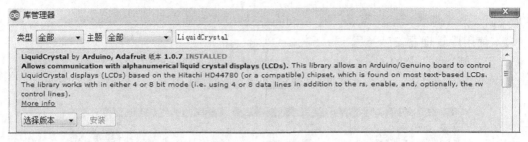

图 3-3　安装完成

现在可以在"加载库"中找到新库了。

2．导入 zip 格式的库

库通常以.zip 文件或文件夹的形式存在。库文件夹的名称即库的名称。文件夹内将包括一个.cpp 文件和一个.h 文件，通常还有关键词.txt 文件、示例文件夹以及该库所需要的其他文件。从 1.0.5 版本起，可以在 Arduino IDE 中安装第三方库。请勿解压库，将其保留原样即可。在 Arduino IDE 中，单击"项目>加载库"，单击图 3-1 所示的"添加.ZIP 库"选项。

系统将提示选择需要添加的库。导航到该.zip 文件所在位置，并打开该文件。单击"项目>加载库"。现在可以在菜单底部看到该库，这样就可以在"项目"中使用该库了。该.zip 文件将在 Arduino 的"项目"目录（而不是 Arduino IDE 安装过程中直接生成的库文件夹）中的 libraries 文件夹中解压好。 注意：导入后，可通过"项目"使用该库，但重启 IDE 以后，该库对应的示例才能出现在"文件>示例"中。

3．手动安装

手动安装库，首先需要退出 Arduino IDE，然后解压包含该库的压缩包文件。例如，安装名为"ArduinoParty"的库，需要先解压缩 ArduinoParty.zip。解压后会产生一个名为 ArduinoParty 的文件夹，文件夹内包含 ArduinoParty.cpp 和 ArduinoParty.h 等类似文件。若文件夹中没有.cpp 和.h 文件，则需要创建此类文件。在这种情况下，需要创建名为"ArduinoParty"的文件夹，并将压缩文件中的所有文件都移入其中，例如 ArduinoParty.cpp 和 ArduinoParty.h。拖动 ArduinoParty 文件夹，将其放入库文件夹中。在 Windows 操作系统中，该文件夹的路径可能是"My Documents \Arduino\libraries"。现在，Arduino 库文件夹显示如下。

```
My Documents\Arduino\libraries\ArduinoParty\ArduinoParty.cpp
My Documents\Arduino\libraries\ArduinoParty\ArduinoParty.h
My Documents\Arduino\libraries\ArduinoParty\examples
```

文件夹中可能不仅包括.cpp 和.h 文件，只需要确保所有文件都在该文件夹中即可。若直接将.cpp 和.h 文件导入库文件夹，或放入其他文件夹中，库将无法正常运行。例如，Documents\Arduino\libraries\ArduinoParty.cpp 和 Documents\Arduino\libraries\ArduinoParty\ArduinoParty\ArduinoParty.cpp 将无法正常工作。

重新启动 Arduino 应用程序。确保新增库已出现在"项目 >加载库"中。

3.7　自定义类库

本节以一个简单的莫尔斯电码程序为例，说明如何在 Arduino 中创建自己的类库，即如何将函数转化为库函数，方便函数的使用和程序更新。

莫尔斯电码程序如下：

```
int pin = 13;
void setup()
{
  pinMode(pin, OUTPUT);
}
void loop()
{
  dot(); dot(); dot();
  dash(); dash(); dash();
  dot(); dot(); dot();
  delay(3000);
}
void dot()
{
  digitalWrite(pin, HIGH);
  delay(250);
  digitalWrite(pin, LOW);
  delay(250);
}
void dash()
{
  digitalWrite(pin, HIGH);
  delay(1000);
  digitalWrite(pin, LOW);
  delay(250);
}
```

程序运行后，引脚 13 将控制 LED 灯按 SOS 的编码格式闪烁。

该程序中有几部分内容可以整理写入类库里，即 dot()函数和 dash()函数、ledPin 变量和 pinMode()函数。

下面将详细讨论如何将上面的莫尔斯电码程序转变成类库。

一个类库至少需要两个文件：一个头文件（.h）和一个源文件（.cpp）。头文件对库进行定义，其基本上是一个列表，而源文件主要实现头文件中已经声明的那些函数功能的具体代码。需要注意的是：在源文件开头必须包含实现的头文件，以及要用到的头文件。头文件的核心内容是类的声明（包括类里的成员和方法的声明）、函数原型、常数定义等。

头文件是不能被编译的。"#include" 叫作编译预处理指令，可以简单理解成在 1.cpp 中的#include "1.h"指令把 1.h 中的代码在编译前添加到了 1.cpp 的头部，每个.cpp 文件会被编译，生成一个.obj 文件，然后所有的.obj 文件链接起来生成可执行程序。

头文件中应只处理常量、变量、函数以及类的声明，变量的定义和函数的实现等都应该放在源文件中。

在头文件中声明（Declare），而在源文件中定义（Define）。"声明"向计算机介绍名称，表示这个名称的含义，而"定义"为这个名称分配存储空间。无论是涉及变量还是涉及函数，其含义都一样。编译器为"定义"分配存储空间。对于变量，编译器确定这个变量占多少存储单元，并在内存中分配存放它们的空间；对于函数，编译器编译代码，并为之分配存储空间。函数的存储空间中有一个由使用不带参数表或地址操作符的函数名产生的指针。定义也可以是声明，如果该编译器还没有看到过名称 A，而用户定义了 int A，则编译器立即为这个名称分配存储地址。声明常常使用 extern 关键字。如果只是声明变量而不是定义它，则要求使用 extern。对于函数声明，extern 是可选的，不带函数体的函数名连同参数表或返回值，自动地作为一个声明。

类是相关函数和变量的集合。这些函数和变量的访问权限可以是 public，即可提供给库的使用者使用；或者是 private，即只能在类的内部被访问。类有一个特殊的"函数——构造函数"，用于创建一个类的实例。构造函数和类同名，且没有返回值。

另外，头文件还需要添加#include 语句，以便能够访问 Arduino 语言的标准类型和常量。#include 语句被自动添加到用户程序中，而源文件则需要手动添加，类似于：

```
#include "Arduino.h"
```

最后，还需要对头文件进行封装。加上预编译语句，可防止重复编译，否则有可能出错，例如：

```
#ifndef Morse_h
#define Morse_h
//#include 语句和代码
#endif
```

还可在库的前面加上注释，例如：

```
/*  Morse.h - Library for flashing Morse code.
  Created by David A. Mellis, November 2, 2007.
  Released into the public domain.
 */
#ifndef Morse_h
#define Morse_h
#include "Arduino.h"
class Morse
{
  public:
  Morse(int pin);
   void dot();
   void dash();
   private:
   int _pin;
 };
#endif
```

下面两个头文件包含标准的 Arduino 函数的说明和类的定义。

```
#include "Arduino.h"
#include "Morse.h"
```

有时还需要一个构造函数。当创建一个类的实例时，构造函数被调用，用于初始化对象的数据成员。本例中，构造函数用来指定用户使用的引脚，配置指定引脚为输出，并存入一个在其他函数中使用的私有变量。

```
Morse::Morse(int pin)
{
  pinMode(pin, OUTPUT);
  _pin = pin;
}
```

上面代码中有一些特别的地方。首先是函数名前面的"Morse::"，代表其后的函数是 Morse 类的成员函数。在定义类的其他函数时还会出现。另一个不常见的是私有变量名 _pin，这个变量可以任意起名，只要符合头文件中的定义即可。加下画线是一个共同约定，用于区分函数的参数名（本例是 pin），同时还能清楚地表明哪个变量是私有的。

下面是实际代码。除了函数名前面多了 Morse:: 以及用 _pin 代替了 pin，其余的和之前的代码并无区别。

```
void Morse::dot()
{
  digitalWrite(_pin, HIGH);
  delay(250);
  digitalWrite(_pin, LOW);
  delay(250);
}

void Morse::dash()
{
  digitalWrite(_pin, HIGH);
  delay(1000);
  digitalWrite(_pin, LOW);
  delay(250);
}
```

最后，在源代码前面需要加一段注释。下面是 Morse.cpp 的完整内容。

```
/*
  Morse.cpp - Library for flashing Morse code.
  Created by David A. Mellis, November 2, 2007.
  Released into the public domain.
*/

#include "Arduino.h"
#include "Morse.h"

Morse::Morse(int pin)
{
```

```
  pinMode(pin, OUTPUT);
  _pin = pin;
}

void Morse::dot()
{
  digitalWrite(_pin, HIGH);
  delay(250);
  digitalWrite(_pin, LOW);
  delay(250);
}

void Morse::dash()
{
  digitalWrite(_pin, HIGH);
  delay(1000);
  digitalWrite(_pin, LOW);
  delay(250);
}
```

以上是自定义类库的所有内容。下面说明库的使用方法。

首先在 libraries 子目录下建一个 Morse 目录，将 Morse.h 和 Morse.cpp 文件复制到该目录。打开 Arduino IDE，如果打开"项目>加载库"，可看见菜单中包含 Morse。这个库将和调用它的程序一起编译。若该库没有编译，请确认文件的扩展名是否是.cpp 和.h。

调用库的 SOS 程序如下。

```
#include <Morse.h>

Morse morse(13);          //创建一个 Morse 类的实例 morse

void setup()
{
}

void loop()
{
  morse.dot(); morse.dot(); morse.dot();
  morse.dash(); morse.dash(); morse.dash();
  morse.dot(); morse.dot(); morse.dot();
  delay(3000);
}
```

除了有些代码移到库中以外，它和原来 SOS 程序的代码有以下几点不同。

（1）程序的开始增加了#include 语句，这使库的调用成为可能，如果程序不需要调用库，可将#include 语句删除以节省空间。

（2）创建一个 Morse 类的实例 morse。

```
Morse morse(13);
```

上面语句被执行时，Morse 类的构造函数将被调用，并传递参数（本例为 13）。注意：setup() 现在是空的，原因是 pinMode()的调用发生在库中（当实例被构造时）。

（3）为了调用 dot()和 dash() 函数，需要在函数前面加上前缀 morse（要调用的实例名称）。Morse 类可以有多个实例，每个实例配置自己的引脚，保存在每个实例自己的_pin 私有变量里。通过调用不同实例中的函数，可以使用不同的变量。下面有两个实例。

```
Morse morse(13);
Morse morse2(12);
```

在 morse2.dot()内，_pin 是 12。

自定义类库在程序里无法被识别和进行高亮提示，为了解决这个问题，可以在 Morse 目录中创建一个 keywords.txt 文件，格式如下。

```
Morse    KEYWORD1
Dash     KEYWORD2
Dot      KEYWORD2
```

每一行有一个关键字名称，后面接一个 tab（不是空格），然后是 keyword 的类型。

类是 KEYWORD1 且呈黄色高亮提示，函数名是 KEYWORD2 且呈棕色高亮提示。重启IDE 后设置生效。

最后给出一些自定义库的使用实例，用来说明库的使用。例如可以在 Morse 目录下新建一个 examples 目录，把包含程序的目录，例如 SOS，复制到该目录中，可以单击"项目>显示项目文件夹"选项找到该程序。重新启动 IDE，在"文件>示例"中将会看到 Morse。

3.8   本章小结

本章全面、详细地介绍了 Arduino 中 C 语言编程的相关基础知识，包括函数、数据类型、程序结构、控制语句和运算符等内容，并通过实例说明了在 Arduino IDE 中安装类库的方法，以及自定义类库的创建步骤和使用方法。从第 4 章开始将介绍 Arduino 的接口技术。

第4章 Arduino 板的接口及其应用

Arduino 板上提供的资源包括数字 I/O、模拟 I/O（PWM）、串行通信、I2C、SPI、外部中断、定时中断、软件串口、EEPROM 等，另外，某些数字引脚还可模拟软件串口。本章将详细讨论以上资源的接口技术及应用。

4.1 数字接口及其应用

4.1.1 数字接口概述

Arduino 板的引脚按功能分为数字引脚、模拟引脚、通信引脚、外部中断引脚和电源引脚等。有些引脚可以重复使用，例如 Arduino UNO 板的数字引脚 2 和 3 同时也是外部中断 0 和 1 的触发引脚。

在数字电路中，电压的高低用逻辑电平来表示，逻辑电平包括高电平和低电平。不同元件组成的数字电路，电压对应的逻辑电平也不同。在 TTL 门电路中，我们通常把大于 3.5V 的电压规定为逻辑高电平，用数字"1"表示；把小于 0.3V 的电压规定为逻辑低电平，用数字"0"表示。数字电路中，数字电平从高电平（数字"1"）变为低电平（数字"0"）的那一瞬间（时刻）叫作下降沿；从低电平（数字"0"）变为高电平（数字"1"）的那一瞬间（时刻）叫作上升沿。数字电路的高低电平接近正负电源值。

Arduino 板的数字引脚可实现数字接口的功能。每个数字引脚只能有两种电压值：高电平和低电平。开发板的数字引脚通过编号进行区分，例如 Arduino UNO 的数字引脚编号是 0～13；Arduino Mega 2560 的数字引脚编号是 0～53。

Arduino 板的数字引脚可设置为输入、输出和 INPUT_PULLUP 三种模式。

（1）输入引脚的特性

Arduino（基于 ATmega）引脚默认为输入，用作输入时不需要明确声明；设置为输入时，引脚为高阻状态。输入引脚对外部电路要求很低，相当于在引脚上串联了一个 100mΩ 的电阻器。这意味着状态切换时仅需要很小的电流，这个特性非常有利于读取传感器相关数据的操作。若设置输入的引脚为悬空，其引脚状态将是随机的。

（2）输入引脚的上拉或下拉电阻器

输入引脚经常需要为确定状态，若引脚悬空，可通过上拉电阻器（连接到+5V）或下拉电阻器（连接到地）来实现。常用的上拉或下拉电阻器的电阻值为 10kΩ。

（3）配置为 INPUT_PULLUP 的引脚特性

通过设置 pinMode()中的参数 INPUT_PULLUP 可访问在 ATmega 芯片内部集成的 20kΩ 上拉电阻器。此时，读入 HIGH 代表传感器是关闭状态，读入 LOW 代表传感器是启动状态。

上拉电阻器的电阻值与微控制器型号有关，大部分在 20kΩ～50kΩ。

当传感器的一端与设置为 INPUT_PULLUP 的引脚连接时，其另一端应连接到 GND。例如连接一个开关，当开关断开时，读入的值为 HIGH；当开关闭合时，读入的值为 LOW。

上拉电阻器提供足够的电流使与输入引脚连接的 LED 灯变暗或变亮。

当一个接有上拉电阻器的输入引脚通过 pinMode()函数被设置为输出（OUTPUT）时，该引脚为 HIGH；反之也成立，即当一个为 HIGH 的输出引脚通过 pinMode()函数被设置为输入（INPUT）时，将接通其（使能）上拉电阻器。

配置为 INPUT 或 INPUT_PULLUP 的输入引脚，如果接到负电压或高于 5V 或 3V 的电压上，有可能被损坏。

在 Arduino 1.0.1 之前的版本，可用下面的方式配置其内部上拉电阻器。

```
pinMode(pin, INPUT);          //设置引脚为输入模式
digitalWrite(pin, HIGH);      //使能引脚的上拉电阻器
```

注意：数字引脚 13 在大部分 Arduino 板上已经连接了一个电阻器和一个 LED 灯，若使它的 20kΩ 上拉电阻器有效，其输入电压在 1.7V 左右，而不是+5V。若必须使用引脚 13 为输入，可通过 pinMode()将其设置为 INPUT，同时使用外部下拉电阻器。

（4）输出引脚的特性

通过 pinMode() 被设置为 OUTPUT 的引脚是低阻状态，这意味着 ATmega 的引脚与其他电路或设备连接时，可以提供 40mA 的源电流或者灌电流。40mA 电流足够点亮一个 LED 灯，或驱动某些传感器。若负载需要的驱动电流大于 40 mA（如电机）时，需要用晶体管或其他接口电路进行驱动。

引脚短路或驱动高电流设备可能损坏引脚上的输出晶体管甚至整个芯片。这将导致某个引脚损坏，但这并不影响其他引脚的正常工作。一般可以将输出引脚连接到有 470Ω 或 1kΩ 电阻器的设备，除非设备需要最大的输出电流。

如果将配置为输出的引脚连接到地或正电源上，引脚有可能被损坏。

4.1.2 数字 I/O 接口的封装函数

Arduino 开发语言在 C/C++的基础上，提供了封装类库，封装类库提供了丰富的函数，负责对底层的硬件操作细节进行封装，在程序中调用相应的封装函数，可以直接对数字或者模拟引脚进行操作。

1. 基本数字 I/O 接口封装函数

Arduino 的基本数字 I/O 接口封装函数有 3 个：digitalRead()（数字读）、digitalWrite()（数字写）和 pinMode()（引脚模式）。

（1）digitalRead()

功能：读取指定引脚的状态。

语法格式：digitalRead(pin)。

参数说明：pin，想要读取的引脚编号。

返回值：1 或 0（HIGH 或 LOW）。

注意：

① 如果引脚悬空，digitalRead() 返回值是随机的（高或低）。

② 模拟输入引脚可用作数字引脚，写成 A0、A1……

（2）digitalWrite()

功能：设置引脚为高电平或低电平。

如果引脚已经设置为输出，引脚的电压将被设置为 5V 或 3.3V（对 3.3V 的 Arduino 板）即 HIGH，0V（地）即 LOW。

如果引脚设置为输入，digitalWrite()将连接（设置引脚为高电平时）或禁止（设置引脚为低电平时）引脚上的内部上拉电阻器。推荐设置 pinMode()为 INPUT_PULLUP，来连接内部上拉电阻器。如果引脚未设置为输出，假如引脚与一个 LED 灯相连，当调用 digitalWrite（设置引脚为高电平）时，LED 灯可能不亮。

语法格式：digitalWrite(pin, value)。

参数说明：pin，引脚编号；value，HIGH 或 LOW。

返回值：无。

（3）pinMode()

功能：设置指定引脚为输入或输出模式。

对于 Arduino 1.0.1 及以上版本，可用 INPUT_PULLUP 模式连接内部上拉电阻器。另外，输入模式下禁止使用内部上拉电阻器。

语法格式：pinMode(pin, mode)。

参数说明：pin，引脚编号；mode，INPUT、OUTPUT 和 INPUT_PULLUP。

返回值：无。

2. 高级数字 I/O 接口封装函数

下面介绍 Arduino 的 6 个高级数字 I/O 接口封装函数。

（1）pulseIn()

功能：读取一个引脚脉冲（高电平脉冲或低电平脉冲）的时间长度。例如，如果是高电平脉冲，pulseIn()在引脚的上升沿开始计时，在引脚的下降沿停止计时。以 ms 为单位返回脉冲的宽度，如果超时了还没有接收到一个脉冲，则返回 0。

超时时间可根据经验来定，对周期较长的脉冲可能会出错。可测量的脉冲时间范围是 10ms 到 3min（180,000ms）。

语法格式：pulseIn(pin, value)。

pulseIn(pin, value, timeout)。

参数说明：pin，输入脉冲引脚编号（int 类型）；

value，读取脉冲的状态，HIGH 或 LOW（int 类型）；

timeout（可选），超时时间（ms），默认是 1s（unsigned long 类型）。

返回值：脉冲的持续时间（ms）（unsigned long 类型），若超时则返回 0。

例子：计算引脚 7 上的脉冲持续时间。

```
int pin = 7;
unsigned long duration;

void setup()
{
  pinMode(pin, INPUT);
}

void loop()
{
  duration = pulseIn(pin, HIGH);//读取引脚 7 上高电平持续时间
}
```

（2）pulseInLong()

功能：在处理持续时间较长的脉冲和受中断影响的情况下可以选择 pulseInLong()。当且仅当中断被激活时使用该函数。另外，当脉冲持续时间较长时，可以得到最大的分辨率。

语法格式：pulseInLong(pin, value)。

pulseInLong(pin, value, timeout)。

参数说明：返回值与 pulseIn() 相同。

注意：这个函数依赖 micros()，故在 noInterrupts()（关中断）时不能使用。

（3）shiftIn()

功能：通过串行的方式从引脚上读入数据。

一次串行输入一位，可以高位先入或者低位先入。串行读入数据时，时钟引脚被拉为高电平，从数据线读入下一位后，时钟引脚被拉为低电平。

注意：这个功能是软件实现的，Arduino 也提供可通过硬件实现的 SPI 库，SPI 速度较快，但只能是固定的引脚。

语法格式：byte incoming = shiftIn(dataPin, clockPin, bitOrder)。

参数说明：dataPin，数据输入引脚编号（int 类型），引脚模式需要设置为输入；

clockPin，时钟输出引脚编号，为数据输入提供时钟，引脚模式需要设置为输出；

bitOrder，数据位移顺序选择位，高位先入 MSBFIRST 或低位先入 LSBFIRST。

返回值：读入的字节数据。

（4）shiftOut()

功能：将数据通过串行的方式从引脚输出，一次串行输出一位，可以高位先出或低位先出。在时钟引脚上高到低的跳变指示数据位有效。控制器与控制器之间、控制器与传感器之间常采用这种通信方式。

注意：如果接口的设备需要上升沿触发，那么调用 shiftOut() 之前要确保时钟引脚为低电平，例如可调用 digitalWrite(clockPin, LOW)。

语法格式：shiftOut(dataPin, clockPin, bitOrder, value)。

参数说明：dataPin，数据输出引脚编号（int 类型），数据的每一位逐次输出，引脚模式需要设置成输出；

clockPin，时钟输出引脚编号（int 类型），为数据输出提供时钟，引脚模式需要设置成输出；

bitOrder，数据位移顺序选择位，高位先入：MSBFIRST，或低位先入：LSBFIRST；

value：输出的数据（byte 类型）。

返回值：无。

（5）tone()

功能：指定引脚输出占空比为 50%的方波。调用 noTone()停止输出。引脚可连接一个蜂鸣器发出声音。

调用 tone() 一次只能在一个引脚发出一种声音，同时调用 tone() 在另一引脚发出声音无法实现，调用 tone() 在同一引脚发声可改变方波的频率。

注意：tone()函数的使用将影响 3 和 11 脚的 PWM 输出（Mega 板除外），方波的频率不能低于 31Hz。

语法格式：tone(pin, frequency)。

tone(pin, frequency, duration)。

参数说明：pin，输出方波的引脚编号。

frequency，音调的频率（Hz）（unsigned int 类型）。

duration，音调的持续时间（ms）（可选参数）（unsigned long 类型）。

返回值：无。

注意：若需要在多个引脚发出不同的声音，那么在调用 tone() 对下一个引脚操作之前，需要调用 noTone() 关闭前面发声的引脚。

（6）noTone()

功能：停止 tone()函数触发的方波输出。若之前没有调用 tone()，将不产生任何影响。

语法格式：noTone(pin)。

参数说明：pin，停止发出声音的引脚编号。

返回值：无。

4.1.3　数字 I/O 接口的应用

当数字引脚被设为输入时，可读取开关的状态，例如开关的闭合与否；设为输出时，可输出高低两种电平信号，例如可用来控制灯的亮与灭，设备的启与停等。

应用实例 1：将 Arduino 板的引脚 7 与一开关相连，引脚 8 接 LED 灯，利用开关控制 LED 灯的亮灭。

硬件原理如图 4-1 所示。

当开关 K1 断开时，K1 端电压与 VCC 相同，为高电平；闭合时，K1 端电压与 GND 相同，为低电平。当引脚 8 为高电平时，LED 灯有电流流过，灯亮；当引

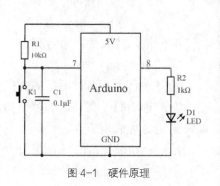

图 4-1　硬件原理

8 为低电平时，LED 灯没有电流流过，灯灭。图 4-1 中电容器的作用是滤波、抗干扰。

　　程序代码如下：

```
int ledPin = 8;              //LED 灯与引脚 8 连接
int inPin = 7;               //开关 K1 连到引脚 7
int val = 0;                 //变量 val 初始化为 0
void setup()
{
  pinMode(ledPin, OUTPUT);   //引脚 8 设置为输出
  pinMode(inPin, INPUT);     //引脚 7 设置为输入
}

void loop()
{
  val= digitalRead(inPin);   //读输入引脚并将返回值赋给变量 val
  digitalWrite(ledPin, val); //将开关的值送 LED 灯
}
```

　　程序运行结果：当开关断开时，与引脚 8 连接的 LED 灯亮，开关闭合时，LED 灯灭。

　　应用实例 2：设置数字引脚 13 为输出，每 1s 取反一次（高电平、低电平变化一次），即 Arduino 板上与引脚 13 连接的 LED 灯 2s 闪烁一次。

```
void setup()
{
  pinMode(13, OUTPUT);       //引脚 13 设为输出
}

void loop()
{
  digitalWrite(13, HIGH);    //引脚 13 为高电平，LED 灯亮
  delay(1000);               //延时 1s
  digitalWrite(13, LOW);     //引脚 13 为低电平，LED 灯灭
  delay(1000);               //延时 1s
}
```

4.2　模拟接口及其应用

4.2.1　模拟接口概述

　　模拟 I/O 为模拟电压信号的输入/输出。Arduino UNO 板的模拟输入引脚共有 6 个，即 A0~A5。Mega 2560 板的模拟输入引脚共有 16 个，即 A0~A15。通过 Arduino 的模拟输入引脚，可以实现模拟量到数字量的转换，即 A/D 转换。Arduino 板包含 10 位 A/D 转换器，即将 0V 到 5V 的输入电压转换为 0 到 1023 之间的值。每位对应电压约为 4.9mv。通过设置 analogReference() 函数可改变输入范围和分辨率。

读取一个模拟输入值大约需要 100ms，最大转换速率大约是 10000 次/s。

另外，Arduino 可以通过 PWM 引脚实现数字量到模拟量的转换，即 D/A 转换。在 Arduino 板上标有"～"的引脚为支持 PWM 输出引脚。

脉冲宽度调制（Pulse Width Modulation，PWM）是一种通过数字方法得到模拟量结果的技术。逻辑电路产生的矩形波，即在高低两种电平之间切换的波形。通过改变信号的高电平持续时间，这种开关（on-off）模式可模拟 0V 和 5V 之间的电压值。改变脉冲的宽度可以改变模拟电压值。例如，如果足够快地重复输出这种开关波形给 LED 灯，就像是一个 0V 和 5V 之间的稳定信号正在控制 LED 灯的亮度。

周期是 PWM 频率的倒数。换句话说：Arduino 的 PWM 频率约为 500Hz，每个相同脉冲间隔是 2ms。图 4-2 中，analogWrite(255) 得到 100% 占空比（总是 on），analogWrite(127) 得到 50% 占空比（一半为 on）。

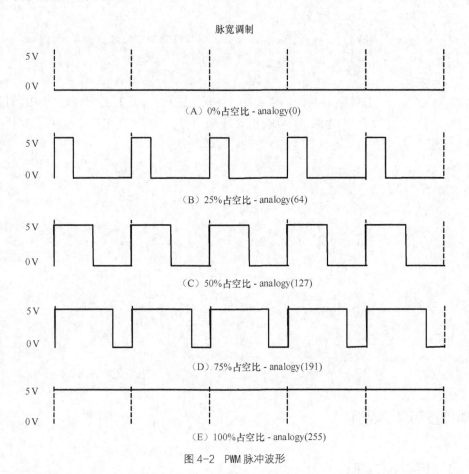

图 4-2　PWM 脉冲波形

Arduino UNO 板的 PWM 输出引脚共有 6 个，即数字引脚 3，5，6，9，10，11。Mega 2560 板的 PWM 输出引脚共有 15 个，即数字引脚 2~13 和引脚 44~46。

4.2.2　模拟 I/O 接口的封装函数

Arduino 的模拟 I/O 接口的封装函数有 analogRead()（模拟读）、analogWrite()（模拟写）

和 analogReference()（设置参考电压）这 3 个。

1. analogRead()

功能：读取并转换指定模拟引脚上的电压。

语法格式：analogRead(pin)。

参数说明：pin，模拟输入引脚的编号（大部分 Arduino 板是 0～5，Arduino Mini 和 Arduino Nano 是 0～7，Mega 是 0～15）。

返回值：整数（0～1023）。

注意：如果模拟引脚悬空，analogRead()返回值受多种因素影响（例如其他模拟输入信号、手和开发板的距离等），将随机波动。

2. analogReference()

功能：配置模拟引脚的参考电压。

语法格式：analogReference(type)。

参数说明：type，参考电压的类型。

返回值：无。

对 Arduino AVR 开发板（UNO、Mega 等），可选择的参考电压类型如下。

（1）DEFAULT：默认值，参考电压是 5V（5V Arduino 板）或 3.3 V（3.3V Arduino 板）。

（2）INTERNAL：片内参考电压，1.1V（基于 ATmega168 或 ATmega328P）或 2.56V。Arduino Mega 除外。

（3）INTERNAL1V1：片内 1.1V 参考电压（仅适用于 Arduino Mega）。

（4）INTERNAL2V56：片内 2.56V 参考电压（仅适用于 Arduino Mega）。

（5）EXTERNAL：通过 AREF 引脚获取参考电压（仅 0V～5V）。

注意：改变参考电压后，开始的几个模拟量的读取结果可能不确定。

AREF 引脚上的参考电压不能低于 0V 或超过 5V。若使用外部参考电压，调用 analogRead() 函数前必须设置参考电压为 EXTERNAL，否则，将会把内部参考电压和 AREF 引脚上的参考电压短接在一起，有可能损坏开发板上的微控制器。

可以通过一个 5kΩ 电阻器将外部参考电压接到 AREF 引脚，允许在外部和内部参考电压之间进行切换。注意电阻器将改变参考电压的值，因为在 AREF 引脚上连接了一个内部 32kΩ 的电阻器，产生了分压。例如对于 2.5V 的电源电压来说，电阻器分压后在 AREF 引脚电压为： $2.5 \times 32 / (32 + 5) \approx 2.2V$。

3. analogWrite()

功能：通过 PWM 方式在指定引脚输出模拟量。常用于改变灯的亮度或改变电机的转速等。

语法格式：analogWrite(pin, value)。

参数说明：pin，指定引脚编号（int 类型）；value，占空比，即 0（总是低）和 255（总是高）之间的整数（int 类型）。

返回值：无。

调用 analogWrite()函数之前，不需要调用 pinMode()函数设置该引脚为输出。analogWrite() 函数和模拟引脚或 analogRead()函数没有任何关系。

调用 analogWrite()函数后，直到对相同引脚有新的调用，引脚会一直输出一个稳定的指定占空比的波形。PWM 信号的频率约为 490 Hz。对 UNO 和较小的开发板来说，引脚 5 和引脚 6 上的频率约为 980 Hz。

4.2.3 模拟 I/O 接口的应用

应用实例 1：通过电位器改变输入模拟电压，读取模拟引脚上的电压并显示。

将电位器的两端分别连接 VCC 和 GND，输出端与 Arduino 数字引脚相连。程序代码如下。

```
int analogPin = 3;              //电位器的输出端与引脚 3 连接，输入电压在 0 ~ +5V
int val = 0;                    //定义一个变量 val
void setup()
{
  Serial.begin(9600);          //设置串口波特率
}
void loop()
{
  val = analogRead(analogPin); //读模拟输入引脚
  Serial.println(val);         //在串口监视器显示 val
}
```

应用实例 2：读取电位器的值并输出控制灯的信号，LED 灯的连接参照图 4-1。

```
int ledPin = 9;                 //LED 灯连接到引脚 9
int analogPin = 3;              //电位器连到引脚 3
int val = 0;                    //定义一个变量存储读取值
void setup()
{
}

void loop()
{
  val = analogRead(analogPin);  //读输入引脚，analogRead 值范围：0 ~ 1023
  analogWrite(ledPin, val / 4); //需要除以 4，analogWrite 输出数据的范围：0 ~ 255
}
```

注意：从引脚 5 和引脚 6 输出的 PWM 信号会有高于预期的占空比。其原因是受到 millis() 和 delay() 两个函数的影响，它们和 PWM 输出使用同一个定时器，尤其是在占空比较低时（如 0~10），当占空比为 0 时，引脚 5 和引脚 6 的输出可能不会完全为低。

4.3 串行通信接口及其应用

串行通信指将接收的来自 CPU 的并行数据转换为连续的串行数据流发送出去，同时也可将接收的串行数据流转换为并行数据供给 CPU。一般将具有这种功能的电路称为串行接口电路。串行通信的概念非常简单，即串行按位（bit）发送和接收字节。尽管比按字节（byte）的并行通信慢，但是串行可以在使用一根数据线发送数据的同时用另一根数据线接收数据。它的使用很简单并且能够实现远距离通信。

在串行通信中，用波特率描述数据传送速率，波特率的单位是波特（位/秒），例如 9600 波特就是每秒能传输 9600 位二进制的数据。

4.3.1　串行通信接口概述

所有的 Arduino 开发板都至少有一个串口（也称之为 UART 或 USART），即 Serial。通过数字引脚 0（RX）或 1（TX）与计算机的 USB 接口进行串行通信。所以，如果数字引脚 0 和 1 用于通信，将不能同时作为数字输入和输出引脚。

可以用 Arduino IDE 环境下内嵌的串口监视器和 Arduino 开发板通信。单击常用功能按钮区上的"串口监视器"按钮，选择和程序中用 begin()设定的相同的波特率。

在引脚 TX/RX 上的串口通信使用 TTL 电平（5V 或 3.3V，取决于开发板）。不能直接与 RS232（操作在+/−12V）串口连接，否则可能损坏开发板。

Arduino Mega 2560 另外还有 3 个串口：Serial1，引脚 19（RX）和 18（TX）；Serial2，引脚 17（RX）和 16（TX）；Serial3，引脚 15（RX）和 14（TX）。通过串口与计算机通信，需要一根 USB-to-Serial 数据线。若通过串口和外部 TTL 通信，需要将 Arduino 的 TX 和设备的 RX 信号相连，将 Arduino 的 RX 和设备的 TX 信号相连，并且 Arduino 的 GND 和设备地连接。

Arduino DUE 另有 3 个 3.3V 串口：Serial1，19（RX）和 18（TX）；Serial2，17（RX）和 16（TX）；Serial3，引脚 15（RX）和 14（TX）。引脚 0 和 1 也与 ATmega16U2 USB-to-TTL 转换芯片的相应引脚相连。

4.3.2　串行通信接口的类库函数

Arduino 类库函数用于 Arduino 开发板和计算机或其他设备之间的通信。串行通信类库的成员函数有二十多个，一般来说 Arduino 中串行通信是通过 HardwareSerial 类库实现的，在头文件 HardwareSerial.h 中定义了一个 HardwareSerial 类的实例 Serial，直接使用类的成员函数就可简单地实现串行通信。本节将对其库函数进行讨论。

1．if(Serial)

功能：测试指定串口是否准备好。

语法格式：if (Serial)，适合所有 Arduino 板；if (Serial1)，适合 Arduino Leonardo 板；if (Serial1)、if (Serial2)和 if (Serial3)，适合 Arduino Mega 板。

参数说明：无。

返回值：bool，若指定串口准备好，返回"真"，否则返回"假"。

例子：

```
void setup() {
  Serial.begin(9600);    //初始化串口，设置波特率为 9600bit/s, 等待串口打开
  while (!Serial) {
                       //等待串口连接
```

```
    }
  }
```

```
void loop() {}
```

2．available()

功能：读取从串口接收到的字节（字符）数。数据已经接收并存储在串口缓冲区里（保持 64 字节）。available()继承了流实用程序类。

语法格式：Serial.available()。对 Arduino Mega 板，有 Serial1.available()、Serial2.available() 和 Serial3.available()。

参数说明：无。

返回值：读取的字节数。

3．availableForWrite()

功能：不阻塞写操作，读取写到串行缓冲区的字节（字符）数。

语法格式：Serial.availableForWrite()。对 Arduino Mega 板，有 Serial1.availableForWrite()、Serial2.availableForWrite()和 Serial3.availableForWrite()。

参数说明：无。

返回值：写入缓冲区的字节数。

4．begin()

功能：设置串行通信波特率，波特率单位是位/秒（baud），在计算机通信时，一般波特率使用以下数值：300、600、1200、2400、4800、9600、4400、19200、28800、38400、7600 或 115200；也可设置其他波特率。第 2 个参数配置数据位数、奇偶位和停止位。默认是 8 个数据位、无奇偶位，1 个停止位。

语法格式：Serial.begin(speed)；
　　　　　　Serial.begin(speed, config)。

下面的函数仅适用于 Arduino Mega 2560。

```
Serial1.begin(speed);
Serial2.begin(speed);
Serial3.begin(speed);
Serial1.begin(speed, config);
Serial2.begin(speed, config);
Serial3.begin(speed, config).
```

参数说明：speed，位数/秒（long 类型）；config，设置数据位、奇偶位和停止位。有效值如下所示，其中，N 为无校验，E 为偶校验，O 为奇校验。

```
SERIAL_5N1
SERIAL_6N1
SERIAL_7N1
SERIAL_8N1 (the default)
SERIAL_5N2
SERIAL_6N2
```

```
SERIAL_7N2
SERIAL_8N2
SERIAL_5E1
SERIAL_6E1
SERIAL_7E1
SERIAL_8E1
SERIAL_5E2
SERIAL_6E2
SERIAL_7E2
SERIAL_8E2
SERIAL_5O1
SERIAL_6O1
SERIAL_7O1
SERIAL_8O1
SERIAL_5O2
SERIAL_6O2
SERIAL_7O2
SERIAL_8O2
```

返回值：无。

例子：

```
void setup() {
     Serial.begin(9600);      //打开串口，设置串口波特率为 9600 bit/s
}
void loop() {}
```

适用于 Arduino Mega 2560 的例子：

```
//Arduino Mega 2560 的 4 个串口：Serial、Serial1、Serial2 和 Serial3，设置为不同的
//波特率
void setup(){
  Serial.begin(9600);
  Serial1.begin(38400);
  Serial2.begin(19200);
  Serial3.begin(4800);
  Serial.println("Hello Computer");
  Serial1.println("Hello Serial 1");
  Serial2.println("Hello Serial 2");
  Serial3.println("Hello Serial 3");
}
void loop() {}
```

5．end()

功能：禁止串口通信，允许 RX 和 TX 引脚作为普通的输入和输出引脚。要重新启动串口，调用 Serial.begin()。

语法格式：Serial.end()。对 Arduino Mega 2560，有 Serial1.end()、Serial2.end() 和 Serial3.end()。

参数说明：无。

返回值：无。

6. find()

功能：从串口缓冲区读取已知长度的目标数据。Serial.find 继承了流实用程序类。

语法格式：Serial.find(target)。

参数说明：target，读取的目标串。

返回值：bool，若已读取目标串，返回真。若超时，返回假。

7. findUntil()

功能：从串口缓冲区读取已知长度的目标数据，读取到终止串停止。Serial.find 继承了流实用程序类。

语法格式：Serial.findUntil(target, terminal)。

参数说明：target，读取的字符串；terminal，结束串。

返回值：bool，若已读取目标串返回真，若超时返回假。

8. flush()

功能：等待发送的串行数据传送完毕。如果要清空串口缓存的话，可以使用 while(Serial.read() >= 0){} 来实现。

语法格式：Serial.flush()。对 Arduino Mega 2560，有 Serial1. flush ()、Serial2. flush () 和 Serial3. flush ()。

参数说明：无。

返回值：无。

9. parseFloat()

功能：从串口缓存中读取第一个有效的浮点数，第一个有效数字之前的负号也将被读取，独立的负号将被舍弃。非数字字符将被跳过。parseFloat() 函数终止于最后一个有效的浮点数字字符。Serial. parseFloat() 继承了流实用程序类。

语法格式：Serial.parseFloat()

参数说明：无。

返回值：有效浮点数（float 类型），若超时，返回 0。

10. parseInt()

功能：从串口接收数据流中读取第一个有效整数（包括负数）。非数字的字符或负号被忽略。Serial. parseInt() 继承了流实用程序类。在设定的时间范围内，若读取不到任何字符或读取的不是数字，停止解析。

语法格式：Serial.parseInt() 和 Serial.parseInt(char skipChar)。对 Arduino Mega 2560，有 Serial1. parseInt ()、Serial2. parseInt () 和 Serial3. parseInt ()。

参数说明：skipChar，要忽略掉的字符，例如千分位符。

返回值：下一个有效整数（long 类型），若超时，返回 0。

11. peek()

功能：读取串口输入数据中的下一个字节或字符，但内部串口缓冲器的内容不变。即对该函数的连续调用将返回同样的字符。Serial.peek()继承了流实用程序类。

语法格式：Serial.peek()。对 Arduino Mega 2560，有 Serial1. peek ()、Serial2. peek ()和 Serial3. peek ()。

参数说明：无。

返回值：串口输入数据的第一个有效字节（int 类型）。若没有任何数据则返回-1。

12．print()

功能：将数据送串口显示。每一位数字按一个 ASCII 字符显示，浮点数类似于数字显示，默认保留小数点后面 2 位，字符和字符串按原样显示，如下所示。

```
Serial.print(78) 显示 "78"
Serial.print(1.23456) 显示 "1.23"
Serial.print('N') 显示 "N"
Serial.print("Hello world.") 显示 "Hello world."
```

可选的参数指明显示格式，即 BIN（二进制）、OCT（八进制）、DEC（十进制）、HEX（十六进制）。对浮点数，该参数指明小数位数，如下所示。

```
Serial.print(78, BIN) 显示 "1001110"
Serial.print(78, OCT) 显示 "116"
Serial.print(78, DEC) 显示 "78"
Serial.print(78, HEX) 显示 "4E"
Serial.print(1.23456, 0) 显示 "1"
Serial.print(1.23456, 2) 显示 "1.23"
Serial.print(1.23456, 4) 显示 "1.2346"
```

若要发送没有经过字符转换的数据，使用 Serial.write()。

语法格式：Serial.print(val)；

　　　　　　Serial.print(val, format)。

参数说明：val，显示的内容（任何数据类型）；format，指明数字的进制（整数），或小数点后面数据位数（浮点数）。

返回值：size_t，显示的字节数。

例子：利用 Serial.print()函数输出不同格式的数据。

```
void setup() {
  Serial.begin(9600);          //打开串口，波特率设为 9600 bit/s
}

void loop() {
  Serial.print("NO FORMAT");
  Serial.print("\t");          //输出一个水平制表符

  Serial.print("DEC");
  Serial.print("\t");
```

```
        Serial.print("HEX");
        Serial.print("\t");

        Serial.print("OCT");
        Serial.print("\t");

        Serial.print("BIN");
        Serial.println();              //输出回车符和换行符

    for (int x = 0; x < 64; x++) {
        Serial.print(x);               //输出显示 ASCII 编码的十进制数
        Serial.print("\t\t");          //输出 2 个水平制表符

        Serial.print(x, DEC);          //输出显示 ASCII 编码的十进制数
        Serial.print("\t");            //输出水平制表符

        Serial.print(x, HEX);          //输出显示 ASCII 编码的十六进制数
        Serial.print("\t");            //输出水平制表符

        Serial.print(x, OCT);          //输出显示 ASCII 编码的八进制数
        Serial.print("\t");            //输出水平制表符

        Serial.println(x, BIN);        //显示 ASCII 编码的二进制数并输出回车符和换行
        delay(200);                    //延时 200ms
    }
    Serial.println();                  //输出回车符和换行符
}
```

13．println()

功能：按 ASCII 文本输出数据到串口，后接一个回车符（ASCII 13，或'\r'）和一个换行符（ASCII 10，或'\n'）。输出格式同 Serial.print()。

语法格式：Serial.println(val)；

　　　　　　Serial.println(val, format)。

参数说明：val，输出显示的内容（任何数据类型）；format，指明数字的进制（整数），或小数点后面数据位数（浮点数）。

返回值：size_t，输出的字节数。

14．read()

功能：读取串口数据，一次读一个字符，读完后删除已读数据。Serial. read()继承了流实用程序类。

语法格式：Serial.read()。适用于 Arduino Mega 2560 的有 Serial1.read()、Serial2.read()、Serial3.read()。

参数说明：无。

返回值：串行输入数据的第一个字节（into 类型）。若没有数据返回−1。

15．readBytes()

功能：读输入的串口字符到缓冲区。若确定长度的数据读取完毕或超时则结束。Serial. readBytes 继承了流实用程序类。

语法：Serial.readBytes(buffer, length)。

参数说明：buffer，存入数据的缓冲区（char 或 byte 类型）；length，读取的字节数。

返回值：size_t，存入 buffer 的字节数。无数据，返回 0。

16．readBytesUntil()

功能：从串口缓冲区读数据到一个数组。若确定长度的数据读取完毕或超时则结束。函数返回结束符之前的所有字符。结束符本身不返回。readBytesUntil()继承了流实用程序类。

语法格式：Serial.readBytesUntil(character, buffer, length)。

参数说明：character，搜索的结束字符（char 类型）；buffer，存入数据的缓冲区（char 或 byte 类型）；length，读取的字符数（int 类型）。

返回值：size_t：存入 buffer 的字数。无数据，返回 0。

17．readString()

功能：从串口缓冲区读取全部数据到一个字符串型变量中，超时结束。

语法格式：Serial.readString()。

参数说明：无。

返回值：字符串。无数据，返回 0。

18．readStringUntil()

功能：从串口缓冲区读取字符到一个字符串型变量中，直至读完或遇到终止字符。超时结束。

语法格式：Serial.readStringUntil(terminator)。

参数说明：terminator，搜索的结束字符（char 类型）。

返回值：从串口缓冲区读取结束符之前的整个字符串，无数据，返回 0。

19．setTimeout()

功能：设置串口操作的超时时间（ms），默认是 1000ms。Serial.setTimeout ()继承了流实用程序类。

语法格式：Serial.setTimeout(time)。

参数说明：time，超时时间（long 类型）。

返回值：无。

注意：与 Serial.setTimeout()函数设定的超时时间有关的函数包括 serial.readBytesUntil()、serial.readBytes()、Serial.find()、Serial.findUntil()、Serial.parseInt()、Serial.parseFloat()、Serial.readString()和 Serial.readStringUntil()等。

20．write()

功能：写二进制数据到串口，被发送的数据是一个字节或多个字节，发送字符用 print() 函数。

语法格式：Serial.write(val);

　　　　　　Serial.write(str);

Serial.write(buf, len)。

对 Arduino Mega 2560，可用 Serial1，Serial2，Serial3 替代 Serial。

参数说明：val，单字节数据；str，多个字节组成的字节串；buf，多个字节组成的数组；len，buf 的长度。

返回值：size_t，写入串口的字节数。

例子：

```
void setup(){
  Serial.begin(9600);
}
void loop(){
  Serial.write(45);                        //发送二进制数据 45
  int bytesSent = Serial.write("hello");   //发送字符串"hello"，返回字符串长度
                                           //双引号里的字符对应的字节数据
                                           //是其对应的 ASCII 码

}
```

21. serialEvent()

功能：串口数据准备好时触发的事件函数，即串口数据准备好时调用该函数。用 Serial.read()获取数据。

语法格式：void serialEvent(){
　　　　　　 //statements}

对 Arduino Mega 2560，可用 serialEvent 1、serialEvent 2、serialEvent 3 替代 serialEvent。

参数说明：statements，任何语句。

返回值：无。

4.3.3　串行通信接口的应用

串行通信实例 1：读取从串口接收的字符并显示。

下面是从串口监视器输入数据并显示的代码。

```
int incomingByte = 0;                    //incomingByte 变量初始化为 0

void setup() {
    Serial.begin(9600);                  //打开串口,设置数据波特率为 9600 bit/s
}

void loop() {
          if (Serial.available() > 0) {  //当接收到数据时进行应答
          incomingByte = Serial.read();  //从串口接收一个数据并赋给 incomingByte
                                         //变量
          Serial.print("I received: ");
          Serial.println(incomingByte, DEC);//按十进制数显示接收到的字节

    }
}
```

下面的实例适用于 Arduino Mega 2560 开发板。

串行通信实例 2：从一个串口接收数据，发送到另一个串口显示。

可用于一个串口设备通过 Arduino 板与计算机连接的场合。将串口通过 USB 数据线与计算机连接，同时将串口 1 通过 USB 转 TTL 模块与计算机连接，打开计算机上的串口助手和 Arduino IDE 中的串口监视器，从串口助手和监视器中分别输入数据，观察显示结果。代码如下。

```
void setup() {
  Serial.begin(9600);
  Serial1.begin(9600);
}


void loop() {
  //从串口 0 读数据，送串口 1
  if (Serial.available()) {
      int inByte = Serial.read();
      Serial1.print(inByte, DEC);
  }
  //从串口 1 读数据，送串口 0
  if (Serial1.available()) {
      int inByte = Serial1.read();
      Serial.print(inByte, DEC);
  }
}
```

串行通信实例 3：读 A0 引脚的模拟输入，按不同进制输出并显示。A0 引脚与电位器的抽头连接，电位器的两端分别连接+5V 和 GND，改变电位器的抽头位置，观察输出结果。

```
int analogValue = 0;                    //保存模拟值的变量初始化为 0

void setup() {
    Serial.begin(9600);                 //打开串口，波特率设置为 9600 bit/s
}
void loop() {
  analogValue = analogRead(0);          //读 A0 引脚的模拟输入
  //按不同格式输出显示
  Serial.println(analogValue);          //十进制
  Serial.println(analogValue, DEC);     //十进制
  Serial.println(analogValue, HEX);     //十六进制
  Serial.println(analogValue, OCT);     //八进制
  Serial.println(analogValue, BIN);     //二进制
  delay(10);}
```

4.4 I2C 总线接口及应用

4.4.1 I2C 总线概述

内部集成电路（Inter-Integrated Circuit，I2C）总线是由 Philips 公司开发的两线式串行总线，是具有多主机系统所需的包括总线仲裁和高低速器件同步功能的高性能总线。

I2C 总线只有两根双向信号线，一根是数据线 SDA，另一根是时钟线 SCL。所有连接到 I2C 总线上的元件数据线都与 SDA 连接；各元件的时钟线也都与 SCL 连接。I2C 总线是一个多主机总线，总线上可以有一个或多个主机，由主机控制总线的操作。每一个接到总线上的设备都有一个唯一的识别码，且这些设备都可以作为一个接收器或发送器。

I2C 总线上的 SDA 和 SCL 是双向的，均通过上拉电阻器与正电源连接。当总线空闲时，两根信号都是高电平。总线上元件的输出必须是漏极开路或集电极开路的，以避免对总线上的数据造成干扰，任意元件输出的低电平都将使总线信号变低。

I2C 总线上连接的元件数受总电容量的限制，总线上连接的元件越多，电容值越大，最大不能超过 400pF。总线速度可达到 100kbit/s，快速模式下可达到 400kbit/s。

Arduino 的 Wire 库允许 Arduino 开发板和 I2C（在 Arduino 中称为 TWI）设备进行通信。Arduino 板（R3 布局图）的 SDA（数据线）和 SCL（时钟线）在 AREF 引脚附近。Arduino Due 有两个 I2C（TWI）接口。

表 4-1 列出了常用的几种 Arduino 板的 I2C 的引脚分配。

表 4-1   **Arduino 板的 I2C 的引脚分配**

Arduino 板	I2C（TWI）引脚
UNO，Ethernet	A4（SDA），A5（SCL）
Mega2560	20（SDA），21（SCL）
Leonardo	2（SDA），3（SCL）
Due	20（SDA），21（SCL），SDA1，SCL1

I2C 地址有 7 位和 8 位两种。7 位识别设备，第 8 位表示读或写操作。Arduino IDE 中的 Wire 库使用 7 位地址。

当连接 SDA、SCL 两个引脚时，需要有一个上拉电阻器。Mega 2560 板在引脚 20 和 21 有内部上拉电阻器。

Wire 库的实现使用 32 位缓冲区，故所有通信需要在这个限制下，一次传送超限的字节将丢失。

4.4.2 I2C 总线的类库函数

本节将详细介绍 I2C 类库的 8 个成员函数。

1. begin()

功能：初始化 Wire 库，将 I2C 设备作为主设备或从设备加入 I2C 总线。该函数应只调用一次。

语法格式：Wire.begin(address)。

参数说明：address，7 位从地址（可选）。如果地址未指明，则作为主设备加入总线。

返回值：无。

2．beginTransmission()

功能：Wire.beginTransmission(address)函数启动一个已知地址的 I2C 从设备的通信。之后，调用 write()函数发送字节，调用 endTransmission()函数则结束发送。

语法格式：Wire.beginTransmission(address)。

参数说明：address，设备的 7 位地址。

返回值：无。

3．write()

功能：写数据到从设备。

语法格式：Wire.write(value)；

　　　　　Wire.write(string)；

　　　　　Wire.write(data, length)。

参数说明：value，要发送的字节；string，要发送的字节串；data，要发送的数组；

　　　　　length，发送的字节数。

返回值：发送数据的字节数。

例子：

```
#include <Wire.h>
byte val = 0;

void setup()
{
  Wire.begin();                //加入 I2C 总线
}


void loop()
{
  Wire.beginTransmission(44);  //启动设备地址为 44 (0x2c) 的 I2C 通信（设备地址在该
  //设备的数据手册中给出）
  Wire.write(val);             //发送 val
  Wire.endTransmission();      //停止发送
  val++;                       //value+1
  if(val == 64)                //加到 64 了吗？（最大）
    {
     val = 0;                  //清 0
    }
  delay(500);
}
```

4．endTransmission()

功能：结束由 beginTransmission()发起的对从设备的数据发送，发送由 write()函数写进队列的字节串。

对于 Arduino 1.0.1 及以上版本，endTransmission()接收一个布尔参数，便于兼容不同的 I2C 设备。如果为真，endTransmission()发送数据后，发送一个停止信息，释放 I2C 总线。如果为假，endTransmission()发送数据后发送一个重新启动信息，总线将不被释放，以避免另一个主设备发送数据，这允许一个主设备进行多次发送。默认值为真。

语法格式：Wire.endTransmission()；

Wire.endTransmission(stop)。

参数说明：stop，布尔值。布尔值为 true 将发送一个停止信息，发送后释放总线。布尔值为 false 将送一个重启信息，保持连接激活状态。

返回值：一个指示发送的状态字节。0，成功；1，数据太大，超限；2，发送地址时未应答；3，发送数据时无应答；4，其他错误。

5．available()

功能：对主设备，在调用 requestFrom()后返回接收的字节数。对从设备，在 onReceive() 句柄内，返回接收的字节数。Wire.available()继承了流实用程序类。

语法格式：Wire.available()。

参数说明：无。

返回值：接收的字节数。

6．requestFrom()

功能：在主机模式下设置从设备向主设备发送的字节数。利用 available()和 read()函数读取设置的字节数。

对于 Arduino 1.0.1 及以上版本，requestFrom()可利用一个布尔参数兼容不同的 I2C 设备。如果布尔值为真，请求后 requestFrom()发送一个停止信息，释放 I2C 总线。如果为假，请求后 requestFrom()发送一个重新启动信息，总线将不被释放，以避免另一个主设备发出请求，可控制一个主设备发送多个请求。默认值是真。

语法格式：Wire.requestFrom(address, quantity)；

Wire.requestFrom(address, quantity, stop)。

参数说明：address，7 位从设备地址；

quantity，请求发送的字节数；

stop，布尔值。布尔值为真则请求后发送一个停止信息，释放总线；布尔值为假则将在请求后连续发送一个重启信号，使总线保持在连接状态。

返回值：从设备返回的字节数（byte 类型）。

7．read()

功能：在调用 requestFrom()函数后，读取从设备发送到主设备或主设备发送到从设备的一个字节数据。read()继承了流实用程序类。

语法格式：Wire.read()。

参数说明：无。

返回值：接收的字节数据。

例子：

```
#include <Wire.h>
```

```
void setup()
{
    Wire.begin();                //加入 I2C 总线(对主设备地址可选)
    Serial.begin(9600);          //启动串口输出
}


void loop()
{
    Wire.requestFrom(2, 6);      //向 2 号从设备请求 6 个字节
    while(Wire.available())      //从设备发送的字节可能少于请求的
    {
     char c = Wire.read();       //接收一个字符
     Serial.print(c);            //输出
    }
    delay(500);
}
```

8. setClock()

功能：Wire.setClock()函数修改 I2C 通信的时钟频率。I2C 从设备的工作时钟频率没有下限要求，但 100kHz 通常是底线。

语法格式：Wire.setClock(clockFrequency)。

参数说明：clockFrequency，设置的通信频率（Hz）。可设置为 100000（标准模式）和 400000（快速模式）。一些处理器也支持 10000（低速模式）、1000000（快速模式+）和 3400000（高速模式）。

返回值：无。

9. onReceive()

功能：当从设备接收来自主设备的数据时，注册一个处理数据函数。

语法格式：Wire.onReceive(handler)。

参数说明：handler，当从设备接收数据时调用的函数。例如，这个函数形式 void myHandler(int numBytes)，有一个 int 类型的参数（从主机读取的字节数）且无返回值。

返回值：无。

10. onRequest()

功能：当主设备接收来自从设备的数据时，注册一个处理数据函数。

语法格式：Wire.onRequest(handler)。

参数说明：handler，被调用的函数（无参数，无返回），例如 void myHandler()。

返回值：无。

4.4.3　I2C 总线接口的应用

1. AD5171 数字电位器

（1）功能说明

利用 Arduino UNO 的 Wire 库函数，控制具有 I2C 接口的数字电位器 AD5171。该模拟设备可输出 64 级不同的电压值来控制 LED 灯。

I2C 总线使用 Arduino 的两根信号线发送和接收数据：一根是串行输入线（SCL），负责输入时钟信号；一根是串行数据线（SDA），负责传送数据。当时钟信号产生由低到高的跳变（即时钟脉冲的上升沿）时，通过 SDA 引脚，开发板传送一位信息到 I2C，然后信息一位接一位地进行串行传输，I2C 设备接收相应信息（地址和命令）后，与时钟信号配合，通过 SDA 引脚返回数据。

由于 I2C 总线协议允许每个设备有唯一的地址，主设备和从设备可以通过一根线依次完成通信，Arduino 可以通过两个引脚，依次与多个设备进行通信。

（2）原理图

AD5171 与 Arduino 的连接原理如图 4-3 所示。

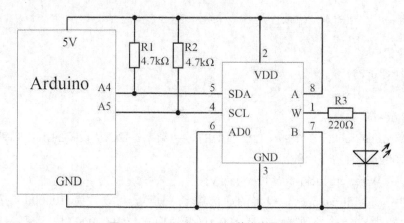

图 4-3　AD5171 与 Arduino 的连接原理图

（3）所需硬件

① Arduino 或 Genuino 开发板×1。

② AD5171 数字电位器×1。

③ LED 灯×1。

④ 220Ω 电阻器×1。

⑤ 4.7kΩ 电阻器×2。

⑥ 杜邦线若干。

⑦ 面包板×1。

（4）电路连接

AD5171 和面包板的连接如图 4-4 所示。

图 4-4 中 AD5171 的引脚 3、6 和 7 连接到 GND，引脚 2 和 8 连接到 5V。AD5171 的引脚 4（SCL）连接到 Arduino 的 A5，引脚 5（SDA）连接到 Arduino 的 A4。SCL 和 SDA 均通过 4.7kΩ 上拉电阻器与 5V 连接。

AD5171 的引脚 1 串联一个 220Ω 电阻器接到 LED 灯的正极，而 LED 灯的负极接 GND。

当 AD5171 的引脚 6（AD0）连到 GND 时，它的地址是 44。若要增加一个数字电位器并将其接到 I2C 总线，那么应连接第二个 AD0 引脚到 5V，则它的地址改变为 45。

注意：在 I2C 总线上只能同时使用两个数字电位器。

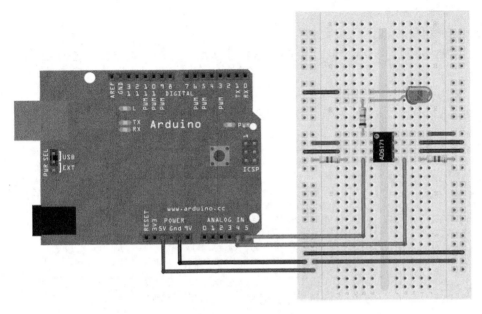

图 4-4　AD5171 和面包板的连接图

（5）程序代码

```
#include <Wire.h>
byte val = 0;

void setup() {
    Wire.begin();                   //加入 I2C 总线
}

void loop() {
  Wire.beginTransmission(44);       //发送地址到设备#44 (0x2c)
    //设备地址在数据手册中
    Wire.write(byte(0x00));         //发送命令字节
    Wire.write(val);                //发送电位器的值
    Wire.endTransmission();         //停止发送
    val++;                          //值加 1
    if (val == 64) {                //若加到第 64 个位置(最大值)
    val = 0;                        //回到最低值
    }
    delay(500);
}
```

2．主设备接收从设备发送的数据

在某些应用场合，两个或更多个 Arduino 板之间需要共享数据。下面的例子是两个 Arduino 板通过 I2C 的同步串口协议进行通信，一个作为主设备，另一个作为从设备。主设备读取从设备发送的数据。

（1）所需硬件和连线

Arduino 板和杜邦线。

两个 Arduino 板的 SDA、SCL 和 GND 3 个引脚对应相连，主设备通过 USB 数据线与计算机相连。

（2）程序代码

主设备 Arduino 1 的代码如下。

```
#include <Wire.h>

void setup() {
Wire.begin();                      //加入 I2C 总线
Serial.begin(9600);                //启动串口，设置波特率
  }

void loop() {
 Wire.requestFrom(8, 6);           //请求#8 从设备发送 6 个字节
 while (Wire.available()) {        //从设备发送的字节可能少于 6
 char c = Wire.read();             //接收 1 个字节存入字符变量 c
 Serial.print(c);                  //输出显示
}
 delay(500);
 }
```

从设备 Arduino 2 的代码如下。

```
#include <Wire.h>
void setup() {
Wire.begin(8);                     //#8 号地址加入 I2C 总线
Wire.onRequest(requestEvent);      //registerEvent 是一个被调用的函数
}
void loop() {
 delay(100);
}


//下面的函数当主设备请求数据传送时被执行
//函数被注册为一个事件
void requestEvent() {
 Wire.write("hello ");            //发送 6 字节数据
 }
```

3. 从设备接收主设备发送的数据

有些应用场合里，两个或更多个 Arduino 板之间需要共享数据。下面的例子是两个开发板通过 I2C 同步串口协议进行通信，一个作为主设备，另一个作为从设备。从设备接收主设备发送的数据。

（1）所需硬件和连线

Arduino 板和杜邦线。

　　两个 Arduino 板的 SDA、SCL 和 GND 3 个引脚对应相连，从设备通过 USB 数据线与计算机相连。

（2）程序代码

主设备 Arduino 开发板 1 的代码如下。

```
#include <Wire.h>
void setup() {
Wire.begin();                      //加入 I2C 总线（address optional for master）
}
byte x = 0;
void loop() {
Wire.beginTransmission(8);         //发送设备地址 #8
Wire.write("x is ");               //发送 5 个字节
 Wire.write(x);                    //发送 1 个字节
 Wire.endTransmission();           //停止发送
 x++;
  delay(500);
}
```

从设备 Arduino 开发板 2 的代码如下。

```
//从设备接收数据
 #include <Wire.h>

 void setup() {
 Wire.begin(8);                    //#8 号地址加入 I2C 总线
 Wire.onReceive(receiveEvent);     //调用函数名 receiveEvent
 Serial.begin(9600);              //启动串口，波特率 9600
 }

 void loop() {
 delay(100);
 }
//下面的函数当从设备接收到主设备传送的数据时被执行
//函数被注册为一个事件
 void receiveEvent(int howMany) {
 while (1 < Wire.available()) {    //循环处理，除了最后 1 个（等于 1 跳出 while）
 char c = Wire.read();             //接收 1 个字节
 Serial.print(c);                  //按字符输出
 }
 int x = Wire.read();              //接收 1 个字节存入一个 int 型变量
 Serial.println(x);                //输出显示接收的数据
 }
```

4. SRF×× 超声测距

这个例子说明如何通过 Arduino 的 Wire 库函数，读取 Devantech SRF×× 的数据。

（1）原理图

Arduino 和 SFR08 连接原理如图 4-5 所示。

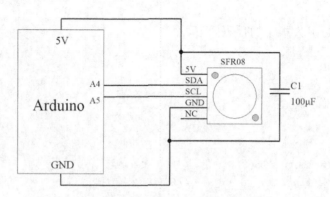

图 4-5　Arduino 和 SFR08 连接原理图

（2）所需硬件

① Arduino 板×1。

② Devantech SRF08 超声测距传感器×1。

③ 100μF 电容器×1。

④ 杜邦线若干。

⑤ 面包板×1。

（3）电路连接

图 4-6 所示的是 Arduino 板和超声测距传感器的连线图。

SRF08 的 SDA、SCL 分别和 Arduino 的 A4、A5 连接，5V 和 GND 之间并联了一个 100μF 的滤波电容器。

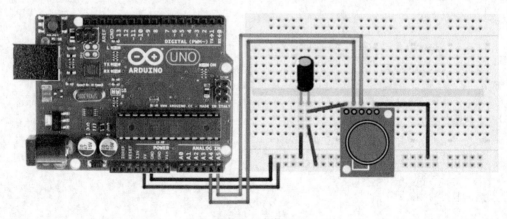

图 4-6　连线图

（4）程序代码

读取 SFR08 数据的实例代码如下。

```
#include <Wire.h>
```

```
void setup() {
Wire.begin();                           //加入总线
Serial.begin(9600);                     //按 9600bit/s 启动串口
}
int reading = 0;


void loop() {
//step 1: 发送读回波（echoes）的命令
Wire.beginTransmission(112);            //启动#112（0x70）从设备
//数据手册中给的地址是 224（0xE0）
//但 I2C 地址使用该地址的高 7 位即 112
Wire.write(byte(0x00));                 //设置寄存器地址(0x00)
Wire.write(byte(0x50));                 //发送用"inches"测量命令（0x50）
//命令字 0x51 代表 cm
//命令字 0x52 代表 ping microseconds
Wire.endTransmission();                 //停止发送


//step 2: 延时等待读
delay(70);                              //至少 65 ms


//step 3: 发返回数据送命令
Wire.beginTransmission(112);            //设置设备地址#112
Wire.write(byte(0x02));                 //设置寄存器地址 0x02（echo #1 寄存器）
Wire.endTransmission();                 //停止发送


//step 4: 发送读请求命令
Wire.requestFrom(112, 2);               //请求#112 设备发送 2 字节数据


//step 5: 接收数据
if (2 <= Wire.available()) {.           //若接收到 2 个数据
    reading = Wire.read();              //接收高字节
    reading = reading << 8;             //移高字节到高 8 位
    reading |= Wire.read();             //接收低字节到低 8 位
    Serial.println(reading);            //输出结果
}
delay(250);                             //延时 250ms
}
```

下面是一个改变 SRF08 地址的函数，调用方法如下。

```
changeAddress(0x70, 0xE6);
void changeAddress(byte oldAddress, byte newAddress)
{
  Wire.beginTransmission(oldAddress);
  Wire.write(byte(0x00));
```

```
        Wire.write(byte(0xA0));
        Wire.endTransmission();

        Wire.beginTransmission(oldAddress);
        Wire.write(byte(0x00));
        Wire.write(byte(0xAA));
        Wire.endTransmission();

        Wire.beginTransmission(oldAddress);
        Wire.write(byte(0x00));
        Wire.write(byte(0xA5));
        Wire.endTransmission();

        Wire.beginTransmission(oldAddress);
        Wire.write(byte(0x00));
        Wire.write(newAddress);
        Wire.endTransmission();
    }
```

4.5 SPI 接口及应用

4.5.1 SPI 概述

串行外设接口（Serial Peripheral Interface，SPI）是 Motorola 公司提出的一种同步串行数据传输标准。SPI 在物理上是通过与微处理控制单元（MCU）连接的同步串行端口（Synchronous Serial Port，SSP）模块来实现数据通信的，它允许 MCU 以全双工的同步串行方式与各种外围设备进行高速数据通信。

SPI 主要应用在电可擦除只读存储器（EEPROM）、闪存（Flash）、实时时钟（RTC）、模数转换器（ADC）、数字信号处理器（DSP）以及数模转换器（DAC）中。它在芯片中只占用四个引脚（Pin），用来控制数据传输，节约了芯片的引脚数目，同时为 PCB 在布局上节省了空间。正是由于这种简单易用的特性，现在越来越多的芯片上都集成了 SPI。

SPI 中的串行时钟信号线（SCLK 信号线）只由主设备控制，从设备不能控制该信号线。同样，在一个基于 SPI 的设备中，至少要有一个主控设备。普通的串行通信一次连续传送至少 8 位数据，SPI 传输方式与普通的串行通信不同，它允许数据一位一位地传送，甚至允许暂停，当没有时钟跳变时，从设备不采集或传送数据。也就是说，主设备通过对 SCLK 的控制可以完成对通信的控制。SPI 还是一个数据交换协议，因为 SPI 的数据输入和输出独立，所以允许同时完成数据的输入和输出。不同 SPI 设备的实现方式不尽相同，主要是数据变化和采集的时间不同，在时钟信号上沿或下沿采集有不同定义，具体请参考相关元件的文档。

1. SPI 接口

SPI 经常被称为四线串行总线，以主/从方式工作，数据传输过程由主机初始化。

（1）SCLK：串行时钟，用来同步数据传输，由主机输出。

（2）MOSI：主机输出从机输入数据线。

（3）MISO：主机输入从机输出数据线。

（4）SS：片选线，低电平有效，由主机输出。

其中，SS 传输的是从芯片被主芯片选中的控制信号，也就是说只有片选信号为预先规定的使能信号时（高电位或低电位），主芯片对此从芯片的操作才有效。这就使在同一条总线上连接多个 SPI 成为可能。

在 SPI 的总线上，某一时刻可以出现多个从机，但只能存在一个主机，主机通过片选线来确定要进行通信的从机。这就要求从机的 MISO 口具有三态特性，即该接口线在元件未被选中时表现为高阻抗。

在一个 SPI 的时钟周期内，可完成如下操作。

（1）主机通过 MOSI 线发送 1 位数据，从机通过该线读取这 1 位数据。

（2）从机通过 MISO 线发送 1 位数据，主机通过该线读取这 1 位数据。

这些操作是通过移位寄存器来实现的。主机和从机各有一个移位寄存器，且二者连接成环。数据按照从高位到低位的方式依次移出主机寄存器和从机寄存器，并且依次移入从机寄存器和主机寄存器。当寄存器中的内容全部移出时，相当于完成了两个寄存器内容的交换。

SPI 最重要的两项设置就是时钟极性（CPOL 或 UCCKPL）和时钟相位（CPHA 或 UCCKPH）。时钟极性设置时钟空闲时的电平，时钟相位设置读取数据和发送数据的时钟沿。

主机和从机的数据发送是同时完成的，两者的数据接收也是同时完成的，所以为了保证主机和从机能正常通信，应使它们的 SPI 具有相同的时钟极性和时钟相位。

2．特点

SPI 通信特点包括：可以同时发送和接收串行数据；可以当作主机或者从机工作；提供频率可编程时钟；发送结束中断标志；写冲突保护；总线竞争保护等。

SPI 具有如下优点。

（1）支持全双工。

（2）操作简单。

（3）数据传输速率较高。

同时，它也具有如下缺点。

（1）需要占用主机较多的引脚（每个从机都需要一根片选线）。

（2）只支持单个主机。

（3）没有指定的流控制，没有应答机制来确认是否接收到数据。

一般地，SPI 有 4 种传送模式。不同模式控制数据传输是在时钟的上升沿还是下降沿（称之为时钟相位），时钟是高电平还是低电平空闲（称之为时钟极性）。4 种模式如表 4-2 所示。

表 4-2　　　　　　　　　　　　　SPI 的 4 种模式

模式	时钟极性（CPOL）	时钟相位（CPHA）	输出沿	数据捕获
SPI_MODE0	0	0	下降沿	上升沿
SPI_MODE1	0	1	上升沿	下降沿
SPI_MODE2	1	0	上升沿	下降沿
SPI_MODE3	1	1	下降沿	上升沿

不同 Arduino 板的 SPI 引脚分配如表 4-3 所示。

表 4-3   不同 **Arduino** 板的 **SPI** 引脚分配

Arduino 板	MOSI	MISO	SCK	SS（从）	SS（主）	Level
UNO	11 或 ICSP-4	12 或 ICSP-1	13 或 ICSP-3	10	-	5V
Mega 1280 或 Mega 2560	51 或 ICSP-4	50 或 ICSP-1	52 或 ICSP-3	53	-	5V
Leonardo	ICSP-4	ICSP-1	ICSP-3	-	-	5V
Due	ICSP-4	ICSP-1	ICSP-3	-	4, 10, 52	3.3V
Zero	ICSP-4	ICSP-1	ICSP-3	-	-	3.3V
101	11 或 ICSP-4	12 或 ICSP-1	13 或 ICSP-3	10	10	3.3V
MKR1000	8	10	9	-	-	3.3V

注意：Arduino 开发板的 MISO、MOSI 和 SCK 均与 ICSP 插座相连接，ICSP 插座如图 4-7 所示。这个特点在设计扩展板时会用到。

所有基于 AVR 的开发板都有一个 SS 引脚。当 Arduino 板作为从设备时，SS 引脚会用到。因为 SPI 的类库只支持主模式，这个引脚应该设置为总是 OUTPUT，否则 SPI 自动进入从模式，使库函数无效。

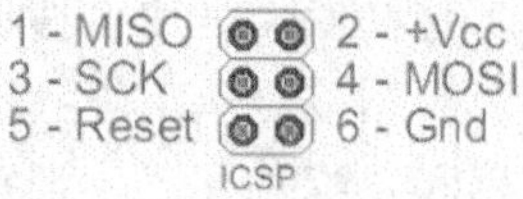

```
1 - MISO  ⊙⊙  2 - +Vcc
3 - SCK   ⊙⊙  4 - MOSI
5 - Reset ⊙⊙  6 - Gnd
        ICSP
```

图 4-7 ICSP 插座

可以使用任何引脚作为设备的 SS 引脚。例如 Arduino Ethernet 扩展板使用引脚 4 控制 SPI 到板上 SD 卡的连接，使用引脚 10 控制 SPI 到 Ethernet 控制器的连接。

SPI 类库允许 Arduino 作为主设备和其他 SPI 设备通信。

4.5.2 SPI 的类库函数

SPI 类库名称是 SPISettings 和 SPIClass。在 SPI.h 中已经定义了一个对象 SPI，下面以对象名 SPI 为例，详细介绍其类库函数。

1. SPI.beginTransaction()

SPISettings 对象被用于配置 SPI，3 个参数组合在一起赋给 SPISettings 对象。这个对象被赋给 SPI 类成员函数 SPI.beginTransaction()。

当设置参数均为常量时，在 SPI.beginTransaction() 中 SPISettings 被直接使用。使用常量的优点是代码量较少且执行速度快。

语法格式：SPI.beginTransaction(SPISettings(14000000, MSBFIRST, SPI_MODE0))。

注意：最好 3 个设置参数都是常量。

若设置参数是变量，则需要创建一个 SPISettings 对象去容纳 3 个设置参数。之后将对象名传给 SPI.beginTransaction()。当设置参数不是常量时，创建一个名字为 SPISettings 的对象可能会更有效，特别是当最大速度是一个需计算或配置的变量，而不是一个可以直接写到程序中的常量时。

语法格式：SPISettings mySettting(speedMaximum, dataOrder, dataMode)。

参数说明：speedMaximum，通信的最大速度，对一个频率可达到 20 MHz 的 SPI 芯片，该值为 20,000,000；

dataOrder，MSBFIRST（高位先送）或 LSBFIRST（低位先送）；

dataMode，SPI_MODE0、SPI_MODE1、SPI_MODE2 或 SPI_MODE3。

返回值：无。

2．begin()

功能：SPI 初始化，即设置 SCK、MOSI 和 SS 为输出，将 SCK 和 MOSI 拉为低电平，SS 拉成高电平。

语法格式：SPI.begin()。

参数说明：无。

返回值：无。

3．end()

功能：禁止 SPI 总线（引脚模式不变）。

语法格式：SPI.end()。

参数说明：无。

返回值：无。

4．beginTransaction()

功能：用被定义的 SPISettings 对象初始化 SPI 总线。

语法格式：SPI.beginTransaction(mySettings)。

参数说明：mySettings，被定义的 SPISettings 对象名。

返回值：无。

5．endTransaction()

功能：停止使用 SPI 总线。当片选无效后使用该函数，允许其他库使用 SPI 总线。

语法格式：SPI.endTransaction()。

参数说明：无。

返回值：无。

6．transfer()和 transfer16()

功能：传输数据，发送和接收都用这个函数。接收数据送 receivedVal（receivedVal16），或者接收的数据放在缓存器 buffer 中，旧数据被新接收的数据覆盖。

语法格式：receivedVal = SPI.transfer(val)；

receivedVal16 = SPI.transfer16(val16)；

SPI.transfer(buffer, size)。

参数说明：val，通过总线发送的字节；

val16，通过总线发送的 2 个字节变量；

buffer，发送的数组数据；

size，字节数。

返回值：从总线上读取的数据（读操作时）。

7．usingInterrupt()

功能：如果在中断程序中进行 SPI 通信，调用该函数注册中断号或用 SPI 库命名。这是为了防止 SPI.beginTransaction()使用时产生冲突。注意：在 usingInterrupt() 中指定的中断，在 beginTransaction()执行时被禁止，endTransaction()执行后被重新允许。

语法格式：SPI.usingInterrupt(interruptNumber)。

参数说明：interruptNumber，关联的中断号。

返回值：无。

4.5.3 SPI 接口的应用

下例说明如何使用 SPI 类库，控制一个数字电位器 AD5206，该数字电位器是一个可以用程序改变其电阻大小的电位器，使用一个 6 通道的数字电位器控制 6 个 LED 灯的亮度。其他 SPI 外设的控制方法可参照该例子进行修改。

AD5206 引脚排列如图 4-8 所示，引脚说明如表 4-4 所示。

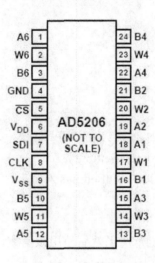

图 4-8 AD5206 引脚排列图

表 4-4   AD5206 的引脚说明

引脚号	引脚	说明	引脚号	引脚	说明
1	A6	6 号电位器 A 端	13	B3	3 号电位器 B 端
2	W6	6 号电位器移动电刷	14	W3	3 号电位器移动电刷
3	B6	6 号电位器 B 端	15	A3	3 号电位器 A 端
4	GND	地	16	B1	1 号电位器 B 端
5	$\overline{CS}$	片选，低电平有效	17	W1	1 号电位器移动电刷
6	V_{DD}	电源正极	18	A1	1 号电位器 A 端
7	SDI	数据输入	19	A2	2 号电位器 A 端
8	CLK	时钟输入	20	W2	2 号电位器移动电刷
9	V_{SS}	电源负极	21	B2	2 号电位器 B 端
10	B5	5 号电位器 B 端	22	A4	4 号电位器 A 端
11	W5	5 号电位器移动电刷	23	W4	4 号电位器移动电刷
12	A5	5 号电位器 A 端	24	B4	4 号电位器 B 端

1. 原理图

Arduino 开发板与 AD5206 连接原理如图 4-9 所示。AD5206 有 6 个可调电阻器，每个对应 3 个引脚，即 A×、B×和 W×。本例使用 6 个可调电阻器作为分压器，一端连接 5V，另一端连接 GND，移动输出端输出可调电压，AD5206 提供 10kΩ 的电阻器，用 0～255 范围的数值进行控制，对应的电阻值等于 10kΩ 乘以可调电压值除以 256。

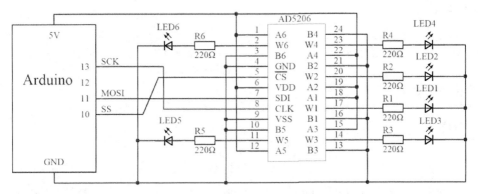

图 4-9 Arduino 开发板与 AD5206 连接原理图

2．所需硬件与连接

（1）Arduino UNO 开发板×1。

（2）AD5206 数字电位器×1。

（3）LED 灯×6。

（4）220Ω 电阻器×6。

（5）杜邦线若干。

（6）面包板×1。

AD5206 除了电源接 5V、电源地和 Arduino 对应连接外，其余引脚连接对应关系是 AD5206 的 $\overline{\text{CS}}$、SDI、CLK 分别与 Arduino UNO 开发板的 10、11、13 引脚连接。A×接 5V，B×接 GND，W×通过串联电阻器与 LED 灯连接。

3．连接示意图

Arduino UNO 开发板与 AD5206 的连接如图 4-10 所示。

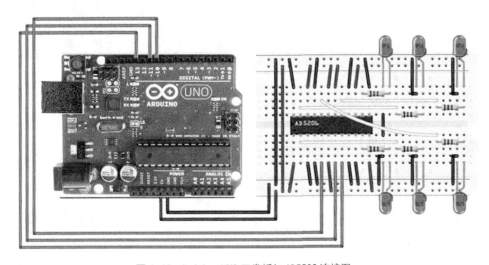

图 4-10 Arduino UNO 开发板与 AD5206 连接图

4．实例代码

AD5206 采用 SPI，通过两个字节对 AD5206 进行控制，一个设置通道号（0～5），另一个设置该通道的电阻值（0～255）。

代码如下。

```
#include <SPI.h>                          //引用 SPI 库
const int slaveSelectPin = 10;           //设置引脚 10 为数字电位器从设备的片选：

void setup() {
pinMode(slaveSelectPin, OUTPUT);         //设置片选为输出
SPI.begin();                             //初始化 SPI
}

void loop() {
for (int channel = 0; channel < 6; channel++) {   //循环控制 6 个通道
    for (int level = 0; level < 255; level++) {   //逐渐增大每个通道的电阻值
    digitalPotWrite(channel, level);
    delay(10);
  }
    delay(100);                          //延时 100ms
    for (int level = 0; level < 255; level++) {   //逐渐减小电阻值
    digitalPotWrite(channel, 255 - level);
    delay(10);
  }
 }
}

void digitalPotWrite(int address, int value) {
    digitalWrite(slaveSelectPin, LOW);   //设置 CS 低电平
    delay(100);
    SPI.transfer(address);               //向 SPI 传送通道号
    SPI.transfer(value);                 //向 SPI 传送电阻值
    delay(100);
    digitalWrite(slaveSelectPin, HIGH);  //设置 CS 高电平
}
```

4.6　外部中断接口及应用

在微控制器（单片机）的程序设计中，采用中断技术，可使微控制器在执行其他程序的过程中，实时处理随机发生的需处理的外部事件。本节将详细介绍 Arduino 的中断技术和相关编程方法。

4.6.1　外部中断概述

1．中断的概念

如果没有中断功能，Arduino 对事件的处理只能采用程序查询方式，即 CPU 不断查询外

部是否有事件发生。查询时，CPU 不能再做别的工作，且大部分时间可能处于等待状态。Arduino 具有的对外部事件进行实时处理的功能，就是通过外部中断技术实现的。

当 Arduino 正在处理某个事件时，外部或内部发生某一事件（如某个引脚上电平的变化或计数器的计数溢出）请求 Arduino 的 CPU 迅速去处理，于是，CPU 暂停当前的工作，转去处理刚发生的事件。处理完该事件后，再回到原来被中止的地方，继续原来的工作，这样的过程称为中断。产生中断请求的源被称为中断源。中断源向 CPU 提出的处理请求，称为中断请求。

采用外部中断的特点是实时性好、速度快、效率高，但编程较复杂。

2．中断服务程序

中断服务，可理解为是一种服务，是通过执行事先编好的某个特定的程序来完成的，这种处理"急件"的程序被称为中断服务程序。

中断服务程序（ISRs）所用的函数是 CPU 响应特定中断时强制执行的函数，是一种特殊的函数，与其他函数相比，具有某些限制，例如，它不能有参数，也没有返回值。

一般地，ISRs 的运行时间应该尽可能短。若有多个 ISRs，同一时刻只能有一个在运行，只有当前中断返回后才能进入下一个中断，优先级高的中断先进入。delay()、micros()函数的运行和中断有关，在 ISRs 中不能正常运行；millis()只返回进入中断前的值，在函数内串口接收的数据可能丢失；delayMicroseconds()在中断中可以使用。可用全局变量在 ISRs 和主程序之间传递数据，但变量必须定义为 volatile 类型。

3．中断优先级

为了管理众多的中断请求，需要按每个（类）中断处理的紧急程度，对中断进行分级管理，称其为中断优先级。在有多个中断请求时，总是响应与处理优先级高的设备的中断请求。

4．中断嵌套

当 CPU 正在处理优先级较低的一个中断时，接收到优先级较高的一个中断请求，则 CPU 先停止低优先级的中断处理过程，去响应优先级高的中断请求，在优先级高的中断处理完成之后，再继续处理低优先级的中断，这种情况称为中断嵌套。

中断嵌套过程如图 4-11 所示。

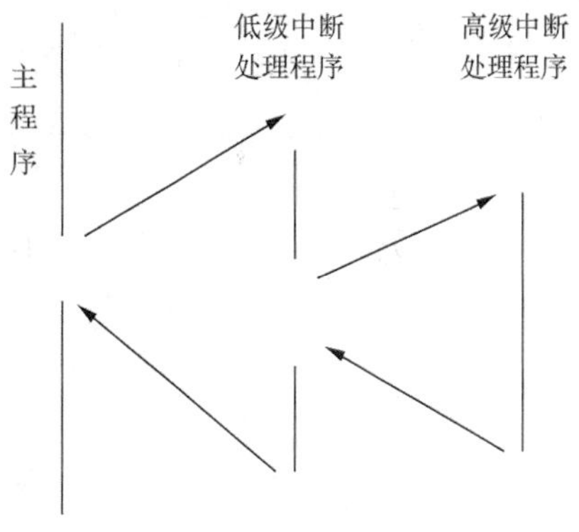

5．Arduino 的外部中断引脚

Arduino 外部中断是由 Arduino 外部中断引脚引起的中断。

图 4-11　中断嵌套过程

不同型号的 Arduino 开发板的外部中断引脚如表 4-5 所示。

表 4-5　　　　　　　不同型号的 **Arduino** 开发板的外部中断引脚

开发板名称	可用于中断的数字引脚
UNO、Nano、Mini、其他基于 ATMega328 的开发板	2、3
UNO Wi-Fi Rev.2	所有数字引脚

开发板名称	可用于中断的数字引脚
Mega、Mega2560、MegaAD K	2、3、18、19、20、21
Micro、Leonardo、其他基于 32u4 的开发板	0、1、2、3、7
Zero	除引脚 4 以外的所有数字引脚
MKR 系列	0、1、4、5、6、7、8、9、A1、A2
Due	所有数字引脚
101	所有数字引脚（仅 2、5、7、8、10、11、12、13 有 CHANGE 选项）

4.6.2 外部中断的函数

Arduino 有如下 4 个外部中断相关的封装函数。

1. attachInterrupt()

功能：设置一个外部中断。

语法格式：

attachInterrupt(digitalPinToInterrupt(pin), ISR, mode)（推荐使用）。

attachInterrupt(interrupt, ISR, mode)（不推荐）；

attachInterrupt(pin, ISR, mode)（仅用于 Arduino Due、Zero、MKR1000 和 101 等型号的开发板）。

参数说明：interrupt，中断号（int 类型）；

pin，引脚号；

ISR，当中断发生时所调用的中断服务函数名。ISR 没有参数和返回值；

mode，定义中断触发方式。定义如下。

LOW，当引脚为低电平时，触发中断。

CHANGE，当引脚变化时，触发中断。

RISING，当引脚产生低到高的跳变时，触发中断。

FALLING，当引脚产生高到低的跳变时，触发中断。

HIGH，当引脚为高电平时，触发中断（仅适用于 Due、Zero 和 MKR1000 开发板）。

返回值：无。

attachInterrupt()的第一个参数是中断号。正常情况下应该用 digitalPinToInterrupt(pin)函数将实际数字引脚转换成指定的中断号。例如，如果从引脚 3 接入中断，则用 digitalPinToInterrupt(3)作为 attachInterrupt()的第一个参数。

一般地，在 attachInterrupt()函数中，应该用 digitalPinToInterrupt(pin)，而不是用一个中断号代替。不同开发板的中断号和引脚的映射关系不同，直接使用中断号虽然简单，但可能引起不同开发板之间的兼容问题。早期程序常使用中断号，不同开发板中中断号和引脚号的映射关系如表 4-6 所示。

对 UNO Wi-Fi Rev.2、Due、Zero、MKR Family 和 101 系列的开发板，中断号=引脚号。

表 4-6　　　　　　　　　不同开发板中断号和引脚号的映射关系

Arduino 板中断号	INT.0	INT.1	INT.2	INT.3	INT.4	INT.5
UNO、Ethernet 引脚	2	3				
Mega 2560 引脚	2	3	21	20	19	18
基于 32U4 开发板引脚	3	2	0	1	7	

2．detachInterrupt()

功能：关闭某个已启用的中断。

语法格式：detachInterrupt(interrupt)。

参数说明：interrupt，关闭的中断号。

返回值：无。

3．interrupts()

功能：开中断。

语法格式：interrupts()。

参数说明：无。

返回值：无。

4．noInterrupts()

功能：停止已设置好的中断，使程序运行不受中断影响。

语法格式：nointerrupts()。

参数说明：无。

返回值：无。

4.6.3　外部中断的应用

实例 1：开中断、关中断。

```
void setup() {}
void loop()
{
 noInterrupts();
 //关键的、对时间敏感的代码
 interrupts();
 //其他代码
}
```

实例 2：程序下载运行后，引脚 13 连接的 LED 灯不断闪烁。

```
const byte ledPin = 13;
const byte interruptPin = 2;
volatile byte state = LOW;
void setup() {
  pinMode(ledPin, OUTPUT);
  pinMode(interruptPin, INPUT_PULLUP);
 //当引脚 2 上的电平跳变时，触发中断函数 blink，对变量 state 取反，使 LED 灯闪烁
```

```
    attachInterrupt(digitalPinToInterrupt(interruptPin), blink, CHANGE);
}
void loop() {
  digitalWrite(ledPin, state);
}
//ISR 函数
void blink() {
  state = !state;  //求反
}
```

4.7　定时中断接口及其应用

4.7.1　定时中断概述

1．定时器（Timer）

定时器可以准确控制时间。单片机内部一般都设有可编程定时器/计数器。可编程的意思是其功能（如工作方式、定时时间、量程、启动方式等）均可由指令来确定和改变。定时器确实是一项了不起的发明，使很多需要人力控制时间的工作简单了许多。例如现在的不少家用电器都安装了定时器来控制开关或工作时间。

2．定时中断

在设计程序时，经常需要周期性完成一些固定的任务，而用延时等待定时又占用程序时间，根据各种状况程序执行时间不是一定的，所以需要采用定时中断方式，优点是不占用 CPU 执行时间，完成周期性任务。

3．Arduino 定时中断

Arduino 封装了定时中断函数，可以用来设定定时中断，高级编程可以通过设定内部寄存器实现，其中断调用函数与外部中断类似。

4.7.2　定时中断的类库函数

Arduino 定时中断类库名称是 MSTimer2。

与中断有关的 3 个函数说明如下。

1．MsTimer2::set()

功能：设置定时中断。

语法格式：MsTimer2::set(unsigned long ms, void (*f)())。

参数说明：ms，毫秒为单位的定时时间，即定时中断的时间间隔，unsigned long 类型；
　　　　　　void (*f)()，定时中断服务程序的函数名。

返回值：无。

2．MsTimer2::start()

功能：定时开始。

语法格式：MsTimer2::start()。

参数说明：无。

返回值：无。

3．MsTimer2::stop()

功能：定时停止。

语法格式：MsTimer2:: stop()。

参数说明：无。

返回值：无

4.7.3 定时中断的应用

利用定时中断实现 LED 灯的闪烁，程序代码如下。

```
//LED 灯接 UNO 的 13 引脚
#include <MsTimer2.h>              //定时器类库的头文件
void flash()                      //中断处理函数，改变灯的状态
{
  static boolean output = HIGH;
  digitalWrite(13, output);
  output = !output;
}


void setup()
{
  pinMode(13, OUTPUT);
  MsTimer2::set(500, flash);      //中断设置函数，每 500ms 进入一次中断
  MsTimer2::start();              //开始计时
}


void loop()
{
}
```

程序下载运行后，可以看到引脚 13 控制的 LED 灯每 1s 亮灭一次，即每 500ms 执行 flash
函数一次。

4.8 软件串口及其应用

4.8.1 软件串口概述

Arduino 板通过硬件串口（数字引脚 0 和 1）与计算机进行 USB 连接，原始硬件串口也
被称为 UART。允许 ATmega 芯片在完成其他工作的同时接收串口数据到 64 字节的串口缓
冲区。

软件串口类库允许通过 Arduino 的数字引脚进行串行通信，允许同时有多个软件串口，
速度可达到 115,200 bit/s。但使用软件串口会受到一些限制，具体如下。

如果使用多个软件串口，同一时间只有一个能接收数据。对 Mega 和 2560 板，只有部分引脚可用作 RX，为 10、11、12、13、14、15、50、51、52、53、A8（62）、A9（63）、A10（64）、A11（65）、A12（66）、A13（67、A14（68）、A15（69）。对 Leonardo 和 Micro 板，只有部分引脚可用作 RX，为 8、9、10、11、14（MISO）、15（SCK）、16（MOSI）。

对 Arduino 或 Genuino 101 板，目前 RX 最大速度是 57600bit/s 且其引脚 13 不能作为 RX。若需要同时的数据流，可采用 AltSoftSerial 类库。AltSoftSerial 类库请参看官方网页相关资料。

4.8.2　软件串口的类库函数

使用 SoftwareSerial 库，可通过软件模拟的方式利用两个 I/O 引脚实现串行通信。软件串口类库定义了一个 SoftwareSerial 类。本小节将详细介绍软件串口常用的几个类库的成员函数。

SoftwareSerial 类定义了一个构造函数，用于指定 RX 和 TX 的引脚。

例如，可以用下面的格式定义 RX 和 TX 的引脚。

```
SoftwareSerial mySerial(10, 11); //定义 10 脚为 RX，11 脚为 TX，mySerial 是自定义
的实例名称
```

下面以 mySerial 实例名为例，对软件串口的类成员函数进行介绍。

1．begin()

功能：设置串行通信的波特率。

语法格式：mySerial.begin(long speed)。

参数说明：speed，串行通信速率，最大传输速率不超过 115200 bit/s。

返回值：无。

2．available()

功能：读取从串口接收到的字节数。

语法格式：mySerial.available()。

参数说明：无。

返回值：读取的字节数。

3．read()

功能：用于读取串行通信中接收到的字符。

语法格式：mySerial.read()。

参数说明：无。

返回值：接收到的 int 类型的数据。

4．write()

写二进制数据到串口，被发送的数据是一个字节或多个字节，发送代表数字的字符用 print()函数。

语法格式：mySerial.write(val)。

　　　　　mySerial.write(str)。

　　　　　mySerial.write(buf, len)。

Arduino Mega 也支持 mySerial1，mySerial2，mySerial3（代替 Serial）。

参数说明：val，单字节数据；

　　　　str，多个字节组成的字节串；

　　　　buf，多个字节组成的数组；

　　　　len，缓存器的长度。

返回值：size_t，写入串口的字节数。

5．isListening()

功能：测试软件串口是否为监测状态。

语法格式：mySerial.isListening()。

参数说明：无。

返回值：boolean，监测状态返回 1，否则返回 0。

例子：

```
#include <SoftwareSerial.h>
//软件串口: TX = 数字引脚 10, RX = 数字引脚 11
SoftwareSerial portOne(10,11);

void setup()
{
  Serial.begin(9600);        //启动硬件串口
  portOne.begin(9600);       //启动软件串口
}

void loop()
{
  if (portOne.isListening())
  Serial.println("Port One is listening!");
}
```

6．listen()

功能：使所选中的软件串口处于监测状态。同一时间只能有一个软件串口处于监测状态。调用该函数时，已经接收的数据将被丢弃。

语法格式：mySerial.listen()。

参数说明：无。

返回值：boolean，若代替了另一个软件串口，返回真，否则返回假。

例子：

```
#include <SoftwareSerial.h>
//软件串口 1: TX = 数字引脚 10, RX =数字引脚 11
SoftwareSerial portOne(10, 11);
//软件串口 2: TX =数字引脚 8, RX =数字引脚 9
SoftwareSerial portTwo(8, 9);

void setup()
{
```

```
    Serial.begin(9600);   //启动硬件串口
//启动 2 个软件串口
  portOne.begin(9600);
  portTwo.begin(9600);
}


void loop()
{
  portOne.listen();

  if (portOne.isListening()) {
    Serial.println("Port One is listening!");
    }else{
    Serial.println("Port One is not listening!");
    }

    if (portTwo.isListening()) {
      Serial.println("Port Two is listening!");
      }else{
      Serial.println("Port Two is not listening!");
  }
 }
```

7. overflow()

功能：测试软件串口缓存器是否溢出。调用该函数将清除溢出标志，再调用将返回 false，除非另一个字节已接收并被丢弃。

软件串口缓存器能保存 64 个字节。

语法格式：mySerial.overflow()。

参数说明：无。

返回值：boolean，溢出返回真，否则返回假。

例子：

```
#include <SoftwareSerial.h>
SoftwareSerial portOne(10,11);   //软件串口 1: TX = 数字引脚 10, RX =数字引脚 11

void setup()
{
  Serial.begin(9600);              //启动硬件串口
  portOne.begin(9600);             //启动软件串口
}

void loop()
{
  if (portOne.overflow()) {
   Serial.println("SoftwareSerial overflow!");
}
```

8．peek()

功能：返回软件串口的 RX 引脚接收的一个字符，与 read()函数不同的是，再次调用该函数将返回同一字符。

注意：同一时间只有一个软件串口能接收数据，用 listen()函数选择软件串口。

语法格式：mySerial.peek()。

参数说明：无。

返回值：读出的字符或-1。

例子：

```
SoftwareSerial mySerial(10,11);

void setup()
{
  mySerial.begin(9600);
}

void loop()
{
  char c = mySerial.peek();
}
```

9．print()和 println()

其功能和用法参照 4.3.2 小节。

4.8.3　软件串口的应用

实例 1：软件串口测试。从硬件串口接收数据，发送数据给软件串口；从软件串口接收数据，发送到硬件串口。

所需硬件：Arduino 板和 USB 转 UART（串口）模块。

用 USB 数据线连接 Arduino 和计算机，按表 4-7 进行连接。Arduino 板上引脚 10 和 11 用作虚拟的 RX 和 TX 串口线。

表 4-7　　　　　　　　　　　　USB 转串口模块和 Arduino 板连线表

Arduino 板	USB 转串口模块
10（RX）	TX
11（TX）	RX
GND	GND

程序代码如下。

```
#include <SoftwareSerial.h>
SoftwareSerial mySerial(10, 11);        //RX, TX
void setup() {
  Serial.begin(57600);                  //打开串口通信，等待串口打开
```

```
    while (!Serial) {
        ;                               //等待串口连接
    }
    Serial.println("Goodnight moon!");
    mySerial.begin(4800);               //设置软件串口波特率
    mySerial.println("Hello, world?");
}
void loop() {
    if (mySerial.available()) {
        Serial.write(mySerial.read());
    }
    if (Serial.available()) {
        mySerial.write(Serial.read());
    }
}
```

打开 IDE 下的串口监视器和 PC 端的串口助手，观察程序运行结果，如图 4-12 所示。

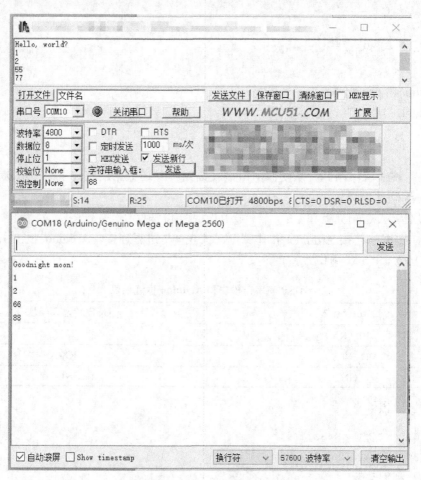

图 4-12　实例 1 的程序运行结果

实例 2：接收 2 个软件串口的数据，发送到硬件串口。当使用 2 个软件串口时，调用 port.listen()监测软件串口。

Arduino 板的引脚 10 和 12 用作虚拟的 RX 串口线。引脚 11 和 13 用作虚拟 TX 线。首先监测虚拟串口 1（portOne），接收其发送的数据，送串口监视器显示；当接收到结束字符 E 时，监测虚拟串口 2（portTwo），接收其发送的数据，送串口监视器显示；当接收到结束字符 E 时，重新监测虚拟串口 1，一直循环。

所需硬件：一个 Arduino 板和 2 个 USB 转串口模块。

用 USB 数据线连接 Arduino 和计算机，Arduino 板和 2 个 USB 转换模块按表 4-7 进行连接。本例在计算机打开 2 个串口助手模拟 2 个串行设备，一个转换模块的 TX 连接数字引脚 10（RX），另一个连接引脚 12（RX）。2 个转换模块分别插入计算机的 USB 接口。

程序代码如下。

```
#include <SoftwareSerial.h>
SoftwareSerial portOne(10, 11);      //定义软件串口 1 的 RX 为 10, TX 为 11
SoftwareSerial portTwo(12, 13);      //定义软件串口 2 的 RX 为 12, TX 为 13

void setup() {
    Serial.begin(9600);              //打开串口通信，设置波特率
    while (!Serial) {
  ;                                  //等待串口连接
    }
    portOne.begin(9600);             //2 个软件串口初始化
    portTwo.begin(9600);
    portOne.println("portone:");     //在软件串口 1 的窗口显示提示
    portTwo.println(" porttwo:");    //在软件串口 1 的窗口显示提示
}
void loop() {
    portOne.listen();                //默认监测最后初始化的端口，调用函数选择监测串口
    delay(100);
    while(1){
    char inByte;
    while (portOne.available() > 0) {
    inByte = portOne.read();         //从软件串口 1 读数据
    Serial.write(inByte);            //送 IDE 监视器显示
    }
    if (inByte=='E') break;
    }

    portTwo.listen();                //切换到第二个串口
      delay(100);
      while(1){
      char inByte;
      while (portTwo.available() > 0) {
```

```
            inByte = portTwo.read();        //从软件串口2读数据
            Serial.write(inByte);           //送 IDE 监视器显示
            }
        if (inByte=='E' ) break;
    }
}
```

程序运行结果如图 4-13 所示。

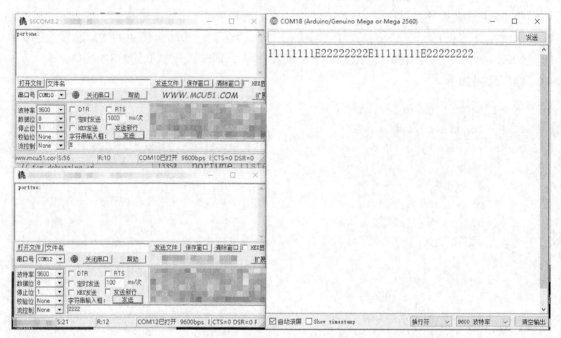

图 4-13   实例 2 的程序运行结果

串口助手 1 发送 8 个 1 之后，以 E 结束；之后串口助手 2 发送 8 个 2，以 E 结束；切换到串口助手 1，可以在 2 个串行设备之间进行切换。

4.9   EEPROM 及其应用

4.9.1   EEPROM 概述

Arduino 和 Genuino 开发板上的基于 AVR 的微控制器包含 EEPROM，特点是以字节为单位进行数据读写，掉电不丢失数据，其擦写次数在 100000 次以上，常用来记录或保存参数。

ATmega328P 单片机上内置 1KB 的 EEPROM，ATmega168 和 ATmega8 单片机上内置 512B 的 EEPROM，ATmega1280 和 ATmega2560 单片机上内置 4KB 的 EEPROM。

4.9.2   EEPROM 的类库函数

IDE 提供了一个 EEPROM 的封装类库，类名是 EEPROMClass，类中已定义了一个 EEPROM 对象，本小节对其函数进行介绍。

1. read()

功能：从 EEPROM 读取一个字节。

语法格式：EEPROM.read(address)。

参数说明：address，读入数据的地址，int 类型，从 0 开始。

返回值：读取的数据。

例子：

```
#include <EEPROM.h>
int a = 0;
int value;


void setup()
{
  Serial.begin(9600);
}


void loop()
{
  value = EEPROM.read(a);   //读入地址 a 的数据送 value
  Serial.print(a);
  Serial.print("\t");
  Serial.print(value);
  Serial.println();
  a = a + 1;                //地址+1
  if (a == 512)
    a = 0;
  delay(500);
}
```

2. write()

功能：在指定的地址写入一个字节的数据。

语法格式：EEPROM.write(address,value)。

参数说明：address，写入数据地址，int 类型，从 0 开始；

　　　　　val，写入数据（0～255）。

返回值：无。

注意：完成一次 EEPROM 写入需要 3.3 ms。

例子：

```
#include <EEPROM.h>
void setup()
{
  for (int i = 0; i < 255; i++)
  EEPROM.write(i, i);
}
```

```
void loop()
{
}
```

3. update()

功能：在指定的地址更新一个字节的数据。

语法格式：EEPROM. update (address,value)。

参数说明：address，写入数据地址，int 类型，从 0 开始；

val，写入数据（0~255）。

返回值：无。

注意：使用这个函数代替 write()可以减少擦写次数，延长 EEPROM 寿命。

例子：

```
#include <EEPROM.h>
void setup()
{
  for (int i = 0; i < 255; i++) {
  EEPROM.update(i, i);      //功能同 EEPROM.write(i, i)
  }
  for (int i = 0; i < 255; i++) {
  EEPROM.update(3, 12);     //仅第 1 次将 12 写入 3 单元，之后的 254 次不写
  }
}
void loop()
{
}
```

4. put()

功能：在指定的地址更新任意类型的数据或对象。

语法格式：EEPROM. put (address,data)。

参数说明：address，写入数据地址，int 类型，从 0 开始；

data，写入的基本类型数据（0~255）或自定义结构。

返回值：写入数据的参考值。

注意：使用这个函数代替 write()可以减少擦写次数，延长 EEPROM 寿命。

例子：

```
#include <EEPROM.h>
struct MyObject {
  float field1;
  byte field2;
  char name[10];
};

void setup() {
```

```
    Serial.begin(9600);
    while (!Serial) {
     ;                                //等待串口连接
    }
    float f = 123.456f;              //存储在 EEPROM 中的变量
    int eeAddress = 0;               //地址
    //一个简单的调用，第 1 个参数是地址，第 2 个参数是对象
    EEPROM.put(eeAddress, f);
    Serial.println("Written float data type!");
    /** Put is designed for use with custom structures also. **/
    //Data to store.
    MyObject customVar = {
     3.14f,
     65,
    "Working!"
    };
    eeAddress += sizeof(float);  //计算存储 float 'f'的下一个地址.
    EEPROM.put(eeAddress, customVar);
    Serial.print("Written custom data type! \n\nView the example sketch
eeprom_get to see how you can retrieve the values!");
    }

void loop() {   /* 空循环*/ }
```

5. get()

功能：从 EEPROM 中读取任意类型的数据或对象。

语法格式：EEPROM. get (address,data)。

参数说明：address，读入数据的地址，int 类型，从 0 开始；

　　　　　data，读入的基本类型数据（0～255）或自定义结构。

返回值：读取的数据的参考值。

例子：

```
#include <EEPROM.h>

struct MyObject{
  float field1;
  byte field2;
  char name[10];
};
void setup(){
  float f = 0.00f;                   //存放 EEPROM 读出内容的变量
  int eeAddress = 0;                 //读操作的 EEPROM 起始地址
  Serial.begin( 9600 );
```

```
    while (!Serial) {
        ;                                   //等待串口连接，仅对 Leonardo 才需要
    }
    Serial.print( "Read float from EEPROM: " );
    EEPROM.get( eeAddress, f );           //读取'eeAddress'位置的数据
    //如果 EEPROM 中存储的不是一个有效的 float 类型数据，可能显示 ovf, nan
    Serial.println( f, 3 );
    //get()也能用于自定义结构
    eeAddress = sizeof(float);            //将地址移到 float 'f 后面的地址
    MyObject customVar;                   //定义存放从 EEPROM 中读出的自定义对象的变量
    EEPROM.get( eeAddress, customVar );
    Serial.println( "Read custom object from EEPROM: " );
    Serial.println( customVar.field1 );
    Serial.println( customVar.field2 );
    Serial.println( customVar.name );
}

void loop(){ /* 空循环*/ }
```

4.9.3　EEPROM 的应用

实例 1：从 A0 读取模拟量的值，存入 EEPROM。

```
#include <EEPROM.h>
int addr = 0;                           //地址初始化
void setup() {
    }
void loop() {
    int val = analogRead(0) / 4;        //模拟量除以 4，10 位换算为 8 位
    EEPROM.write(addr, val);            //按地址写入变量值
    addr = addr + 1;
    if (addr == EEPROM.length()) {      //EEPROM.length: EEPROM 的总字节数
    addr = 0;
    }
    delay(100);
}
```

实例 2：读 EEPROM 的内容并送串口监视器显示。

```
#include <EEPROM.h>
int address = 0;                        //从地址 0 开始读
byte value;
void setup() {
    Serial.begin(9600);                 //初始化串口，等待串口连接
    while (!Serial) {
    ;                                   //等待串口连接
```

```
  }
}
void loop() {
  value = EEPROM.read(address);    //读一个字节到 value
  Serial.print(address);
  Serial.print("\t");
  Serial.print(value, DEC);
  Serial.println();
  address = address + 1;
  if (address == EEPROM.length()) {
    address = 0;
  }
  delay(500);
}
```

程序运行结果如图 4-14 所示。

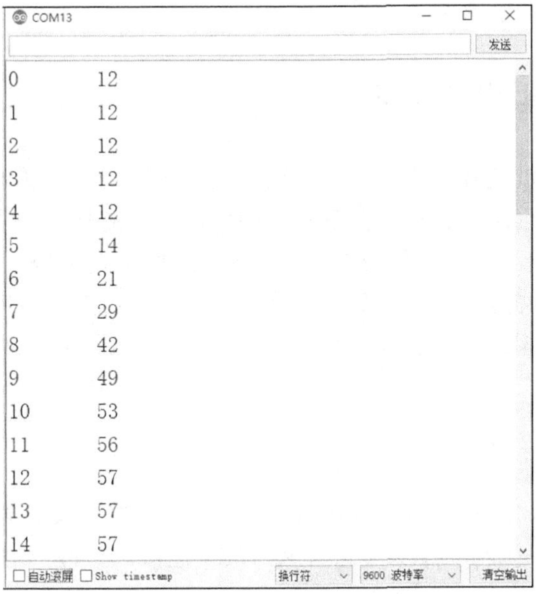

图 4-14　程序运行结果

4.10　本章小结

本章介绍了 Arduino 板上接口的功能、类库函数，包括数字接口、模拟接口、串行通信、I2C 接口、SPI 接口、EEPROM 等，并给出了其应用实例，还介绍了 Arduino 编程的高级技术：外部中断和定时中断。另外，本章还详述了软件串口的相关概念和应用。下一章将介绍 Arduino 人机界面及接口技术。

第 5 章　Arduino 人机界面及接口技术

人机界面，也称人机接口，是人和计算机进行交互的接口，具有信息输入/输出的功能，主要设备有键盘、鼠标、显示器、打印机等。它们是嵌入式系统中必不可少的输入/输出设备，也是计算机与操作人员进行互动的设备。

5.1　Arduino 与按键的接口技术

按键是最常见的人机交互接口之一，通过按键，我们可向系统输入命令或数据。按键分为编码按键和非编码按键两种类型。前者能自动识别按下的键并产生相应的编码，可以并行或串行的方式发送给 Arduino，使用方便、接口简单、响应速度快，但需要专用的硬件电路。后者则需要通过软件来确定按键并计算其键值，这种方法虽然没有编码键盘速度快，但它不需要专用的硬件支持，因此也得到了广泛的应用。本节主要介绍非编码按键的接口技术与编程方法。

5.1.1　独立按键接口

常用的独立按键接口是每个按键连接 1 个 I/O 口，独立按键接口原理如图 5-1 所示。Arduino 通过 4 个输入引脚与 4 个独立按键 K1～K4 连接，按键一端接地，另一端通过 R1～R4 上拉电阻器接到 5V 上，当没有键按下时，Arduino 端口引脚保持高电平；当有键按下时，对应的引脚变低电平。

1. 所需硬件和连线

（1）ArduinoUNO（或 Mega 2560）开发板×1。

（2）按键×4。

（3）10kΩ 电阻器×4。

（4）杜邦线若干。

（5）面包板×1。

通过面包板按图 5-1 连线，按键与 Arduino 板的 5～8 引脚相连。

2. 程序设计

按键接口的控制方式有以下 3 种。

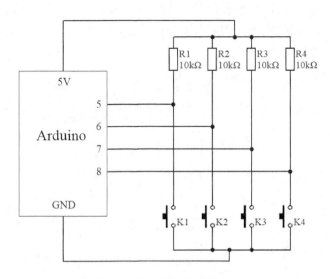

图 5-1　独立按键接口原理图

（1）随机方式：当 Arduino 空闲时执行按键扫描程序。

（2）中断方式：当有按键按下时通过或门产生中断请求，Arduino 中断响应后执行按键扫描程序。

（3）定时方式：每隔一定时间执行一次按键扫描程序，定时时间由 Arduino 定时器完成。

通常按键所用的开关都是机械弹性开关，当机械触点断开、闭合时，由于机械触点的弹性作用，1 个按键开关在闭合和断开时会产生抖动，如图 5-2 所示。

在抖动期间读取的键值是不可靠的，只有在按键稳定期间读取的键值才是准确的。按键稳定闭合时间长短与人员操作有关，通常在 100ms 以上。抖动时间由按键的机械特性决定，一般在 20ms 以内。为了确保程序对按键的一次闭合或者一次断开只响应一次，必须进行按键消抖。当检测到按键状态变化时，等待按键状态稳定后再进行处理。按键消除抖动的方法有两种，即硬件消抖和软件消抖。

硬件消抖是利用电容器的充放电特性对抖动过程中产生的电压进行平滑处理，从而实现消抖，如图 5-3 所示。但实际应用中，这种方式的效果往往不是很好，而且还增加了成本和电路复杂度，所以实际使用并不多。

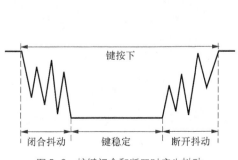

图 5-2　按键闭合和断开时产生抖动

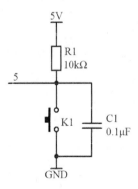

图 5-3　硬件消抖

　　软件消抖是当检测到按键状态变化后，先延时 20ms 左右，让抖动消失后再进行按键状态检测，如果与开始检测到的状态相同，就可以确认按键的操作。

　　实例功能：独立按键软件消抖。

```
int k1 = 5, k2 = 6, k3 = 7, k4 = 8;
int key = 0;                          //键值
int key1 = 0;                         //判断按键是否释放标志
void setup()
{
   Serial.begin(9600);
   pinMode(k1, INPUT);                //定义为输入
   pinMode(k2, INPUT);
   pinMode(k3, INPUT);
   pinMode(k4, INPUT);
}
void loop()                           //查询有无键按下，有键按下在屏幕显示结果
{
   read_key();                        //读取按键
if (key != 0 )
   {
      Serial.print("K");
      Serial.print(key);
      Serial.println(" is pressed");
      key = 0;
   }
}
void read_key() {                     //读取按键值并消抖函数
   if (!digitalRead(k1) || !digitalRead(k2) || !digitalRead(k3) || !digitalRead(k4))
{
      delay (20);                     //消抖动延时
      if (!digitalRead(k1) || !digitalRead(k2) || !digitalRead(k3) || !digitalRead(k4))
      {
         if (!digitalRead(k1)) key = 1;  //键值输出
         if (!digitalRead(k2)) key = 2;
         if (!digitalRead(k3)) key = 3;
         if (!digitalRead(k4)) key = 4;
      }
else key = 0;
   }
if (key1 != key)                      //判断按键是否释放
   key1 = key;
else
key = 0;      //没有键按下，返回 0
}
```

5.1.2 矩阵按键接口

独立按键电路中每一个按键占用一个 I/O 接口，接口利用率低。在按键数量较多时，为了减少 I/O 接口的占用，通常将按键排列成矩阵形式。在矩阵式按键中，每条水平线和垂直线在交叉处不直接连通，而是通过一个按键加以连接，这样，8 个接口就可以连接 4×4=16 个按键。这种连接方式比直接将按键与接口线连接的方式省资源，而且线数越多，区别越明显，当需要的键数较多时，应采用矩阵按键。4×4 按键电路连接如图 5-4 所示。

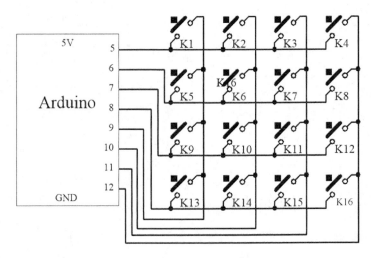

图 5-4　4×4 按键电路连接图

4×4 按键电路用 4 根行线和 4 根列线与 Arduino 连接，16 个按键跨接在对应的行线、列线上。如果 I/O 接口内部没有上拉电阻器，相应行和列要有上拉电阻器接高电平，保证键未按下时的行状态稳定。

与独立按键相同，矩阵按键同样要考虑按键触点闭合和断开时存在的抖动。

下面介绍常用的扫描法和反转法，详细说明键值的读取方法。

1. 所需硬件和连线

（1）Arduino UNO（或 Mega 2560）开发板×1。

（2）4×4 按键×1。

（3）杜邦线若干。

（4）面包板×1。

通过杜邦线按图 5-4 连线，按键与 Arduino 板的 5~12 号引脚相连。

2. 程序设计

（1）扫描法

扫描法键值产生方法如下。设行线（或列线）为输出，列线（或行线）为输入，依次将行线设置为低电平，同时读入列线的状态，如果列线的状态出现非全 1 状态，这时 0 状态的行、列交点的键就是所按下的键。扫描法的特点是逐行（或逐列）扫描查询。

扫描法参考程序如下。

```
//扫描法矩阵按键例程
int ko[4] = {5, 6, 7, 8};                       //定义行
int ki[4] = {9, 10, 11, 12};                    //定义列
int key = 0;                                     //键值
int key1 = 0;                                    //判断按键是否释放
void setup() {
  Serial.begin(9600);
  for (int i = 0; i < 4; i++) {
  pinMode(ko[i], OUTPUT);                        //行输出
  pinMode(ki[i], INPUT_PULLUP);                  //列输入，带内部上拉电阻器
  }
}
void loop()
{
  read_key();                                    //调用读键值函数
  if (key != 0 )
  {
    Serial.print("K");
    Serial.print(key);
    Serial.println(" is pressed");
    key = 0;
  }
}
void read_key() {
  for ( int l = 0; l < 4; l++)                   //首先把行线全部输出高电平
    digitalWrite(ko[l], HIGH);
  for ( int i = 0; i < 4; i++) {
    digitalWrite(ko[i], LOW);                    //逐行输出低电平
    delay(5);                                    //等待稳定
    for (int k = 0; k < 4; k++) {                //逐列读入
    if (!digitalRead(ki[k])){                    //低电平表示有键按下
      delay(20);                                 //延时消抖动
      if (!digitalRead(ki[k])){                  //再次读入，低电平确认有键按下
        key = i * 4 + k + 1;                     //计算键值，键值为 1~16
      }
      else   key = 0;
    }
  }
  }
  if (key1 != key)                               //判断按键是否释放
     key1 = key;
  else
     key = 0;
}
```

（2）反转法

反转法只要经过两个步骤就可获得键值。将行线输出全部设置为低电平，从列线对应的引脚读取数据，如果发现有列线变低电平，说明该列线上有键按下；反之，将列线输出全部设置为低电平，从行线对应的引脚读取数据，如果发现有行线变低电平，说明该行线上有键按下。通过对应行线和列线即可判断出哪个键被按下。

反转法参考程序如下。

```
//反转法矩阵按键例程
int kl[4] = { 5, 6, 7, 8};                    //行线引脚定义
int kc[4] = { 9, 10, 11, 12};                 //列线引脚定义
int key = 0;                                  //键值
int key1 = 0;                                 //按键释放检测
int key_l;                                    //行
int key_c;                                    //列
int flag = 0;                                 //与键按下标志
void setup()
{
    Serial.begin(9600);
}

void loop()
{
    read_key();
    if (key != 0 )
    {
        Serial.print("K");
        Serial.print(key);
        Serial.println(" is pressed");
        key = 0;
    }
}
void read_key()//
{
    for (int i = 0; i < 4; i++)               //行输出，列输入
    {
        pinMode(kl[i], OUTPUT);
        digitalWrite(kl[i], LOW);
        pinMode(kc[i], INPUT_PULLUP);         //带内部上拉电阻器
    }
    delay(5);
    for (int k = 0; k < 4; k++)
    {
        if (!digitalRead(kc[k]))
```

```
        {
          delay(20);
          if (!digitalRead(kc[k]))
          {
            key_c = k;
            flag = 1;
          }
          else flag = 0;
        }
    }
    if (flag == 1)
    {
      for (int n = 0; n < 4; n++)                    //列输出，行输入
      {
        pinMode(kc[n], OUTPUT);
        digitalWrite(kc[n], LOW);
        pinMode(kl[n], INPUT_PULLUP);
      }
      delay(5);
      for (int j = 0; j < 4; j++)
      {
        if (!digitalRead(kl[j]))
        {
          key_l = j;
          key = key_l * 4 + key_c + 1;
          flag = 0;
        }
      }
    }
    if (key1 != key)                                 //判断按键是否释放
      key1 = key;
    else
      key = 0;
}
```

5.1.3 模拟量按键接口

模拟量按键可以连接 A/D 转换器，优点是它只占用 1 个模拟信号输入口，将开关信号转换成模拟信号，当不同的按键被按下时，通过电阻器分压，A/D 转换的电压不同，再通过 A/D 转换值便可以判断出哪个按键被按下。模拟量按键接口有两种方案。

第一种是并联式，如图 5-5 所示。电路中的各个电阻器的阻值不相同，按下不同按键时，进入 A0 的模拟量不同，通过 A/D 转换，就可以判断出哪个键被按下。这种方式可以同时识别多个按键，即只要电阻合适，可以设置组合键。

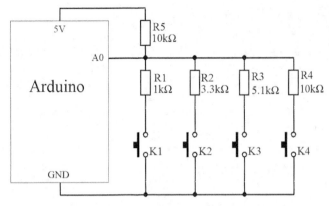

图 5-5　并联式模拟量按键接口连接原理图

第二种是串联式，如图 5-6 所示。按下不同按键时，进入 A0 的模拟量也不同，为方便计算，电阻值可以相等，但是不能有组合按键。因为当按下前面的按键后，后面所有按键都会被短路。

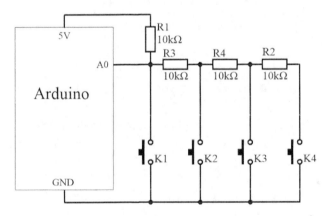

图 5-6　串联式模拟量按键接口连接原理图

A/D 转换器方案理论上可以扩展 2^n 个按键，但由于电阻精度的限制，实际是不可能的。只有两个模拟量之间有足够大的差值，软件才能准确识别。Arduino 板模拟接口是 10 位 A/D 转换，将 0~5V 电压转换成 0~1023。在程序中取其高 8 位作为有效位，便可以分辨出多个按键。

1. 所需硬件和连线

（1）Arduino UNO（或 Mega 2560）板×1。

（2）按键×4。

（3）10kΩ 电阻器若干。

（4）杜邦线若干。

（5）面包板×1。

通过杜邦线按图 5-6 连线，按键与 Arduino 板的 A0 引脚相连。

2. 程序设计

模拟量按键参考程序如下。

```
//串联式模拟量输入按键
int key_in = A0;
int key_v[4] = {0x00, 0x20, 0x2A, 0x30 };    //键值表，十六进制数表示的高 8 位
int key = 0;                                  //键值
unsigned int key_Value;                       //键值高 8 位模拟量
void setup()
{
    Serial.begin(9600);
}
void loop() {
    {
        read_key();                           //按键查询
        if (key != 0 )
        {
            Serial.print("K");
            Serial.print(key);
            Serial.println(" is pressed");
        }
    }
}
void read_key()            //按键查询函数
{
    key_Value = analogRead(key_in) >> 4;      //读取高 8 位
    if (key_Value != 0x3F)                    //无键按下时，最大值为 0x3F
{
        delay(10);
        key_Value = analogRead(key_in) >> 4;  //再次读取
        if (key_Value != 0x3F)
        {
            for (int i = 0; i < 4; i++)
            {
                if (key_Value == key_v[i])    //查键值表
                    key = i;                  //对应赋键值
            }
        }
        else key = 0;
    }
    key = 0;
}
```

5.2　Arduino 与红外遥控器的接口技术

遥控器是一种用来远程控制机器的装置，是尼古拉·特斯拉于 1898 年发明的。常见的遥

控模式有两种：一种是家用电器常用的红外遥控模式（IRRemote Control）；另一种是射频遥控模式（RFRemote Control），常用于防盗报警、门窗和汽车遥控设备上。本节主要介绍红外遥控器的原理及应用。

5.2.1 红外遥控器的工作原理

1. 红外遥控器工作原理

红外遥控器是一种无线发射装置，是利用波长为 0.76～1.5μm 的近红外线来传输控制信号的遥控设备。其工作原理是通过现代的数字编码技术，将按键信息进行编码，通过红外线二极管发射光波，红外线接收器将收到的红外信号转变成电信号，处理器对该信号进行解码，解调出相应的指令，控制设备完成所需的操作。常用的红外遥控系统一般分发射和接收两个部分，原理如图 5-7 所示。

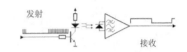

图 5-7 红外遥控系统发射接收原理图

发射部分的主要元件为红外发光二极管，它实际上是特殊的发光二极管。由于其内部材料不同于普通发光二极管，因而在其两端施加一定电压时，它发出的是红外线而不是可见光。市场上大多数红外发光二极管发出的红外线波长为 940nm 左右，其外形和普通发光二极管相同，只是颜色不同。

接收部分的主要元件为红外接收二极管。在实际应用中，需要给红外接收二极管加反向偏压，它才能正常工作。

由于红外发光二极管的发射功率一般都较小，所以红外接收二极管接收到的信号比较微弱，因此就需要增加高增益放大电路。目前大多采用成品红外接收头，它有三只引脚，即电源正（VDD）、电源负（GND）和数据输出（VOUT）。红外接收头内部结构如图 5-8 所示。

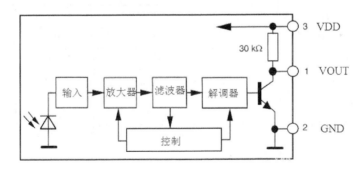

图 5-8 红外接收头内部结构

通常，为了更好地传输信号，发送端将二进制信号调制为脉冲信号，通过红外发射管发射。红外遥控常用的载波频率为 38kHz，其特点是不影响周边环境，不干扰其他电器设备。由于调制后的脉冲信号无法穿透墙壁，故不同房间的家用电器可使用通用的遥控器且不会产生相互干扰。电路调试简单，只要按给定电路连接并确保无误，一般不需任何调试即可投入使用，编解码容易，可进行多路遥控。因此，红外遥控在家用电器、室内近距离（小于 10m）遥控中得到了广泛的应用。

2. 红外遥控器的编码方式

在同一环境中，通常有多种红外遥控接收设备，这样就要求遥控器发出的信号要按一定的编码传送，防止相互干扰，而编码则会由专用芯片或电路完成。发送端采用脉冲位置调制（Pulse Position Modulation，PPM）方式，将二进制数字信号调制成某一频率的脉冲序列，并驱动红外发射管以光脉冲的形式发送出去。接收端对应编码芯片，通常会有相配对的解码芯片或采用软件解码。红外遥控器的编码格式通常由起始码、用户码、数据码和数据码反码组成，编码总共占 32 位。数据反码是数据码反相后的编码，可用于对数据的纠错。编码波形如图 5-9 所示。

起始码		用户码	用户码	数据码	数据反码
9ms	4.5ms	C0 C1 C2 C3 C4 C5 C6 C7	C0 C1 C2 C3 C4 C5 C6 C7	D0 D1 D2 D3 D4 D5 D6 D7	D̄0 D̄1 D̄2 D̄3 D̄4 D̄5 D̄6 D̄7

图 5-9　编码波形图

一种常用的红外遥控器实物如图 5-10 所示。一般采用软件解码，通常只读取 24 位编码数据，即 8 位第二段的用户码、8 位数据码和 8 位数据反码。

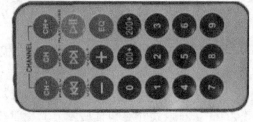

例如：若读出遥控器的十六进制编码为 0xFF30CF，其中的 FF 是用户码，30 是数据码，CF 是数据反码。

图 5-10　红外遥控器实物图

遥控器的键值编码如表 5-1 所示。

表 5-1　　　　　　　　　　　遥控器的键值编码表

定义	键值（十六进制）	定义	键值（十六进制）	定义	键值（十六进制）
CH−	FFA25D	CH	FF629D	CH+	FFE21D
<	FF22DD	>	FF02FD	>||	FFC23D
−	FFE01F	+	FFA857	EQ	FF906F
0	FF6897	100+	FF9867	200+	FFB04F
1	FF30CF	2	FF18E7	3	FF7A85
4	FF10EF	5	FF38C7	6	FF5AA5
7	FF42BD	8	FF4AB5	9	FF52AD

5.2.2　红外遥控器的类库函数

红外解码对初学者来说比较困难，初学者也没必要研究红外解码过程，在 Arduino IDE 中提供了红外遥控器类库 IRrecv，可通过类库函数进行解码。下面以实例 irrecv 为例，对 IRrecv 类库函数进行说明。

1. IRrecv()

功能：构造函数，创建一个 irrecv 的实例时被执行，定义与红外接收头连接的 Arduino 引脚。

语法格式：IRrecv irrecv(irReceiverPin)。

参数说明：irReceiverPin，与红外接收头连接的 Arduino 引脚编号。

返回值：无。

2．decode()

功能：解码接收的 IR 消息。

语法格式：irrecv.decode(&results)。

参数说明：results，存放红外解码结果。

返回值：如果有数据就绪，返回 true，否则返回 false。

3．enableIRIn()

功能：启动红外解码。

语法格式：irrecv.enableIRIn()。

参数说明：无。

返回值：无。

4．resume()

功能：继续等待接收下一组信号。

语法格式：irrecv.resume()。

参数说明：无。

返回值：无。

5．blink13()

功能：在红外处理中启用/禁用引脚 13 闪烁。

语法格式：blink13(int blinkflag)。

参数说明：blinkflag，1 为启动闪烁，0 为禁用闪烁。

返回值：无。

另外，IDE 还提供了一个存放解码结果的 decode_results 类。下面以实例 results 为例，对 decode_results 类库里面的常用变量进行说明。

（1）results.value。红外编码的结果。

（2）results.bits。红外编码的位数。

（3）decode_type。红外编码的类型。

定义如下。

```
#define NEC 1
#define SONY 2
#define RC5 3
#define RC6 4
#define DISH 5
#define SHARP 6
#define PANASONIC 7
#define JVC 8
#define SANYO 9
#define MITSUBISHI 10
#define UNKNOWN -1
```

5.2.3　红外遥控器的应用实例

实例功能：在串口监视器上显示红外遥控器按键的编码，红外接收头与 Arduino 连接示意如图 5-11 所示。

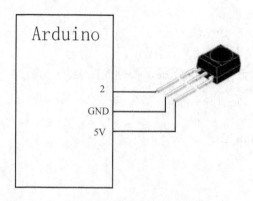

图 5-11 红外接收头与 Arduino 连接示意图

1. 所需硬件及连接

（1）Arduino Mega 2560 开发板×1。

（2）HS0038 一体化接收头×1。

（3）杜邦线若干。

（4）面包板×1。

将红外接收头通过面包板按图 5-11 连接到 Arduino 板上。红外接收头是 3 个引脚元件，引脚 1 信号输出端接 Arduino 的引脚 2，引脚 2 接电源地接 GND，引脚 3 接电源端接 5V。

2. 程序代码

下面程序编译下载到 Arduino 板上，用遥控器对准红外接收头，按下不同的键，在串口监视器上显示按键的编码。

```
#include <IRremote.h>                          //IRRemote 函数库
const int irReceiverPin = 2;                   //接收器的 OUTPUT 引脚连接引脚 2
IRrecv irrecv(irReceiverPin);                  //设置引脚 2 为红外信号接收端口
decode_results results;                        //results 变量为红外结果存放位置

void setup(){
Serial.begin(9600);
irrecv.enableIRIn();                           //启动红外解码
}
void loop(){
   if (irrecv.decode(&results)){               //解码成功,把数据放入 results 变量中
     Serial.print("irCode: ");
     Serial.print(results.value, HEX);         //显示红外编码
     Serial.print(", bits: ");
     Serial.println(results.bits);             //显示红外编码位数
     irrecv.resume();                          //继续等待接收下一组信号
   }
   delay(600);                                 //延时 600ms, 消抖
}
```

5.3　Arduino 与数码管显示器的接口技术

在人机交互中常用到显示器接口，数码管显示器是常用的显示器。数码管成本低廉，使用简单方便，可以显示数字或少量特定的字符，其实物如图 5-12 所示。本节将主要介绍数码管的显示原理、种类、结构，以及 Arduino 控制数码管显示器的方法，包括静态显示和动态显示。

图 5-12　数码管实物

5.3.1　数码管显示原理

数码管是由 8 个发光二极管封装在一起组成的元件，当数码管中的某个发光二极管导通时，相应的一个字段便发光，不导通时则不发光。通过控制不同组合的二极管的导通状态，数码管可以显示十进制数字以及各种字符。

目前使用最多的是 7 段 LED 灯数码管，加上小数点一共是 8 段。对应的发光二极管引线已在内部连接完成，外部引脚只保留了各个控制端和公共电极。数码管七个段分别用 a~g 表示，小数点用 dp 表示。根据接法不同，数码管可分为共阴极和共阳极两种，其原理与外形结构如图 5-13 所示。

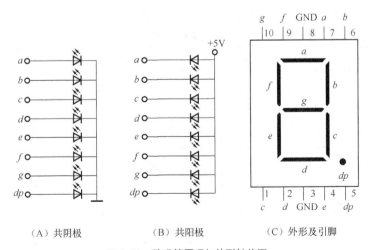

（A）共阴极　　　　　（B）共阳极　　　　　（C）外形及引脚

图 5-13　数码管原理与外形结构图

共阴极数码管将 8 个发光二极管的阴极连接成公共端，接 GND，如图 5-13（A）所示。

若发光二极管的阳极为高电平，则发光二极管导通，该字段发光；反之，如果发光二极管的阳极为低电平，发光二极管截止，该字段不发光。

共阳极数码管将 8 个发光二极管的阳极连接公共端，接+5V，如图 5-13（B）所示。如果发光二极管的阴极为低电平，则发光二极管导通，该字段发光；反之，如果发光二极管的阴极为高电平，则发光二极管截止，该字段不发光。

根据 Arduino 接口的方式选用共阴极数码管或共阳极数码管。一般情况下，Arduino 数字接口输出高电平时的电流（拉电流）要小于输出低电平时的电流（灌电流），所以在不加驱动电路的情况下应采用共阳极数码管，用低电平控制。电流越大，发光二极管亮度越大。

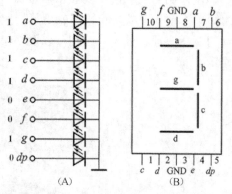

图 5-14　共阴极数码管显示原理图

下面以共阴极数码管显示"3"为例说明数码管的显示原理。只要把图形中需要点亮的段的发光二极管阳极置为高电平（1），不需要点亮的段的发光二极管阳极置为低电平（0），数码管就显示出"3"的字符。如图 5-14 所示。

将 8 段控制信号用一个数据表示，称为段码，表 5-2 是数字"3"的段码。

表 5-2　　　　　　　　　　　　　　　　数字"3"段码

段名	对应数据位	对应数值	段名	对应数据位	对应数值
dp 段	D7	0	d 段	D3	1
g 段	D6	1	c 段	D2	1
f 段	D5	0	b 段	D1	1
e 段	D4	0	a 段	D0	1

表 5-3 是数字"0~9"和部分字符的段码表，为了方便记录，段码采用十六进制数表示，共阴极的段码按位取反就是共阳极的段码，反之也成立。

表 5-3　　　　　　　　　　　　　　　LED 灯数码管段码表

显示字符	共阴极段码	共阳极段码	显示字符	共阴极段码	共阳极段码
0	0x3f	0xc0	B	0x7c	0x83
1	0x06	0xf9	C	0x39	0xc6
2	0x5b	0xa4	D	0x5e	0xa1
3	0x4f	0xb0	E	0x79	0x86
4	0x66	0x99	F	0x71	0x8e
5	0x6d	0x92	P	0x73	0x8c
6	0x7d	0x82	U	0x3e	0xc1
7	0x07	0xf8	H	0x76	0x89
8	0x7f	0x80	.	0x80	0x7f
9	0x6f	0x90	全亮	0xff	0x00
A	0x77	0x88	全灭	0x00	0xff

5.3.2　数码管静态显示控制技术

静态显示是指每一个数码管的段码独占具有锁存功能的输出口，控制器把要显示的字码送到输出口上，就可以使数码管显示对应的字符，静态显示的特点是每个数码管的段必须接 8 位数据线来保持显示的字形码。当送入一次字形码后，显示的字形可一直保持，直到送入新字形码为止。下面以 2 位共阴极数码管显示为例，说明静态显示工作方式，原理如图 5-15 所示。

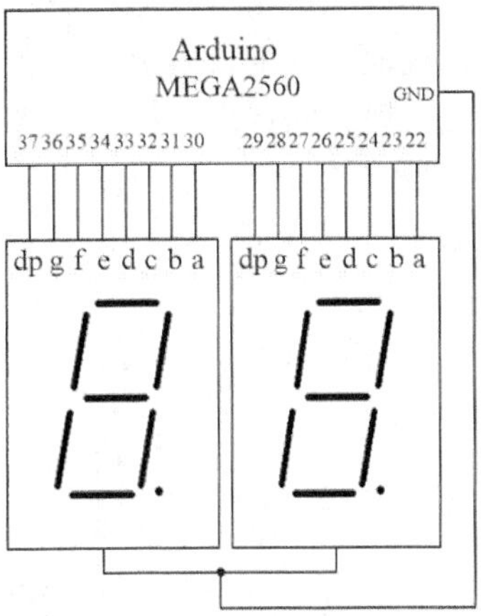

第一位数码管显示需要通过 Arduino 开发板的数字口 22～29 传送相应段码，第二位数码管需要通过 Arduino 开发板的数字口 30～37 传送相应段码。静态显示法的优点是显示稳定，亮度大，节约 CPU 资源，便于监测和控制，但占有 I/O 端口线较多。

图 5-15　共阴极数码管静态显示原理图

静态显示实例：0～99 计时。

```
int pin_Dig[2][8] = {                      //数码管引脚定义
{ 22, 23, 24, 25, 26, 27, 28, 29},
{ 30, 31, 32, 33, 34, 35, 36, 37}
};
/******定义 0~9 段码表*****/
int Seg_tab[] = {0x3f, 0x06, 0x5b, 0x4f, 0x66, 0x6d, 0x7d, 0x07, 0x7f, 0x6};

void setup() {
for (int x = 0; x < 8; x++) {
    pinMode(pin_Dig[0][x], OUTPUT);   //设置各脚为输出状态
    pinMode(pin_Dig[1][x], OUTPUT);
  }
}

void loop() {
for (int x = 0; x < 100; x++) {
    displayDigit(1, x / 10);            //显示十位数
    displayDigit(0, x % 10);            //显示个位数
    delay(1000);
  }
}

void displayDigit(int n, int digit) {
for (int i = 0; i < 8; i++)
digitalWrite(pin_Dig[n][i], bitRead(Seg_tab[digit], 7 - i));
}
```

5.3.3 数码管动态显示控制技术

动态显示是将所有数码管的对应的段选线并联在一起，由位选线控制是哪一位数码管有效，轮流向各位数码管送出字形码和相应的位选，使各位数码管按照一定顺序显示，数码管每隔一段时间点亮一次，只要扫描频率足够高，由于人眼的"视觉暂留"现象，我们能看到连续稳定的显示。下面以 4 位数码管为例说明动态显示的工作方式，与 Arduino 开发板的连接如图 5-16 所示。

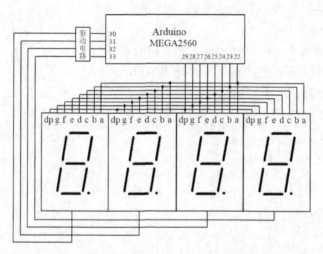

图 5-16　数码管与 Arduino 开发板的连接图

动态显示的亮度既与导通电流有关，也与点亮时间和间隔时间的比例有关。调整电流和时间参数，可实现亮度较高和较稳定的显示。动态显示的特点是能显著降低显示部分的成本，大大简化显示接口，但动态显示会占用 CPU 资源，编程相对复杂。

动态显示实例功能：采用定时扫描方式显示数字。

```
#include <MsTimer2.h>
int pin_Dig[8] = { 22, 23, 24, 25, 26, 27, 28, 29};        //数码管引脚定义
int A[4] = {30, 31, 32, 33};                               //数码管数位
int Seg_tab[] = {0x3f, 0x06, 0x5b, 0x4f, 0x66, 0x6d, 0x7d, 0x07, 0x7f, 0x6};
int display_buf[4];
int cnt_A = 0x01;
void setup() {
for (int x = 0; x < 8; x++) {
    pinMode(pin_Dig[x], OUTPUT);                           //设置数码管段
  }
for (int x = 0; x < 4; x++) {
    pinMode(A[x], OUTPUT);                                 //设置数码管位选
  }
  MsTimer2::set(2, displayDigit);                          //定时数码管扫描
  MsTimer2::start();
}
```

```
/*在数码管中显示 0,1,2,3*/
void loop() {
    for (int x = 0; x < 4; x++)                     //送显示缓冲区
    display_buf[x], x;
    while (1);
}
void displayDigit() {
cnt_A = ((cnt_A << 1) | (cnt_A >> 3));             //初始值，反向驱动
for (int i = 0; i < 4; i++)
digitalWrite(A[i], bitRead(cnt_A, 3 - i));
for (int i = 0; i < 8; i++)                         //显示段码
digitalWrite(pin_Dig[i], bitRead(display_buf[cnt_A], 7 - i));
}
```

5.3.4　数码管串行控制技术

Arduino 的 I/O 接口资源有限，无论是静态显示方式还是动态显示方式，它们占用的 I/O 接口仍然较多。下面介绍一种串行控制方式，8 个数码管只需要 3 个 I/O 接口即可。把需要显示的数据通过软件串口送到数码管接口模块上，动态扫描的控制在数码管模块上完成，一种自行设计的串行控制模块如图 5-17 所示。

图 5-17　串行控制模块

数码管控制命令封装在第三方 LED 8 类库中，类库中设计了 11 个成员函数，调用类库函数可以很容易地实现对数码管的控制。下面以实例 led 为例，对 Arduino LED 8 类库函数进行详细说明。

1. LED8()

功能：构造函数，创建一个 LED8 的实例，定义所连接的 Arduino 开发板的引脚：片选线 cs、数据线 data 和时钟线 clk。

语法格式：LED led (cs, data, clk)。

参数说明：cs，与片选连接的 Arduino 引脚编号；

　　　　　data，与数据线连接的 Arduino 引脚编号；

　　　　　clk，与时钟线连接的 Arduino 引脚编号。

返回值：无。

例子：

```
#include <LED8.h>
LED8 led(7, 8, 9);
void setup()
{   }
void loop()
{   }
```

2. clear()

功能：清显示，光标地址回到最左边的位置。

语法格式：led.clear()。

参数说明：无。

返回值：无。

3. home()

功能：不清显示，光标地址回到最左边的位置。

语法格式：led.home()。

参数说明：无。

返回值：无。

4. noDisplay()

功能：关显示，但显示内容仍然保留在缓冲器中。

语法格式：led.noDisplay()。

参数说明：无。

返回值：无。

5. display()

功能：开显示。将缓冲器中数据重新显示在数码管上，位置和内容不变。

语法格式：led.display()。

参数说明：无。

返回值：无。

6. scrollDisplayLeft()

功能：使屏幕上内容向左滚动一个字符。在原位置上显示新字符，往左串行移位一次。

语法格式：led.scrollDisplayLeft(dat)。

参数说明：dat，要显示的数字。

返回值：无。

7. scrollDisplayRight()

功能：使屏幕上内容向右滚动一个字符。在原位置上显示新字符，往右串行移位一次。

语法格式：led.scrollDisplayRight(dat)。

参数说明：dat，要显示的数字。

返回值：无。

8．leftToRight()

功能：设置数字写入数码管的方向为从左向右（默认是从左向右）。

语法格式：led.leftToRight()。

参数说明：无。

返回值：无。

9．rightToLeft()

功能：设置数字写入数码管的方向为从右向左。

语法格式：led.rightToLeft()。

参数说明：无。

返回值：无。

10．setAddr()

功能：设置要显示数字的位置，这意味着，显示的数字将会由此地址开始显示。默认从右至左写入。

语法格式：led.setAddr(addr)。

参数说明：addr，显示位置地址号（0～7）。

返回值：无。

11．wire_dat( )

功能：显示数字，在当前位置上显示输入的数字。

语法格式：led.wire_dat(data)。

参数说明：data，要显示的数字。

返回值：无。

实例功能：在数码管上显示 0～7。

```
#include <LED8.h>
int     cs = 7;                    //定义数码管片选线
int     data=8;                    //定义数码管数据线
int     clk= 9;                    //定义数码管时钟线
LED8 led(cs, data, clk);           //创建一个 LED8 的实例(构造函数)
void setup()
{
  led.clear();                     //清除显示
  led.home();                      //光标回位
}
void loop() {
  led.leftToRight();               //从左向右显示
  led.setAddr(0);                  //初始位置地址
  for (int i = 0; i < 8; i++) {    //显示 0~7
      led.wire_dat(i);
}
while (1);
  }
```

5.4 Arduino 与 LED 灯点阵模块的接口技术

LED 灯点阵模块由发光二极管阵列组成。按发光二极管分类可分为单色、双色和全彩色 LED 灯点阵模块。多个 LED 灯点阵模块采用"级联"的方式可组成大显示屏，可显示汉字、图形、动画及英文字符等。LED 灯点阵模块实物如图 5-18 所示。

图 5-18　LED 灯点阵模块实物图

5.4.1　LED 灯点阵模块原理

一个 8×8 的 LED 灯点阵模块，由 64 个发光二极管组成，且每个发光二极管放置在行线和列线的交叉点上。LED 灯点阵按行、列、共阴与共阳有不同接法，图 5-19 是 LED 灯点阵的原理及引脚示意图。

当对应的某一列置 0，某一行置 1，则相应交叉点的二极管被点亮，要实现图形或字符显示，只需考虑其显示方式。通过编程控制各显示点对应的 LED 灯阳极和阴极的电平，就可以有效地控制各显示点的亮灭。

数字或字符显示的关键是点阵显示代码的形成，图 5-20 是数字"4"的字模点阵图。

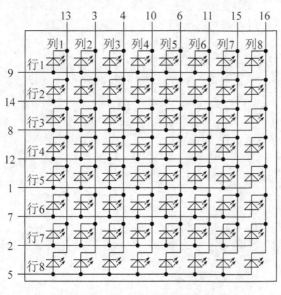

图 5-19　LED 灯点阵原理及引脚示意图

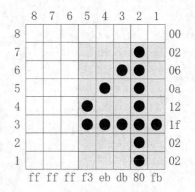

图 5-20　数字"4"的字模点阵图

这是行共阳列共阴接法的 5×7 字符点阵字模，点亮 1 个 LED 灯需要对应行线输出"1"，列线输出"0"。

显示字符图案可以采用列输出控制或行输出控制方法。如果采用列输出编码显示字符，需要行线都输出"1"，把形成的列编码（低电平输出有效）0xff、0xff、0xff、0xf3、0xeb、0xdb、0x80、0xfb 分别送到相应的列线上，即可实现数字显示；同样可采用行输出编码显示字符，需要列线都输出"0"，形成的行编码 0x00、0x02、0x06、0x0a、0x12、0x1f、0x02、0x02 分别送到相应的行线上，即可实现数字显示。采用何种方法取决于电路的接法。

5.4.2 LED 灯点阵模块串行控制技术

无论是行控制还是列控制，在某一时刻只能显示一行或一列，与动态数码管显示原理一样，需要利用人眼的"视觉暂留"现象，通过高速循环输出编码，才能在点阵模块上显示稳定的字符。

一个 8×8 的 LED 灯点阵模块需要 16 个 I/O 接口，会占用太多的 Arduino 数字接口。一般采用串行控制方法，只需少量接口即可实现显示控制。下面介绍一种用移位寄存器实现的点阵模块的控制方法。

1. 移位寄存器

移位寄存器 74HC595 是有 16 个引脚的集成电路芯片，也是 1 位串行输入、8 位并行输出的位移缓存器。并行输出为三态输出，也能串行输出控制下一级级联芯片。其芯片原理如图 5-21 所示。

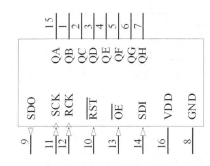

图 5-21 74HC595 移位寄存器芯片原理图

74HC595 移位寄存器引脚功能如表 5-4 所示。

表 5-4　　　　　　　　　　　　74HC595 移位寄存器引脚功能

引脚名称	引脚编号	引脚功能描述
QA~QH	15，1~7	8 位并行数据输出
GND	8	地
SDO	9	串行数据输出（可用于级联）
$\overline{RST}$	10	主复位（低电平）
SCK	11	数据输入时钟线
RCK	12	输出存储器锁存时钟线
$\overline{OE}$	13	输出有效（低电平）
SDI	14	串行数据输入

74HC595 移位寄存器的真值表如表 5-5 所示。在 SCK 的上升沿（从低电平到高电平变化），串行数据由 SDI 输入内部的 8 位位移缓存器，并由 SDO 输出，而并行输出则是在 RCK 的上升沿，将 8 位位移缓存器的数据存入 8 位并行输出缓存器。当串行数据输入端 $\overline{OE}$ 的控制信号为低电平时，并行输出端的输出值等于并行输出缓存器所存储的值。而当 $\overline{OE}$ 为高电平时，输出关闭。

表 5-5   **74HC595 真值表**

输入					输出
SDI	SCK	$\overline{RST}$	RCK	$\overline{OE}$	
×	×	×	×	H	并行输出为关闭
×	×	×	×	L	并行输出移位寄存器值
×	×	L	×	×	清除移位寄存器
L	↑	H	×	×	逻辑低电平移入移位寄存器 0
H	↑	H	×	×	逻辑高电平移入移位寄存器 0
×	↓	H	×	×	移位寄存器保持状态
×	×	H	↑	×	移位寄存器的内容到达存储器
×	×	H	↓	×	存储器保持状态

2. 驱动控制电路

驱动 8×8 点阵模块需要 2 个 74HC595 芯片，如图 5-22 所示。U1 用于行控制，U2 用于列控制，数据从 U1 的串行数据输入端 SDI 输入，U1 的串行数据输出端连接到 U2 的数据输入端，实现级联控制。两个芯片的 $\overline{RST}$ 复位端接 5V，不复位，使能端 $\overline{OE}$ 接 GND，输出始终有效，数据输入时钟 SCK、输出锁存时钟 RCK 和串行输入信号 SDI 分别接 Arduino 的引脚 4、5 和 6。显示一个图案需要通过串行输出方式，在数据输入时钟 SCK 上升沿将列和行 16 个数据连续发送到移位寄存器，首先传输列数据编码，然后传输行数据编码，最后通过输出锁存时钟 RCK 信号上升沿把行和列数据锁存在输出寄存器上。由于使能端 $\overline{OE}$ 接低电平，数据直接控制点阵模块引脚，显示相应图案。

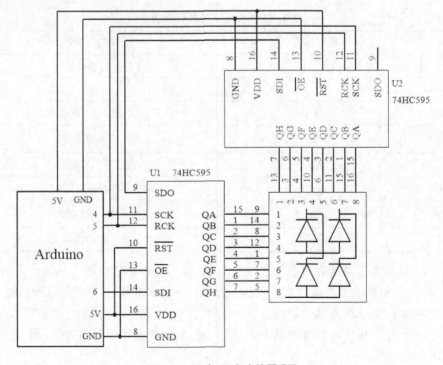

图 5-22 驱动 LED 灯点阵原理图

5.4.3 LED 灯点阵模块的应用实例

1．实例功能

在 LED 灯点阵模块上通过动态扫描方式显示心形图案。

2．所需硬件

（1）Arduino 板×1。

（2）行共阳列共阴 8×8 LED 灯点阵模块×1。

（3）74HC595 移位寄存器芯片×2。

（4）杜邦线若干。

（5）面包板×1。

3．LED 灯点阵模块连接

按图 5-21 所示，在面包板上将 2 片 74HC595 移位寄存器芯片和点阵模块按原理图用杜邦线连接到 Arduino 板上。

4．程序代码

在点阵模块上显示数字、字母或其他图案，需要先设计对应的点阵模型，把对应的编码添加到程序中。

```
int SCK_Pin    = 4;
int RCK_Pin    = 5;
int SDI_Pin    = 6;
int data[8] = { B01100110,              //8×8 点阵 LED 灯的心形图案
                B11111111,
                B11111111,
                B11111111,
                B11111111,
                B01111110,
                B00111100,
                B00011000 };


void setup() {
  pinMode(SCK_Pin, OUTPUT);
  pinMode(RCK_Pin,OUTPUT);
  pinMode(SDI_Pin, OUTPUT);
}


void loop() {
int col = 0x01;                         //列线低电平有效，输出时取反
int i;
for (i = 0; i < 8; i++)
  {
    digitalWrite(RCK_Pin, 0);
    shiftOut( ~(col << i));             //列输出
    shiftOut( data[i]);                 //行输出
```

```
        digitalWrite(RCK_Pin, 1);                //输出存储器锁存时钟上升沿显示图案
        delay(5);
    }
  }
void shiftOut( byte myDataOut) {                 //移位输出控制函数
int i = 0;
digitalWrite(SDI_Pin, 0);
digitalWrite(SCK_Pin, 0);
for (i = 7; i >= 0; i--)
  {
      digitalWrite(SCK_Pin, 0);
      digitalWrite(SDI_Pin, bitRead(myDataOut, 7 - i));
      digitalWrite(SCK_Pin, 1);
      digitalWrite(SDI_Pin, 0);            //在移位后将数据引脚变成 0 以防止过流
  }
}
```

5.5 Arduino 与 LCD 的接口技术

液晶显示屏（Liquid Crystal Display，LCD）是平面显示器的一种，常用于电视及计算机的屏幕显示。LCD 的优点是耗电量低、体积小、辐射低。在人机交互过程中，LCD 显示器是重要的输出设备。本节主要介绍 LCD1602 显示模块的原理和使用方法。

5.5.1 LCD 的分类及特点

LCD 按显示技术分成 4 类，点阵式液晶屏、段码式液晶屏、字符式液晶屏和 TFT 彩屏。

点阵式液晶屏是按照一定规则排列起来的列阵，常见的有图形点阵液晶模组。其内部由很多个"点"组成，通过控制这些"点"显示图形或者汉字，并可以实现屏幕上下左右滚动。例如LCD12864 点阵液晶屏，每行有 128 个"点"，每列有 64 个"点"，一共有 128×64 个"点"。

段码液晶屏是指在某一指定的位置显示或不显示的固定显示屏，只能用来简单地显示字符和数字，如计算器、钟表、座机上的显示等，显示内容均为数字，也较简单。段码和点阵式液晶屏的主要区别在于，段码液晶屏只能显示数字和字符，而点阵式液晶屏不仅能显示数字还能显示图像和汉字，因此段码液晶屏的价格也较便宜。

字符式液晶屏是一种专门用来显示字母、数字和符号的点阵型液晶模块。字符式液晶屏能够同时显示多个字符。它由若干个点阵字符位组成，每个点阵字符位都可以显示一个字符，每位之间有一个点距的间隔，每行之间也有间隔，所以它不能很好地显示图形。

TFT 彩屏中的 TFT（Thin Film Transistor）即薄膜晶体管，常用于源矩阵液晶显示器。一般 TFT 的反应时间比较快，而且可视角度大，一般可达到 130 度左右，以高速度、高亮度、高对比度显示屏幕信息，且可以显示色彩丰富的点阵图像。

5.5.2 LCD1602 模块概述

LCD1602 是字符型液晶显示器，它是一种专门用来显示字母、数字和符号的点阵型液晶

显示模块，能够同时显示"16×02"即 32 个字符。LCD1602 液晶显示器实物如图 5-23 所示。

1. LCD1602 模块说明

LCD1602 是组合模块，内部封装了 HD44780 驱动控制器件、LCD 屏、控制电路及背光调节电路等，主要特性如下。

（1）可编程选择显示三种带光标的字形：一行 5×8 点、二行 5×8 点和一行 5×10 点。

（2）内含字形库 CGROM。理论上根据 8 位显示码 DB7～DB0 产生 192 个点阵字形，其中包含 96 个标准的 ASCII 码、96 个日文字符和希腊文字符。

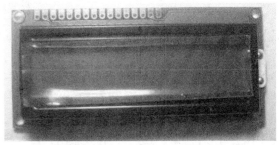

图 5-23 LCD1602 液晶显示器实物图

（3）内含 128 个字节的 RAM，其中 80 个字节为显示 DDRAM，可以存储 80 个字符显示码。

（4）内含 64 个字节的自定义字形 CGRAM，可暂存自建矩阵字形。

（5）具有多种控制命令，使用方便。

2. LCD1602 模块引脚功能说明

LCD1602 采用 16 脚接口，各引脚接口说明如表 5-6 所示。

表 5-6   **LCD1602 接口引脚说明**

编号	引脚名称	引脚说明	编号	引脚名称	引脚说明
1	VSS	电源地	9	D2	数据
2	VDD	电源正极	10	D3	数据
3	VO	液晶显示偏压	11	D4	数据
4	RS	数据/命令选择	12	D5	数据
5	R/W	读/写选择	13	D6	数据
6	E	使能信号	14	D7	数据
7	D0	数据	15	BLA	背光源正极
8	D1	数据	16	BLK	背光源负极

3. LCD1602 控制器接口显示原理

LCD1602 液晶显示模块是一个慢显示元件，显示 1 个字符需要 40μs，所以在执行每条指令之前一定要使该模块的忙标志为低电平（表示不忙），否则此指令失效，也可以采用延时方式。显示字符时，需要先输入显示字符地址，确定显示位置。LCD1602 的内部 DDRAM 用来寄存待显示的字符编码，共 80 个字节，其地址和屏幕的对应关系（部分）如表 5-7 所示。

表 5-7   **LCD1602 地址和屏幕的对应关系（部分）**

	显示位置	1	2	3	4	5	6	7	……	40
DDRAM 地址	第一行	0x00	0x01	0x02	0x03	0x04	0x05	0x06	……	0x27
	第二行	0x40	0x41	0x42	0x43	0x44	0x45	0x46	……	0x67

例如：要在 LCD1602 屏幕显示 1 个"A"字，就需要向 DDRAM 的 0x00 地址写入"A"字的编码。但具体的写入操作需按 LCD 模块的指令格式来进行，一行有 40 个地址，LCD1602 屏幕一行显示 16 个字符，只要确定显示窗口第一个字符地址，就可以连续显示 16 个字符。

每一个显示字符都对应一个字节的编码，在字形库 CGROM 中，显示编码是以点阵字模方式记录的，例如字符"A"的点阵图如图 5-24 所示。

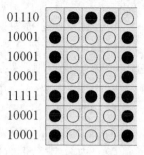

图 5-24 字符"A"的点阵图

图 5-24 左边的数据就是字模数据，右边就是将左边数据用"○"代表 0，用"●"代表 1，可以看出是个"A"字。在 CGROM 库中，"A"的位置编码是 0x41，控制器收到 0x41 的编码后就把字模库中代表"A"的这一组数据送到显示控制电路去点亮屏幕上相应的点，液晶屏上即可显示字符"A"。

4. LCD1602 的指令说明及时序

LCD1602 液晶模块的读/写操作、屏幕和光标的操作都是通过指令按一定时序实现的。模块内部的控制器共有 11 条控制指令，如表 5-8 所示（1 为高电平，0 为低电平，* 为任意）。

表 5-8　　　　　　　　　　　　LCD1602 液晶模块的控制指令

序号	控制指令	RS	R/W	DB7	DB6	DB5	DB4	DB3	DB2	DB1	DB0
1	清显示	0	0	0	0	0	0	0	0	0	1
2	光标返回	0	0	0	0	0	0	0	0	1	*
3	置输入模式	0	0	0	0	0	0	0	1	I/D	S
4	显示开/关控制	0	0	0	0	0	0	1	D	C	B
5	光标或字符移位	0	0	0	0	0	1	S/C	R/L	*	*
6	置功能	0	0	0	0	1	DL	N	F	*	*
7	置字符发生存储器地址	0	0	0	1	字符发生存储器地址					
8	置数据存储器地址	0	0	1	显示数据存储器地址						
9	读忙标志或地址	0	1	BF	计数器地址						
10	写数到 CGRAM 或 DDRAM）	1	0	写入的数据内容							
11	从 CGRAM 或 DDRAM 读数	1	1	读出的数据内容							

表 5-8 中的信号有 RS、R/W 和 8 位数据总线，没有包含使能位 E。使能位 E 对执行 LCD 指令起着关键作用，E 有两个有效状态：高电平（1）和下降沿（1→0）。当 E 为高电平时，如果 R/W 为 0，则 LCD 从单片机读入指令或者数据；如果 R/W 为 1，则从 LCD 中读出状态（BF 忙状态）和地址。而 E 的下降沿指示 LCD 执行其读入的指令或者显示其读入的数据。LCD1602 读和写时序如图 5-25 和图 5-26 所示。

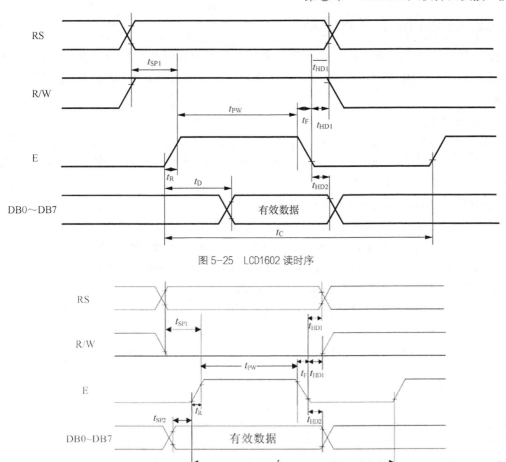

图 5-25　LCD1602 读时序

图 5-26　LCD1602 写时序

LCD1602 时序时间参数如表 5-9 所示。

表 5-9 　　　　　　　　　　　　　**LCD1602 时序时间参数**

时序参数	符号	极限值			单位	测试条件
		最小值	典型值	最大值		
E 信号周期	t_C	400	-	-	ns	引脚 E
E 脉冲宽度	t_{PW}	150	-	-	ns	
E 上升沿/下降沿时间	t_R，t_F	-	-	25	ns	
地址建立时间	t_{SP1}	30	-	-	ns	引脚 E、RS、R/W
地址保持时间	t_{HD1}	10	-	-	ns	
数据建立时间（读操作）	t_D	-	-	100	ns	引脚 DB0～DB7
数据保持时间（读操作）	t_{HD2}	20	-	-	ns	
数据建立时间（写操作）	t_{SP2}	40	-	-	ns	
数据保持时间（写操作）	t_{HD2}	10	-	-	ns	

5.5.3 LCD1602 的类库函数

LCD1602 命令表中的 11 条指令需要参数和时序配合，对初学者来说，其编程比较复杂，因此 Arduino IDE 提供了 LiquidCrystal 类库。下面比实例 lcd 为例，对类库函数进行详细说明。

1. LiquidCrystal()

功能：构造函数，创建 LiquidCrystal 的对象（实例）时被执行，可使用 4 位或 8 位数据线的方式（请注意，还需要指令线）。若采用 4 线方式，则将 d0～d3 悬空。若 RW 引脚接地，函数中的 rw 参数可省略。

语法格式：LiquidCrystal lcd (rs, enable, d4, d5, d6, d7);

LiquidCrystal lcd (rs, rw, enable, d4, d5, d6, d7);

LiquidCrystal lcd (rs, enable, d0, d1, d2, d3, d4, d5, d6, d7);

LiquidCrystal lcd (rs, rw, enable, d0, d1, d2, d3, d4, d5, d6, d7)。

参数说明：rs，与 rs 连接的 Arduino 的引脚编号；

rw，与 rw 连接的 Arduino 的引脚编号；

enable，与 enable 连接的 Arduino 的引脚编号；

d0, d1, d2, d3, d4, d5, d6, d7：与数据线连接的 Arduino 的引脚编号。

返回值：无。

例子：

```
#include <LiquidCrystal.h>
LiquidCrystal lcd(12, 11, 10, 5, 4, 3, 2);
void setup()
{
   lcd.print("hello, world!");
}
void loop() {}
```

2. begin()

功能：初始化，设定显示模式（列和行）。

语法格式：lcd.begin(cols, rows)。

参数说明：cols，显示器的列数（1602 是 16 列）；

rows，显示器的行数（1602 是 2 行）。

返回值：无。

3. clear()

功能：清除 LCD 屏幕上的内容，并将光标置于左上角。

语法格式：lcd.clear()。

参数说明：无。

返回值：无。

4. home()

功能：将光标定位在屏幕左上角。保留 LCD 屏幕上内容，字符从屏幕左上角开始显示。

语法格式：lcd.home()。

参数说明无。

返回值：无。

5．setCursor()

功能：设定显示光标的位置。

语法格式：lcd.setCursor(col, row) 。

参数说明：col，显示光标的列（从 0 开始计数）；

　　　　　row，显示光标的行（从 0 开始计数）。

返回值：无。

6．write()

功能：向 LCD 写一个字符。

语法格式：lcd.write(data)。

参数说明：data，LCD 1602 内部字符和自定义的字符在库表中的编码。

返回值：写入成功返回 true，否则返回 false。

例子：

```
#include <LiquidCrystal.h>
LiquidCrystal lcd(12,11,10,5,4,3,2);
void setup(){
  Serial.begin(9600);
 }
 void loop(){

 if (Serial.available()){
   lcd.write(Serial.read());
  }
 }
```

7．print()

功能：将文本显示在 LCD 上。

语法格式：lcd.print(data)。

　　　　　lcd.print(data, BASE)。

参数说明：data，要显示的数据，可以是 char、byte、int、long 或者 string 类型；BASE 数制（可选的），BIN、DEC、OCT 和 HEX，默认是 DEC。分别将数字以二进制、十进制、八进制、十六进制方式显示出来。

返回值：无。

例子：

```
#include <LiquidCrystal.h>
LiquidCrystal lcd ( 12,11,10,5,4,3,2 );
void setup()
{
```

```
    lcd.print ("hello, world!");
}
void loop() {}
```

8. cursor()

功能：显示光标。

语法格式：lcd.cursor()。

参数说明：无。

返回值：无。

9. noCursor()

功能：隐藏光标。

语法格式：lcd.noCursor()。

参数说明：无。

返回值：无。

10. blink()

功能：显示闪烁的光标。

语法格式：lcd.blink()。

参数说明：无。

返回值：无。

11. noBlink()

功能：关闭光标闪烁功能。

语法格式：lcd.noBlink()。

参数说明：无。

返回值：无。

12. display()

功能：打开液晶显示。

语法格式：lcd.display()。

参数说明：无。

返回值：无。

13. noDisplay()

功能：关闭液晶显示，但原先显示的内容不会丢失。可使用 display()恢复显示。

语法格式：lcd.noDisplay()。

参数说明：无。

返回值：无。

14. scrollDisplayLeft()

功能：使屏幕上的内容（光标及文字）向左滚动一个字符。

语法格式：lcd.scrollDisplayLeft() 。

参数说明：无。

返回值：无。

15．scrollDisplayRight()

功能：使屏幕上内容（光标及文字）向右滚动一个字符。

语法格式：lcd.scrollDisplayRight()。

参数说明：无。

返回值：无。

16．autoscroll()

功能：使能液晶显示屏的自动滚动功能，即当 1 个字符输出到 LCD 时，先前的文本将移动 1 个位置。如果当前写入方向为由左到右（默认方向），文本向左滚动。反之，文本向右滚动。它的功能是将每个字符输出到 LCD 上的同一位置。

语法格式：lcd.autoscroll()。

参数说明：无。

返回值：无。

17．noAutoscroll()

功能：关闭自动滚动功能。

语法格式：lcd.noAutoscroll()。

参数说明：无。

返回值：无。

18．leftToRight()

功能：设置将文本从左到右写入屏幕（默认方向）。

语法格式：lcd.leftToRight()。

参数说明：无。

返回值：无。

19．rightToLeft()

功能：设置将文本从右到左写入屏幕。

语法格式：lcd.rightToLeft()。

参数说明：无。

返回值：无。

20．createChar()

功能：创建用户自定义的字符。总共可创建 8 个用户自定义字符，编号为 0～7。字符由一个 8 字节数组定义，每行占用一个字节，DB7～DB5 可为任何数据，一般取"000"，DB4～DB0 对应于每行 5 点的字模数据。若要在屏幕显示自定义字符，应使用 write(num)函数。其中 num 是 0～7 的序号。注意，当 num 为 0 时，需要写成 byte(0)，否则编译器会报错。

语法格式：lcd.createChar (num, data)。

参数说明：num，所创建字符的编号（0～7）；data，字符的像素数据。

返回值：无。

例子：

```
#include <LiquidCrystal.h>
LiquidCrystal lcd(31,32,33);
  byte smiley[8] = {                    //笑脸
```

```
    B10001,
    B00000,
    B00000,
    B00000,
    B10001,
    B01110,
    B00000,
    B00000
};
void setup() {
    lcd.createChar(0, smiley);
    lcd.begin(16, 2);
    lcd.write(byte(0));
}
void loop() {}
```

5.5.4　LCD1602 模块的应用实例

1．实例功能

本实例的功能是在液晶屏上显示"hello,world"。

2．所需硬件

（1）Arduino 板×1。

（2）LCD1602 液晶屏×1。

（3）10kΩ 电位器×1。

（4）杜邦线若干。

（5）面包板×1。

3．电路连接

LCD1602 模块与 Arduino MEGA 2560 的接线如图 5-27 所示。一般将 R/W 信号接地，通过延时方式控制，所以只需写入数据，不用读取 LCD 状态。此处采用 4 位数据总线方式，VO 信号通过一个 10kΩ 电位器接入，可以调节液晶对比度，电源线和背光线分别接 5V 和 GND。

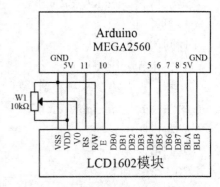

图 5-27　LCD1602 模块与 MEGA 2560 接线图

4．程序代码

```
//LCD1602 显示例程，4 位数据总线，采用库函数
#include <LiquidCrystal.h>              //添加库函数
const int rs = 11, en = 10, d4 = 5, d5 = 6, d6 = 7, d7 = 8;    //引脚定义
LiquidCrystal lcd(rs, en, d4,d5,d6,d7);
char str1[]="hello,world!";
void setup() {
    lcd.begin(16, 2);                   //设置 LCD 的行数和行数
}
void loop() {
```

```
    lcd.setCursor(0,0);              //在第一行，初始位置显示
    lcd.print(str1[]);              //显示"hello,world!"
    while(1);
}
```

5.5.5　LCD 串行控制接口技术

前面介绍的是 Arduino 与 LCD1602 常规控制方式，即使采用四线方式，至少需要 6 个 I/O 口，而采用 I2C 方式可以节省 I/O 接口。PCF8574T 是专用 I2C 扩展 I/O 芯片，可将串行信号转换成并行信号，连接 LCD1602 液晶屏模块。将 Arduino I2C 接口的 SDA 和 SCL 以及电源连接到接口板上，如图 5-28 所示。在程序中添加 LiquidCrystal_I2C.h 库函数，其大部分指令功能、语法格式与前面并行接口一样，只有少数不一样，下面以实例 lcd 为例逐一介绍。

1．LiquidCrystal_I2C()

功能：构造函数，创建一个 LiquidCrystal_I2C 的实例时被执行。

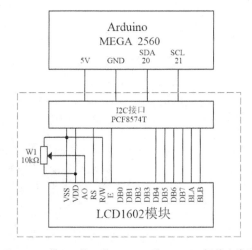

图 5-28　带 I2C 接口的 LCD1602 和 Arduino 板的连线图

语法格式：LiquidCrystal_I2C lcd(uint8_t lcd_Addr,uint8_t lcd_cols,uint8_t lcd_rows)。

参数说明：lcd_Addr，设备地址；

　　　　　lcd_cols，显示列数；

　　　　　lcd_rows，显示行数。

返回值：无。

2．init()

功能：初始化，在 setup()中设定。

语法格式：lcd.init()。

参数说明：无。

返回值：无。

3．begin()

功能：初始化，设定显示模式（列、行和字模大小）。

语法格式：lcd.begin(uint8_t cols, uint8_t lines, uint8_t dotsize)。

参数说明：cols，显示器可以显示的列数（1602 是 16 列）；

rows，显示器可以显示的行数（1602 是 2 行）；

dotsize，LCD_5x10DOTS 或 LCD_5x8DOTS。

返回值：无。

4. backlight()

功能：打开液晶背光。

语法格式：lcd.backlight()。

参数说明：无。

返回值：无。

5. noBacklight()

功能：关闭背光，不显示；显示原内容不变，打开背光后重新显示。

语法格式：lcd.noBacklight()。

参数说明：无。

返回值：无。

I2C LCD1602 实例参考程序如下：

```
#include <Wire.h>
#include <LiquidCrystal_I2C.h>
LiquidCrystal_I2C lcd(0x27, 16 ,2 );      //I2C 地址，16个字符，2 行
void setup()
{
  lcd.init();                             //初始化
  lcd.backlight();                        //打开背光
}
void loop()
{
  lcd.setCursor(0,0);                     //在第一行显示
  lcd.print("hello, world!");
  lcd.setCursor(0,1);                     //在第二行显示
  lcd.print("Welcome");
  while (1);
}
```

5.6 Arduino 与语音模块的接口技术

语音识别和语音合成都属于交叉学科，正逐步成为信息技术中人机接口方面的关键技术。语音识别与语音合成相结合能使人们不用键盘，而通过语音命令进行操作。语音技术已经成为一个具有竞争性的新兴都属于技术，将进入工业、通信、汽车、医疗和消费电子产品等各个领域。

5.6.1 语音识别模块概述

语音识别技术，也称为自动语音识别（Automatic Speech Recognition，ASR），其目的是将人的语音中的词汇内容转换为计算机可读的输入内容，让机器通过识别和理解把语音信号转换为相应的文本或命令。说话人语音识别和说话人确认不同，后者是尝试识别发出语音的

说话人而非其中所包含的词汇。

从应用的角度，可以把语音识别技术分为两类：一类是特定人语音识别，另一类是非特定人语音识别。特定人语音识别技术是针对一个特定的人的语音识别技术，例如密码语音输入、身份验证等。特定人的识别技术只识别一个人的语音，不适用于更广泛的群体，算法上需要特定人的训练、特征提取和模式识别；而非特定人识别技术恰恰相反，可以满足不同人的语音识别要求，适合广泛人群应用，如智能家居、互动机器人等。非特定人识别技术通常要用大量不同人的语音数据库对识别系统进行训练，经过算法处理得到交互词条的语音模型和特征数据库，然后烧录到芯片上。语音识别原理如图5-29所示。

图 5-29　语音识别原理框图

非特定人语音识别嵌入式系统具有体积小、可靠性高、功耗低、价格低和易于商品化等特点，在智能玩具领域的应用已经非常成熟。

本节介绍一款非特定人语音识别模块。

LD3320 芯片是一款语音识别芯片，由 ICRoute 公司设计生产。该芯片集成了语音识别处理器和一些外部电路，包括 A/D、D/A 转换器、麦克风接口和声音输出接口等，可以实现语音识别/人机对话等功能。识别的关键词语列表是可以任意进行动态编辑的。每次识别最多可以设置 50 项候选识别句，每个识别句可以是单字、词组或短句，长度为不超过 10 个汉字或者 79 个字节的拼音串。LD3320 语音识别模块实物如图 5-30 所示。

图 5-30　LD3320 语音识别模块实物

5.6.2　语音识别模块的类库函数

第三方提供了 LD3320 类库 VoiceRecognition。下面以实例 voice 为例对 ArduinoLD3320 库函数进行详细说明。

1. VoiceRecognition

功能：构造函数。

语法格式：VoiceRecognition voice。

参数说明：无。

返回值：无。

2. reset()

功能：复位 LD3320。

语法格式：voice.reset()。

参数说明：无。

返回值：无。

3. init()

功能：启用模块，在 setup()中调用。

语法格式：voice.init(uint8_t mic)。

参数说明：mic，选择麦克风输入（MIC）或选择单声道输入（MONO）。

返回值：无。

4．start()

功能：开始识别。各参数按默认值设定。

语法格式：voice.start()。

参数说明：无。

返回值：如果芯片空闲返回 true，否则返回 false。

5．addCommand()

功能：添加识别命令和指令编号。

语法格式：voice.addCommand(char *pass, int num)。

参数说明：pass，指令内容；num，指令编号。

返回值：无。

6．int read()

功能：读取识别结果。

语法格式：voice. read()。

参数说明：无。

返回值：指令编号。

7．micVol()

功能：调整 MIC 增益。默认值 85。

语法格式：voice.micVol(uint8_t vol)。

参数说明：vol，识别范围是 0～127，建议设置值为 64～85。值越大代表 MIC 音量越大，识别启动越敏感，但可能带来更多误识别；值越小代表 MIC 音量越小，需要近距离说话才能启动识别功能，对远处的干扰语音没有反应。

返回值：无。

8．speechEndpoint()

功能：调整语音端点检测。默认值 16。

语法格式：voice.speechEndpoint(uint8_t speech_endpoint_)。

参数说明：speech_endpoint，该参数为 0 则所有的语音数据都会被用来执行语音识别的搜索运算；该参数大于 0 则所有的语音数据都会先经过"语音段"或"静噪音段"的检测，只有"语音段"被用来执行语音识别的搜索运算。参数选择范围是 0～80，建议值为 10～40。选择原则是语音环境信噪比越大，可以采用的数值越大。调整该参数也会对识别距离产生影响，即数值越小，越灵敏，识别距离越远。

返回值：无。

9．speechStartTime()

功能：调整语音端点起始时间，即需要连续多长时间的语音才可以确认为是真正的语音开始。默认值 15（即 150ms）。

语法格式：voice.speechStartTime(uint8_t speech_start_time)。

参数说明：speech_start_time_，8~80（即 80～800ms），单位 10ms。

返回值：无。

10．speechEndTime()

功能：调整语音端点结束时间（吐字间隔时间）。在语音检测到语音数据段以后，又检测到了背景噪音段，连续检测到多长时间的背景噪音段才可以确认为是真正的语音结束。默认值 60（600ms）。

语法格式：voice.speechEndTime(uint8_t speech_end_time_)。

参数说明：speech_end_time_，20~200（200～2000ms），单位 10ms。

返回值：无。

11．voiceMaxLength()

功能：设定最长语音段时间。在检测到语音数据段以后，允许的语音识别最长时间。默认值 200（20000ms）。

语法格式：voice.voiceMaxLength(uint8_t voice_max_length_)。

参数说明：voice_max_length_，5~200（500～20000ms，最大 20s），单位 100ms。

返回值：无。

12．noiseTime()

功能：上电噪声略过时间。在语音识别过程中，刚开始录音时可能会引入一些噪声，或者由于麦克风的充电初始化使得刚开始录音的数据不正确，从而影响到最终的识别效果，需要略过。默认值 2（40ms）。

语法格式：voice.noiseTime(uint8_t noise_time_)。

参数说明：noise_time_，0~200（0~4000ms），单位 20ms。

返回值：无。

5.6.3　语音识别模块的应用实例

1．实例功能

通过语音控制开灯和关灯。

2．所需硬件

（1）Arduino UNO 板×1。

（2）LD3320 语音识别模块×1。

（3）麦克风×1。

（4）杜邦线若干。

3．LD3320 语音识别模块引脚及连接

LD3320 语音识别模块支持并行和串行接口，串行接口可以简化与其他模块的连接。本小节介绍串行接口，LD3320 通过 SPI 协议和 Arduino 板连接，此时只使用 6 个引脚，即片选（SCS）、时钟（SDCK）、输入（SDI）、输出（SDO）、复位（RSTB）和中断（INTB）。对于不同型号开发板，Arduino SPI 引脚序号不同，Arduino 与 LD3320 语音识别模块连接如图 5-31 所示。

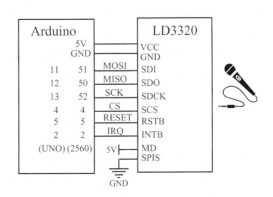

图 5-31　Arduino 与 LD3320 语音识别模块连接图

4．程序代码

```
#include <ld3320.h>
VoiceRecognition Voice;                  //声明一个语音识别对象
#define Led 8                            //定义 LED 灯控制引脚
void setup()
{
  pinMode(Led, OUTPUT);                  //初始化 LED 灯引脚为输出模式
  digitalWrite(Led, LOW);                //LED 灯引脚低电平
  Voice.init();                          //初始化模块
  Voice.addCommand("kai deng", 0);       //添加指令，序号
  Voice.addCommand("guan deng", 1);
  Voice.start();                         //开始识别
}
void loop() {
  switch (Voice.read())                  //判断识别
  {
    case 0:                              //若是指令"kai deng"
      digitalWrite(Led, HIGH);           //点亮 LED 灯
break;
    case 1:                              //若是指令"guan deng"
      digitalWrite(Led, LOW);            //熄灭 LED 灯
break;
default:
break;
  }
}
```

5.6.4 语音合成模块概述

语音合成是通过机械的或电子的方法产生人造语音的技术。文本转换技术（Text To Speech，TTS）属于语音合成，它是将计算机产生的或外部输入的文字信息转换为汉语并输出口语的技术。

语音合成播放有许多应用领域，例如公交报站器、排队叫号机、车载导航语音播报、机器人、智能玩具和语音电子书等。本小节介绍 XFS5152 语音合成模块的应用及编程技术，该模块实物如图 5-32 所示。

XFS5152 语音合成芯片性价比较高，其功能特点如下。

（1）支持任意中文和英文的合成，并且支持中英文混读，可以采用 GB2312、GBK、BIG5 和 UNICODE 4 种编码方式进行合成。每次合成的文本量最多可达 4K 字节。芯片对文本进行分析，对常见的数字、号码、

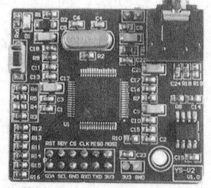

图 5-32 XFS5152 语音合成模块实物图

时间、日期和度量衡符号等格式的文本，芯片能够根据内置的文本匹配规则正确地识别和处理；对一般多音字也可以依据其语境正确判断读法；另外针对同时有中文和英文的文本，可实现中英文混读。

（2）芯片内部集成了 80 种常用提示音效，适合用于不同场合的信息提示、铃声、警报等功能。

（3）支持 UART、I2C、SPI 三种通信方式，UART 串口支持 4 种通信波特率：4800 bit/s、9600 bit/s、57600 bit/s 和 115200 bit/s，用户可以依据情况进行选择。

（4）支持多种控制命令。如合成文本、停止合成、暂停合成、恢复合成、状态查询、进入省电模式和唤醒等。

（5）支持采用多种方式查询芯片的工作状态，通过读芯片可自动返回工作状态，也可发送查询命令获得芯片工作状态的回传数据。

5.6.5　语音合成模块的类库函数

第三方提供了语音合成模块类库 XFS5152，下面以实例 xf 为例，对 Arduino XFS5152 类库函数进行详细说明。

1．XFS5152()

功能：构造函数，选择串口号和汉字编码方式。

语法格式：XFS5152 xf(int port, int n)。

参数说明：port，选择的串口号（0～3）；n，选择的编码方式（0～3），0～3 分别代表 GB2312、GBK、BIG5 和 UNICODE 编码方式。

返回值：无。

例子：

```
XFS5152 xf(3, 1); //xf 对象名，3，设定 Serial3，1 表示设定编码方式为 GBK
```

2．writeCom()

功能：合成命令，将文本合成语音输出。

语法格式：xf.writeCom(char * data)。

参数说明：data：要合成语音的文本。

返回值：无。

例子：

```
char text2[] = {0xD3, 0xEE, 0xD2, 0xF4, 0xCC, 0xEC, 0xCF, 0xC2}; // "语音天下"
xf.writeCom(text2);
```

3．StopCom()

功能：停止合成命令。

语法格式：xf.topCom()。

参数说明：无。

返回值：无。

4．SuspendCom()

功能：暂停合成命令。

语法格式：xf.SuspendCom()。

参数说明：无。

返回值：无。

5. RecoverCom()

功能：恢复合成命令。

语法格式：xf.RecoverCom()。

参数说明：无。

返回值：无。

6. ChackCom()

功能：芯片状态查询命令。

语法格式：xf.ChackCom()。

参数说明：无。

返回值：0x4A，初始化成功。上电芯片初始化成功后，芯片自动发送回传；

0x41，收到能识别的命令帧，即收到正确的命令帧；

0x45，收到不能识别命令帧，即收到错误的命令帧；

0x4E，芯片忙碌状态，即芯片处在正在合成状态；

0x4F，芯片空闲状态回传，即芯片处在空闲状态。

7. PowerDownCom()

功能：进入休眠模式的命令。

语法格式：xf.PowerDownCom()。

参数说明：无。

返回值：无。

8. awakenCom()

功能：唤醒命令。

语法格式：xf.awakenCom()。

参数说明：无。

返回值：无。

9. Restore()

功能：所有设置（除发音人设置、语种设置外）恢复为默认值，而且始终按这个状态执行。

语法格式：xf.Restore()。

参数说明：无。

返回值：无。

10. Rronunciation()

功能：选择发声人，可以根据参数选择不同发声的人。

语法格式：xf.Rronunciation(int person)。

参数说明：person 用来选择不同的发音人。

0，设置发音人为小燕（女声，推荐发音人）；

1，设置发音人为许久（男声，推荐发音人）；

2，设置发音人为许多（男声）；

3，设置发音人为小萍（女声）；

4，设置发音人为唐老鸭（合成效果）；

5，设置发音人为许小宝（女童声）。

返回值：无。

11．volume()

功能：音量控制，设置语音合成音量大小。

语法格式：xf.volume(int vol)。

参数说明：vol，参数选择（0～9），值越大，音量越大。

返回值：无。

12．Speed()

功能：语速控制，设置语音合成的语速。

语法格式：xf.Speed(int sp)。

参数说明：sp，参数选择（0～9），值越大，语速越快。

返回值：无。

13．intonation( )

功能：音调控制，设置语音合成的音调。

语法格式：xf.intonation(int Tone)。

参数说明：Tone，参数选择（0～9），值越大，音调越高。

返回值：无。

14．style()

功能：合成风格设置。

语法格式：xf.style(int fg)。

参数说明：fg，值为 0，"一字一顿"的风格；值为 1，正常的风格。

返回值：无。

15．languages()

功能：对数字、量度单位、特殊符号合成语种设置。

语法格式：xf.languages(int lan)。

参数说明：lan，值为 0，自动判断语种；值为 1，将阿拉伯数字、度量单位、特殊符号等合成为中文；值为 2，将阿拉伯数字、度量单位、特殊符号等合成为英文。

返回值：无。

16．pronuncia_mode()

功能：设置单词的发音方式，有字母发音和单词发音两种方式。

语法格式：xf.pronuncia_mode(int mod)。

参数说明：mod，值为 0，自动判断单词发音方式；值为 1，使用字母发音方式；值为 2，使用单词发音方式。

返回值：无。

17．Pinyin()

功能：设置对汉语拼音的识别。

语法格式：xf.Pinyin(int pin)。

参数说明：pin，值为 0，不识别汉语拼音；值为 1，将"拼音＋1 位数字（声调）"识别为汉语拼音，例如：hao3。

返回值：无。

18．Digital()

功能：设置数字处理策略，可以设置数字号码或数值发音。

语法格式：xf.Digital(int da)。

参数说明：da，值为 0，自动判断；值为 1，数字按号码处理；值为 2，数字按数值处理。

返回值：无。

19．zero_s()

功能：数字"0"在读作英文、号码时的读法。

语法格式：xf.zero_s(int n)。

参数说明：n，值为 0，读成"zero"；值为 1，读成"欧"。

返回值：无。

20．delay_time(int ti)

功能：合成过程中停顿一段时间。

语法格式：xf.delay_time(int ti)。

参数说明：ti 为无符号整数的 ASCII 代码，表示停顿的时间长短，单位为 ms。

返回值：无。

例子：停顿 100ms。

```
Text[3]={0x31,0x30,0x30};
xf.delay_time(Text);
```

21．surname()

功能：设置姓名读音策略，多音字在姓氏中的读法。

语法格式：xf.surname(int su)。

参数说明：su，值为 0，设置成自动判断姓氏读音；值为 1，设置成强制使用姓氏读音规则。

返回值：无。

22．Tips()

功能：设置提示音处理策略。

语法格式：xf.Tips(int s)。

参数说明：s，值为 0，不使用提示音；值为 1，使用提示音。

返回值：无。

23．One_method()

功能：设置号码中"1"的读法。

语法格式：xf.One_method(int n)。

参数说明：n，值为 0，合成号码"1"时读成"幺"；值为 1，合成号码"1"时读成"一"。

返回值：无。

24．rhythm()

功能：选择是否使用韵律标记"*"和"#"。

语法格式：xf.rhythm(int n)。

参数说明：n，值为 0，"*"和"#"读出符号；值为 1，处理成韵律，"*"用于断词，"#"用于停顿。

返回值：无。

25．[=n]

功能：为单个汉字强制指定拼音。

语法格式：汉字[=汉字拼音 n]。

参数说明："=汉字拼音 n"为标记前面的汉字的拼音和声调（1~5 分别表示阴平、阳平、上声、去声和轻声 5 个声调）。

返回值：无。

例子："着[=zhuo2]手"，"着"字读作"zhuó"。

```
着{0xD7,0XC5}, [=zhuo2]{ x05B, 0x3D ,0x7A, 0x68, 0x75, 0x6F, 0x32, 0x5D},手
{0xCA, 0xD6}//汉字、符号及字母的编码
text[12]={0xD7, 0xC5, x05B, 0x3D ,0x7A, 0x68, 0x75, 0x6F, 0x32, 0x5D,0xCA,
0xD6};
xf.writeCom(text);
```

5.6.6 语音合成模块的应用实例

1．实例功能

将一段文字合成语音后在有源音箱上输出。

2．所需硬件

（1）Arduino UNO 板×1。

（2）XFS5152 语音合成模块×1。

（3）有源音箱×1。

（4）杜邦线若干。

3．XFS5152 语音合成模块引脚及连接

Arduino 可以采用多种通信方法控制 XFS5152 语音合成模块，可以根据接口使用情况选择通信模式。这里仅介绍采用类库函数通过 UART 接口的编程方法。Arduino 与 XFS5152 模块接线如图 5-33 所示。

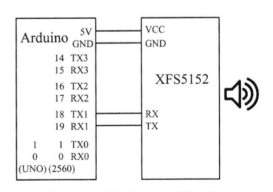

图 5-33 XFS5152 语音合成模块接线图

4．程序代码

```
char text[14] = {0xbb, 0xb6, 0xd3, 0xad, 0xc0, 0xb4,
 0xb5, 0xbd, 0xca, 0xb5, 0xd1, 0xe9, 0xca, 0xd2};   //欢迎来到实验室
#include <XFS5152.h>
XFS5152 yu(1, 1);                        //设定串口 1，编码方式为 GBK。
void setup() {
Serial.begin(9600);
  yu.volume(9);                          //音量 9 级
```

```
    yu.Speed(5);                            //语速 5 级
    yu.Rronunciation(3);                    //设置发音人为小萍（女声）
    Serial.println(yu.ChackCom());          //显示芯片状态查询命令
    yu.writeCom(text);                      //语音合成输出
}
void loop()
{
    ....
}
```

5.7 本章小结

本章详细介绍了 Arduino 人机接口技术的种类、原理，给出了其应用实例。本章内容包括按键、红外遥控器、数码管、LED 灯点阵、LCD 液晶模块、语音识别和合成模块等，给出了模块与 Arduino 板的接口方法、类库函数以及经过测试的实例参考代码。本章内容是 Arduino 嵌入式应用系统设计不可或缺的组成部分。

第6章 Arduino 开发板常用模块及其应用

输入/输出设备是嵌入式系统四大组成之一，本章将详细介绍 Arduino 常用输入/输出模块（人机界面除外）的原理、与 Arduino 板的接口技术及应用实例。

6.1 超声波测距

超声波测距传感器，采用超声波回波测距原理，运用精确的时差测量技术，检测传感器与目标物之间的距离。小角度、小盲区超声波传感器，具有测量准确、防水、防腐蚀和成本低等优点。本节介绍超声波测距模块 HC-SR04 的原理及应用。图 6-1 是 HC-SR04 实物图。

图 6-1 HC-SR04 实物图

6.1.1 HC-SR04 概述

HC-SR04 是一种应用广泛的超声波测距模块。该模块性能稳定、测距精准、性价比较高，是一种理想的测距模块。其测距原理如图 6-2 所示。

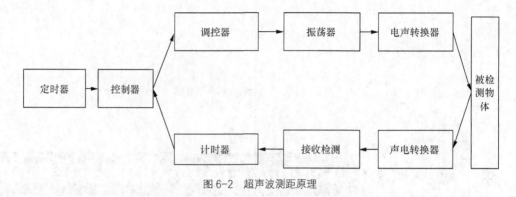

图 6-2　超声波测距原理

HC-SR04 基本工作原理如下。

（1）通过 I/O 接口给 Trig 端发测试信号：最少 10μs 的高电平信号。

（2）模块自动发送 8 个 40kHz 的方波，并自动检测是否有信号返回。

（3）若有信号返回，通过 Echo 端输出一个高电平，高电平持续的时间就是超声波从发射到返回的时间。

测试距离=（高电平持续时间×声波传播速度（取 340m/s））/2。

注意：声波在空气中的传输容易受到周围环境温度的影响。

图 6-3 是 HC-SR04 的超声波时序图。

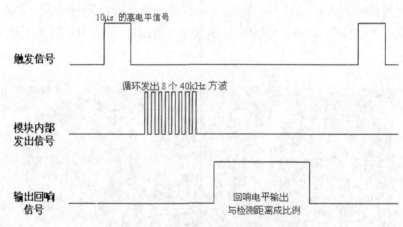

图 6-3　HC-SR04 的超声波时序图

图 6-3 表明，只需要提供一个 10μs 以上的高电平信号，该模块内部将循环发出 8 个 40kHz 周期的方波并检测回波，一旦检测到回波信号则输出回响信号，回响信号的脉冲宽度与所测的距离成正比，由此根据发射信号与收到的回响信号之间的时间间隔计算得到距离。

6.1.2　HC-SR04 的类库函数

第三方提供了 HC-SR04 封装类库 SR04，定义了一个构造函数和一个成员函数。下面以实例 sr04 为例进行说明。

1．SR04()

功能：构造函数，创建一个 SR04 类的对象时被执行，初始化对象，设置 SR04 引脚。

语法格式：SR04 sr04(int echoPin, int triggerPin)。

参数说明：echoPin，连接回波引脚的 Arduino 引脚编号，int 类型。

triggerPin，连接触发引脚的 Arduino 引脚编号，int 类型。

返回值：创建了一个 SR04 类的对象 sr04。

例如：SR04 sr04= SR04(6,7)或 SR04 sr04(6,7)。

创建一个对象 sr04，指定与回波和触发引脚连接的 Arduino 数字引脚为 6 和 7。

2．Distance()

功能：读取测量距离。

语法格式：sr04. Distance()。

参数说明：无。

返回值：测量距离，long 类型，单位是 cm。

6.1.3　HC-SR04 的应用实例

1．实例功能

在串口监视器中实时显示障碍物与超声波测距模块的距离变化值。

2．所需硬件

（1）Arduino 板×1。

（2）HC-SR04 超声测距模块×1。

（3）杜邦线若干。

3．HC-SR04 引脚及连接

HC-SR04 与 Arduino 板的引脚连接对应关系如表 6-1 所示。

表 6-1　　　　　　　　　　　HC-SR04 与 Arduino 板的引脚连接对应关系

HC-SR04 模块引脚名称	引脚说明	Arduino 引脚编号
VCC	电源	5V
Trig	触发输入端	6
Echo	回响信号输出端	7
GND	地	GND

4．程序代码

```
#include "SR04.h"
#define TRIG_PIN 6
#define ECHO_PIN 7
SR04 sr04 = SR04(ECHO_PIN,TRIG_PIN);    //定义对象 sr04，初始化引脚
long a;

void setup() {
   Serial.begin(9600);
   Serial.println("Example written by Coloz From Arduin.CN");
   delay(1000);
}
```

```
void loop() {
    a=sr04.Distance();                  //读取障碍物和 SR04 的距离
    Serial.print(a);                    //送串口监视器显示
    Serial.println("cm");
    delay(1000);
}
```

程序编译下载成功后，打开串口监视器，可看到当障碍物与超声波测距模块的距离变化时，所显示的测量距离也发生变化，运行结果如图 6-4 所示。

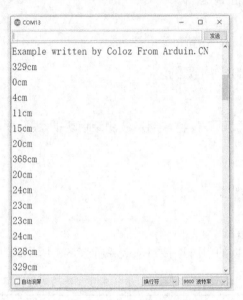

图 6-4　超声波测距程序运行结果

6.2　蜂鸣器

图 6-5 所示的蜂鸣器是一种一体化结构的电子讯响器。蜂鸣器采用直流电压供电，广泛应用于计算机、打印机、复印机、报警器、电子玩具、汽车电子设备、电话机和定时器等产品中，用作发声器件。

有源蜂鸣器　　　　　　　无源蜂鸣器

图 6-5　蜂鸣器

6.2.1 蜂鸣器概述

蜂鸣器的分类如图 6-6 所示。按结构分为压电蜂鸣器和电磁蜂鸣器；按其驱动方式的不同，可分为有源蜂鸣器（内含驱动线路）和无源蜂鸣器（外部驱动）。本节只讨论有源蜂鸣器和无源蜂鸣器。

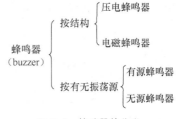

图 6-6 蜂鸣器的分类

从外观上看，两种蜂鸣器似乎一样，但两者的高度略有区别，有源蜂鸣器的高度为 9mm ，而无源蜂鸣器的高度为 8mm。如将两种蜂鸣器的引脚均朝上放置，有绿色电路板的是无源蜂鸣器，没有电路板而用黑胶封闭的是有源蜂鸣器。

有源蜂鸣器内部有振荡电路，能将恒定的直流电转化成一定频率的脉冲信号，从而引起磁场交变，带动振动膜片振动发音。因此，它工作的理想信号是直流电，一旦供电，蜂鸣器就会发出声音。

无源蜂鸣器内部不带震荡源，如果提供直流信号，因为磁路恒定，振动膜片不能振动发音，蜂鸣器不工作。因此，它工作的理想信号是方波，方波的频率不同，发出的声音也不同。

6.2.2 蜂鸣器的应用实例

1. 蜂鸣器实例介绍

本例使用有源蜂鸣器，直接将蜂鸣器的正极连接到 Arduino 数字引脚 8，蜂鸣器的负极连接到 GND，如图 6-7 所示。连接电路时要注意蜂鸣器有正负极之分。

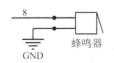

图 6-7 蜂鸣器接线图

蜂鸣器发出声音的时间间隔不同，频率就不同，所发出的声音也就不同。根据这一原理，可通过改变蜂鸣器发声和停止发声的时间间隔，发出不同频率的声音。

下面的代码首先使蜂鸣器间隔 5ms 发出一种频率的声音，循环 80 次；接着让蜂鸣器间隔 10ms 发出另一种频率的声音，循环 100 次。

程序代码如下：

```
int buzzer=8;                          //设置控制蜂鸣器的数字引脚


void setup()
{
       pinMode(buzzer,OUTPUT);         //设置数字引脚为输出模式
}


void loop()
{
    unsigned char i,j;                 //定义变量
    for(i=0;i<80;i++)                  //输出一种频率的声音
     {
       digitalWrite(buzzer,HIGH);      //发声
```

```
        delay(5);                              //延时 5ms
        digitalWrite(buzzer,LOW);              //不发声
        delay(5);                              //延时 5ms
    }
    for(i=0;i<100;i++)                         //输出另一种频率的声音
    {
        digitalWrite(buzzer,HIGH);             //发声
        delay(10);                             //延时 10ms
        digitalWrite(buzzer,LOW);              //不发声
        delay(10);                             //延时 10ms
    }
}
```

2．无源蜂鸣器演奏音乐

从实例 1 看出，如果能够控制好蜂鸣器发声频率和时间间隔，就有可能演奏出动听的音乐。首先需要确定各音调（低音音调、中音音调、高音音调）的频率，具体见表 6-2、表 6-3和表 6-4。

表 6-2　　　　　　　　　　　　　　　　低音音调的频率　　　　　　　　　　　　　单位：Hz

音调	音符						
	1	2	3	4	5	6	7
A	221	248	278	294	330	371	416
B	248	278	294	330	371	416	467
C	131	147	165	175	196	221	248
D	147	165	175	196	221	248	278
E	165	175	196	221	248	278	312
F	175	196	221	234	262	294	330
G	196	221	234	262	294	330	371

表 6-3　　　　　　　　　　　　　　　　中音音调的频率　　　　　　　　　　　　　单位：Hz

音调	音符						
	1	2	3	4	5	6	7
A	441	495	556	589	661	742	833
B	495	556	624	661	742	833	935
C	262	294	330	350	393	441	495
D	294	330	350	393	441	495	556
E	330	350	393	441	495	556	524
F	350	393	441	495	556	624	661
G	393	441	495	556	624	661	742

音调	音符						
	1	2	3	4	5	6	7
A	882	990	1112	1178	1322	1484	1665
B	990	1112	1178	1322	1484	1665	1869
C	525	589	661	700	786	882	990
D	589	661	700	786	882	990	1112
E	661	700	786	882	990	1112	1248
F	700	786	882	935	1049	1178	1322
G	786	882	990	1049	1178	1322	1484

表 6-4　　　　　　　　　　　　高音音调的频率　　　　　　　　　　单位：Hz

　　确定了音调的频率后，还需要控制演奏时间。每个声音都要播放一定的时间，这样才能构成一首优美的曲子。音符节奏分为一拍、半拍、1/4 拍和 1/8 拍，规定一拍音符的时间为 1、半拍 0.5、1/4 拍为 0.25、1/8 拍为 0.125，这样就可以为音符赋予对应的拍子并进行播放。

　　下面以图 6-8 所示的简谱为例说明歌曲播放的编程方法。

　　简谱中有的音符上面带一个点，表示高音；音符下面带一个点，表示低音。从简谱看，该音乐是 D 调的，各音符的频率对应的是表 6-2、表 6-3 和表 6-4 中 D 调的部分。另外，该音乐为四分之二拍，每个音符对应 1 拍。几个特殊音符说明如下。

　　（1）普通音符。如第五个音符 3，占 1 拍。

　　（2）带下画线音符，表示半拍。

　　（3）有的音符后带一个点，表示多加半拍，即 1+半拍。

　　（4）有的音符后带一个—，表示多加一拍，即 1+1 拍。

　　（5）有的两个连续的音符上面带弧线，表示连音。可以改一下连音后面那个音的频率，比如减少或增加一些数值（需自己调试），这样会更流畅，其实不处理，影响也不大。

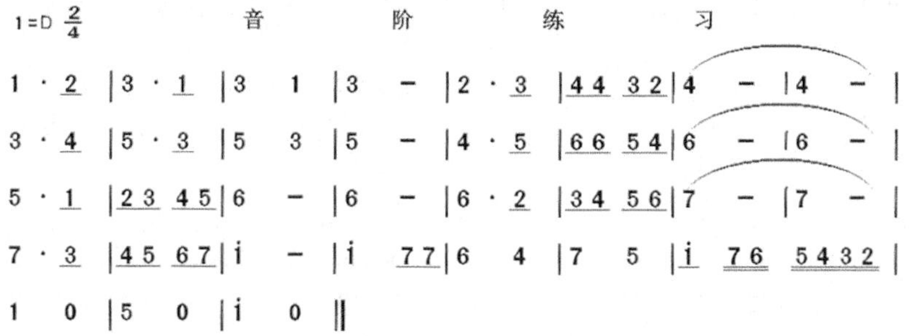

图 6-8　音阶简谱

代码如下。

```
//列出全部 D 调的频率
#define NTD0 -1                      //中音的 D 调
#define NTD1 294
#define NTD2 330
```

```
#define NTD3 350
#define NTD4 393
#define NTD5 441
#define NTD6 495
#define NTD7 556

#define NTDL1 147                        //低音的 D 调
#define NTDL2 165
#define NTDL3 175
#define NTDL4 196
#define NTDL5 221
#define NTDL6 248
#define NTDL7 278

#define NTDH1 589                        //高音的 D 调
#define NTDH2 661
#define NTDH3 700
#define NTDH4 786
#define NTDH5 882
#define NTDH6 990
#define NTDH7 112
//列出所有节拍
int tune[] =                            //根据简谱列出各频率
{
  NTD1, NTD2, NTD3, NTD1, NTD3, NTD1, NTD3, NTD2, NTD3, NTD4, NTD4, NTD3, NTD2, NTD4,
  NTD3, NTD4, NTD5, NTD3, NTD5, NTD3, NTD5, NTD4, NTD5, NTD6, NTD6, NTD5, NTD4, NTD6,
  NTD5, NTD1, NTD2, NTD3, NTD4, NTD5, NTD6, NTD6, NTD2, NTD3, NTD4, NTD5, NTD6, NTD7,
  NTD7, NTD3, NTD4, NTD5, NTD6, NTD7, NTDH1, NTD7, NTD7, NTD6, NTD4, NTD7, NTD5, NTDH1,
  NTD7, NTD6, NTD5, NTD4, NTD3, NTD2, NTD1, NTD0, NTD5, NTD0, NTD1, NTD0
};

float durt[] =                          //根据简谱列出各节拍，频率和节拍一一对应
{
  1 + 0.5,0.5,1 + 0.5,0.5,1,1,1 + 1,1 + 0.5,0.5,0.5,0.5,0.5,0.5,1 + 1 + 1 + 1,
  1 + 0.5,0.5,1 + 0.5,0.5,1,1,1 + 1,1 + 0.5,0.5,0.5,0.5,0.5,0.5,1 + 1 + 1 + 1,
  1 + 0.5,0.5,0.5,0.5,0.5,0.5,1 + 1 + 1 + 1,1 + 0.5,0.5,0.5,0.5,0.5,0.5,1 + 1 + 1 + 1,
  1 + 0.5,0.5,0.5,0.5,0.5,0.5,1 + 1 + 1,0.5,0.5,1,1,1,1,0.5,0.25,0.25,0.25,
0.25,0.25,0.25,1,1,1,1,1,1,
};
int length;
int tonepin = 8;                        //引脚 8 与蜂鸣器的正极连接
void setup()
{
  pinMode(tonepin, OUTPUT);
```

```
    length = sizeof(tune) / sizeof(tune[0]);   //计算数组 tune 的长度
}
void loop()
{
  for (int x = 0; x < length; x++)
  {
    tone(tonepin, tune[x]);
    delay(500 * durt[x]);                      //根据节拍调节延时，系数 500 可以调整
    noTone(tonepin);
  }
  delay(2000);
```

6.3　温湿度传感器

温湿度传感器用来测试环境的温度和湿度，它的种类很多，精度和价格也不尽相同。在日常的应用中，经常选择图 6-9 所示的 DHT11 温湿度传感器，用于估计环境的温湿度。传感器将处理后的温湿度的数字信号通过单总线输出。

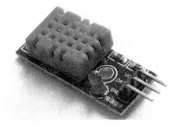

图 6-9　DHT11 温湿度传感器

6.3.1　DHT11 概述

温湿度传感器 DHT11 是一款含有已校准数字信号输出的复合传感器。它采用专用的数字采集技术和温湿度传感技术，确保产品具有较高的可靠性与稳定性。包括一个电阻式感湿元件和一个 NTC 测温元件，并与一个高性能的 8 位单片机连接。因此该产品具有响应快、抗干扰能力强、性价比高等优点。每个 DHT11 传感器都在精确的湿度校验室中进行了校准，校准系数以程序的形式存储在 OTP 内存中，传感器内部在检测信号的处理过程中要调用这些校准系数。单线制串行接口使系统集成变得简易快捷。DHT11 具有超小的体积和极低的功耗，信号传输距离可达 20 米以上，它是各类应用甚至较为苛刻的应用场合的最佳选择。产品为 4 针单排引脚封装，连接方便。

DHT11 的供电电压为 3.0～5.5V。传感器上电后，要等待 1 秒以越过不稳定状态，在此期间无须发送任何指令。电源引脚 VDD 和 GND 之间可增加一个 100nF 的电容器，用于去耦滤波。

DHT11 的 DATA 端采用串行接口（单线双向）与微控制器进行同步和通信。采用单总线数据格式，一次通信时间在 4ms 左右，数据分小数部分和整数部分，具体格式在下面说明。

当前小数部分用于以后扩展，现读出为零。操作流程如下。

一次完整的数据传输为 40 位，高位先出。

其数据格式为：8 位湿度整数数据+8 位湿度小数数据+8 位温度整数数据+8 位温度小数数据+8 位校验和。

数据传送正确时校验和数据等于"8 位湿度整数数据+8 位湿度小数数据+8 位温度整数数据+8 位温度小数数据"所得结果的末 8 位。

用户的 MCU（微控制器）发送一次开始信号后，DHT11 从低功耗模式转换到高速模式，等待主机发送的开始信号结束后，DHT11 发送响应信号，送出 40 位的数据，并触发一次信号采集，用户可选择读取部分数据。从模式下，DHT11 接收到开始信号，触发一次温湿度采集，如果没有接收到主机发送的开始信号，DHT11 不会主动进行温湿度采集工作。采集数据后转换到低速模式。数据采集过程如图 6-10 所示。

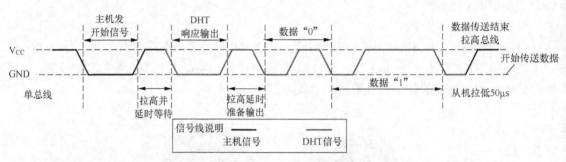

图 6-10　DHT11 数据采集过程

DHT11 的响应过程如图 6-11 所示。总线空闲状态为高电平，主机把总线拉成低电平后等待 DHT11 响应，拉成低电平的时间必须大于 18ms，以保证 DHT11 能检测到起始信号。主机拉高总线 20～40μs 后，读取 DHT11 的响应信号，DHT11 先拉低后拉高总线各 80μs，以此作为响应信号。之后开始给主机传输温、湿度数据。

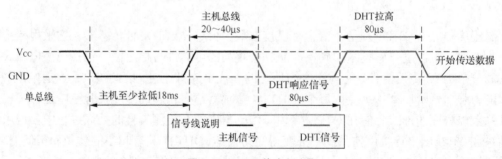

图 6-11　DHT11 的响应过程

DHT11 发送给主机的每一位数据都以 50μs 的低电平开始，高电平的长短决定了数据位是 0 还是 1，格式如图 6-12 和图 6-13 所示，图 6-13 中的 70μs 高电平作为二进制信号 1，图 6-12 中的 26~28μs 高电平作为二进制信号 0。当最后一位数据传送完毕后，DHT11 拉低总线 50μs，随后总线由上拉电阻器拉高，进入空闲状态。

如果主机读取的响应信号一直为高电平，则表示 DHT11 没有响应，应检查线路是否连接正常。

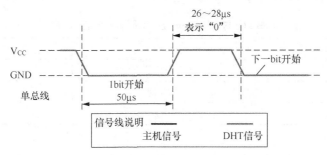

图 6-12　DHT11 信号格式（数字 0）

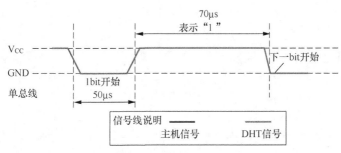

图 6-13　DHT11 信号格式（数字 1）

6.3.2　DHT11 的类库函数

第三方提供了 DHT11 的封装类库 dht11，定义了一个成员函数 read()和 2 个数据成员，即 humidity 和 temperature，下面以实例 DHT11 为例进行介绍。

1．read()

功能：获取读取温湿度数值的状态返回码。

语法格式：DHT11. read(int pin)。

参数说明：pin，指定与 DHT11 数据引脚连接的 Arduino 板引脚，int 类型。

返回值：0 为没有错误发生，−1 为累加和错误；−2 为传感器反应超时。

2．DHT11.humidity

读取的湿度值，int 类型。

3．DHT11.temperature

读取的温度值，int 类型。

6.3.3　DHT11 的应用实例

1．实例功能

串口监视器实时显示所测量的温度和湿度值。

2．所需硬件与连线

（1）Ardunino 板×1。

（2）DHT11 模块×1。

（3）杜邦线若干。

DHT11 与 Arduino 板的引脚连接对应关系如表 6-5 所示。

表 6-5　　　　　　　　　**DHT11 与 Arduino 板的引脚连接对应关系**

DHT11 模块引脚名称	引脚说明	连接 Arduino 板引脚名称
VCC	工作电源	5V
GND	电源地	GND
DATA	双向数据线	3

3. 实例程序

```
double Fahrenheit(double celsius)                    //华氏温度计算函数
{
    return 1.8 * celsius + 32;
}
double Kelvin(double celsius)                        //开氏温度计算函数
{
    return celsius + 273.15;
}
double dewPoint(double celsius, double humidity)     //露点温度计算函数
{
    double A0= 373.15/(273.15 + celsius);
    double SUM = -7.90298 * (A0-1);
    SUM += 5.02808 * log10(A0);
    SUM += -1.3816e-7 * (pow(10, (11.344*(1-1/A0)))-1) ;
    SUM += 8.1328e-3 * (pow(10,(-3.49149*(A0-1)))-1) ;
    SUM += log10(1013.246);
    double VP = pow(10, SUM-3) * humidity;
    double T = log(VP/0.61078);                      //temp var
    return (241.88 * T) / (17.558-T);
}
double dewPointFast(double celsius, double humidity)    //快速计算露点函数
{
    double a = 17.271;
    double b = 237.7;
    double temp = (a * celsius) / (b + celsius) + log(humidity/100);
    double Td = (b * temp) / (a - temp);
    return Td;
}
#include "dht11.h"
dht11 DHT11;                                         //定义一个对象
#define DHT11PIN 3
void setup()
{
  Serial.begin(115200);
```

```
    Serial.println("DHT11 TEST PROGRAM ");
    Serial.print("LIBRARY VERSION: ");
    Serial.println(DHT11LIB_VERSION);
    Serial.println();
}


void loop()
{
    Serial.println("\n");
    int chk = DHT11.read(DHT11PIN);                    //读取状态码
    Serial.print("Read sensor: ");
    switch (chk)
    {
      case DHTLIB_OK:
          Serial.println("OK");
          break;
      case DHTLIB_ERROR_CHECKSUM:
          Serial.println("Checksum error");
          break;
      case DHTLIB_ERROR_TIMEOUT:
          Serial.println("Time out error");
          break;
      default:
          Serial.println("Unknown error");
          break;
    }
    Serial.print("Humidity (%): ");
    Serial.println((float)DHT11.humidity, 2);          //读取并显示相对湿度
    Serial.print("Temperature (oC): ");
    Serial.println((float)DHT11.temperature, 2);       //读取并显示温度（摄氏温度）
    Serial.print("Temperature (oF): ");
    Serial.println(Fahrenheit(DHT11.temperature), 2);  //显示华氏温度
    Serial.print("Temperature (K): ");
    Serial.println(Kelvin(DHT11.temperature), 2);      //显示开氏温度
    Serial.print("Dew Point (oC): ");
    Serial.println(dewPoint(DHT11.temperature, DHT11.humidity));    //显示露点
    Serial.print("Dew PointFast (oC): ");
    Serial.println(dewPointFast(DHT11.temperature, DHT11.humidity)); //显示快速计算露点
    delay(2000);
}
```

程序编译下载成功后，串口监视器实时显示所测量的温度值和湿度值。改变环境的温湿度，可看到测量值也发生相应的变化。打开串口监视器，程序运行结果如图 6-14 所示。

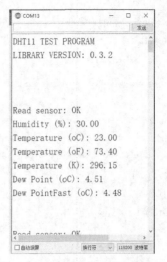

图 6-14　温湿度监测程序运行结果

6.4　直流电机

直流电机（直流电动机）将直流电能转换成机械能。直流电机由定子和转子两部分组成。直流电机运行时，静止不动的部分称为定子，定子的主要作用是产生磁场；转动的部分称为转子，其主要作用是产生电磁转矩和感应电动势，是直流电机进行能量转换的枢纽，所以通常又称转子为电枢。直流电机是最简单的电机，它可作为智能小车常用的驱动器件，其实物如图 6-15 所示。

图 6-15　直流电机实物

6.4.1　直流电机的调速原理

直流电机调速有 3 种方法：改变电机两端的电压、改变磁通量和串联调节电阻。

电压调速是常用办法，可采用 PWM 控制直流电机的输入电压。输入不同占空比的方波，改变直流电机电枢两端的电压，即可改变直流电机的转速，实现无级调速。电压调速属于恒转矩调速。另外，直流电机换向是通过改变输入电压的极性来实现的。

6.4.2　电位器和霍尔开关元件简介

本小节介绍直流电机转速控制和测量时常用到的电位器和霍尔开关元件的工作原理。

1. 电位器

电位器就是可以调节电阻值的电阻器，是一种可调的电子元件。它由一个电阻体和一个转动或滑动系统组成。当电阻体的两个固定触点之间外加一个电压时，通过转动或滑动系统，改变触点在电阻体上的位置，在动触点与固定触点之间，便可得到一个与动触点位置成一定关系的电压。

电位器通常有 3 个引出端子，其中有 2 个固定端，固定端之间的阻值最大，它是电位器的标称值；另 1 端子为活动端子，通过改变活动端子与固定端子间的位置，可以改变相应端子间的电阻值。电位器的实物和原理如图 6-16 所示，由电阻体、滑动臂、转轴、外壳和焊片等构成。它有 A、B 和 C 3 个引出端，其中 AC 两端电阻值最大，AB、BC 之间的电阻值可以通过与转轴相连的滑动臂位置的改变而加以改变。

电位器的主要参数如下。

（1）额定功率。电位器的 2 个固定端上允许消耗的最大功率为电位器的额定功率。使用中应注意额定功率不等于滑动臂与固定端的功率。

（2）标称阻值。标在产品上的名义阻值，其系列与电阻器的系列类似。

（3）允许误差等级。实测阻值与标称阻值误差范围根据不同精度等级可允许 20%、10%、5%、2% 和 1% 的误差。精密电位器的误差可达 0.1%。

（4）阻值变化规律。阻值变化规律是阻值随滑动片触点旋转角度（或滑动行程）变化产生的变化关系，这种变化关系可以是任何函数形式，常用的有直线式、对数式和反转对数式（指数式）。在使用中，直线式电位器适合于分压器；反转对数式（指数式）电位器适合作为收音机、录音机、电唱机和电视机中的音量控制器。

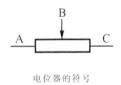

电位器的符号

图 6-16　电位器实物和原理图

2. 霍尔开关元件

当一块通有电流的金属或半导体薄片垂直地放在磁场中时，薄片的两端就会产生电位差，这种现象称为霍尔效应。霍尔效应的灵敏度与外加磁场的磁感应强度成正比。

霍尔开关元件属于有源磁电转换器件，它是在霍尔效应的基础上，利用集成封装和组装工艺制作而成的，可方便地把磁输入信号转换成实际应用中的电信号，又能满足工业场合实际应用易操作和可靠性的要求。

霍尔开关元件具有无触点、无磨损、功耗低、使用寿命长、响应频率高、输出波形清晰、无抖动、无回跳和位置重复精度高等特点，内部采用环氧树脂封灌，所以能在各类恶劣环境下可靠地工作。作为一种新型的电器配件，霍尔开关元件可应用于接近开关、压力开关和里程表中。其实物如图 6-17 所示，多数是 3 个引脚（正向放置，引脚向下，从左到右，1 为电源+，2 为地−，3 为输出）。

图 6-17　霍尔开关元件实物图

6.4.3　直流电机转速控制及测量实例

直流电机只有两个引出端，一端作为控制端，可通过驱动芯片与 Arduino 板的数字接口连接，另一端通过驱动芯片接地。通过 PWM 输出改变控制端的电压值即可控制电机的转速，两个引出端对调即可改变直流电机的转向。可以采用继电器、晶体管或多种驱动芯片对电机进行驱动。

1．直流电机转速测量原理

直流电机的转速可采用多种方式进行测量，常使用有码盘、霍尔开关元件等。码盘适用于高频测速。如果把霍尔开关元件集成的开关按预定位置有规律地布置在物体上，当装在运动物体上的永磁体经过它时，可以通过测量电路得到一个脉冲信号。根据脉冲信号列可以计算出该运动物体的位移。若测出单位时间内发出的脉冲数，则可以计算其运动速度。

本实例采用霍尔开关元件，简单实用。将一圆盘固定到直流电机的转轴上，圆盘上放置一个小磁铁，随着电机的转动，当霍尔开关元件检测到磁铁时，其输出引脚就会产生一个脉冲，软件对脉冲进行计数，即可测得电机的转速。

2．所需硬件与引脚连接

所需硬件如下。

（1）Arduino 板×1。

（2）直流电机×1。

（3）驱动芯片 L9110×1。

（4）霍尔开关元件×1。

（5）10kΩ 电位器×1。

（6）面包板×1。

（7）圆盘和小磁铁各 1。

（8）杜邦线若干。

电路连线如图 6-18 所示。驱动芯片 L9110 的一个输入端与引脚 7 连接，另一端与 GND连接，电机的两个引出端连接到驱动输出端；霍尔开关元件的输出引脚与 Arduino 板的外部中断输入引脚（引脚 2）连接；电位器的滑动臂与 Arduino 板的 A0 相连，其两端分别接 5V和 GND。

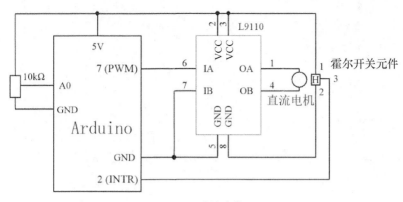

图 6-18　电路连线图

3．程序代码

下面的代码编译下载成功后，转动电位器的旋钮，即改变电位器的滑动臂位置，从 Arduino 板的 A0 端可读取不同的模拟电压值，该值除以 4，经量程变换后（10 位 A/D 采样值转换为 8 位 PWM 值），通过 analogWrite()语句将 PWM 值输出给电机控制端，从而改变电机的转速。通过霍尔开关元件，软件连续测得 2s 内的电机转数，将转数转换成转速（转/分），并送串口监视器显示。2s 的时间是由定时中断实现的。

```
#include <MsTimer2.h>              //添加定时库函数
int count1 = 0;
int a=0;
void setup()
{
  Serial.begin(9600);
  pinMode(7,OUTPUT);               //引脚7定义为输出引脚
  Serial.println("DC motor Speed:");
  noInterrupts();                  //关中断
  attachInterrupt(0,blinkA,RISING);  //设外中断0为上升沿触发，中断入口为blinkA
  MsTimer2::set(2000, flash);      //设置定时中断间隔为2s
  interrupts();                    //开中断
  MsTimer2::start();               //启动定时中断
}
void flash()                       //2s定时中断一次，计算转速
{
  noInterrupts();
  count1=count1*30;                //电机转速（转/分），将2s内转数转换成每分钟的转数
  Serial.println(count1);
  count1=0;
  interrupts();
}
void blinkA()                      //外中断服务程序入口，圆盘转一圈中断一次
{
```

```
    noInterrupts();
    count1=count1+1;                //对脉冲进行计数
    interrupts();
}
void loop()
{
    a=analogRead(A0);
    a=a/4;                          //10 位模拟输入转 8 位 PWM 输出
    analogWrite(7,a);               //PWM 输出控制电机转速
    delay(100);
}
```

程序运行后，直流电机转速测量结果如图 6-19 所示。

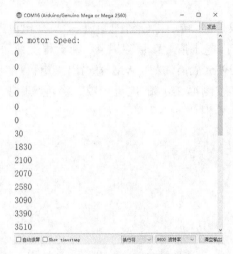

图 6-19　直流电机转速测量结果

6.5　步进电机

步进电机是一种将电脉冲转化为角位移的执行器件。当步进电机驱动器接收到一个脉冲信号时，它就驱动步进电机按设定的方向转动一个固定的角度（即步距角）。通过控制脉冲个数可以控制角位移量，从而达到准确定位的目的，也可以通过控制脉冲频率控制电机转动的速度和加速度，从而达到调速的目的。

步进电机种类很多，主要参数包括减速比、相数、极性和线数等。单极性步进电机有 5 根或 6 根线，4 个线圈，线圈的中心抽头连接在一起并与电源连接，电流的方向不会发生变化。双极性步进电机与单极性步进电机不同之处在于，其引脚引出线圈两极但没有共阳极或共阴极，通过线圈两极可以使用两种电流方向控制电机。线数不仅与相数有关，也与极性有关。

步进电机是电机中比较特殊的一种，它是靠脉冲来驱动的。步进电机常用作数控设备的执行器件。

图 6-20 和图 6-21 所示的是两种步进电机的实物。

图 6-20　永磁式减速步进电机 28BYJ-48 实物图

图 6-21　两相混合式步进电机实物图

6.5.1　步进电机概述

1. 步进电机原理

一般来说，步进电机需要根据线的颜色来接线。但是不同公司生产的步进电机的线的颜色并不相同。步进电机的接线可以通过万用表来确定。

步进电机内部构造如图 6-22 所示。

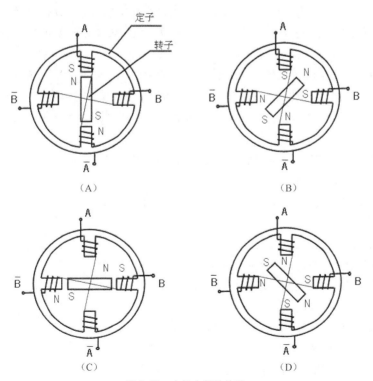

图 6-22　电机内部结构图

由图 6-22 可知，A 和 $\overline{A}$ 是连通的，B 和 $\overline{B}$ 是连通的。那么，A 和 $\overline{A}$ 是一组 a，B 和 $\overline{B}$ 是一组 b。

无论是两相四线、四相五线还是四相六线步进电机，内部构造都是如此。通常由 A 和 $\overline{A}$ 之间，B 和 $\overline{B}$ 之间是否有公共端 com 抽线（com 端），决定它是四线、五线还是六线。如果 a 组和 b 组各自有一个 com 端，则该步进电机是六线，如果 a 和 b 组的公共端连在一起，则是五线。所以，要正确连接步进电机，只需把 a 组和 b 组分开，这可通过万用表测量引出端之间的电阻大小来判断。

（1）四线：由于四线没有公共端 com 抽线，所以 a 和 b 组是绝缘的，不连通。所以，用万用表测电阻，连通的是一组。

（2）五线：五线中 a 组和 b 组的公共端是连接在一起的，用万用表测量电阻，com 端与其他几根线的电阻基本一样。对于五线步进电机，com 端不连接也可以驱动步进电机。

（3）六线：a 组和 b 组的 com 端是不连通的。同样，用万用表测电阻，每组 com 端与同组其他两根线阻值是一样的。对于四相六线步进电机，两根 com 端不接线也可以驱动该步进电机。

使步进电机转动需要依次改变通电的线圈组（相），转子的齿会跟随产生最强磁力的位置移动。轮流给电机 a 组和 b 组连续送脉冲，步进电机就可以转动了。

在介绍步进电机工作模式之前，先介绍几个步进电机的相关概念。

相数：指产生不同对 N、S 磁场的激磁线圈对数。

拍数：指完成一个磁场周期性变化所需脉冲数或导电状态，或指电机转过一个齿距角所需脉冲数。以四相电机为例，四相四拍运行方式为 AB-BC-CD-DA-AB；四相八拍运行方式为 A-AB-B-BC-C-CD-D-DA-A。

步距角：指对应一个脉冲信号，电机转子转过的角位移，用 θ 表示，$\theta=360°/$（转子齿数×运行拍数）。以常规四相、转子齿数（定子线圈数）为 50 齿的电机为例，四拍运行时步距角为 $\theta=360°/（50×4）=1.8°$（俗称整步），八拍运行时步距角为 $\theta=360°/（50×8）=0.9°$（俗称半步）。

下面以四相五线步进电机为例说明步进电机的工作模式，步进电机原理如图 6-23 所示。

四相五线步进电机有单四拍、双四拍、四相八拍 3 种工作模式。

（1）步进电机单四拍工作方式如图 6-24 所示。

正转绕组的通电顺序是 A→B→C→D→A→……

反转绕组的通电顺序是 D→C→B→A→D→……

（2）步进电机的双四拍工作方式如图 6-25 所示。

正转绕组的通电顺序：AB→BC→CD→DA→AB。

反转绕组的通电顺序：DA→CD→BC→AB→DA。

（3）步进电机的四相八拍工作方式如图 6-26 所示。

正转绕组的通电顺序：A→AB→B→BC→C→CD→D→DA→A。

反转绕组的通电顺序：A→DA→D→CD→C→BC→B→AB→A。

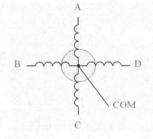

图 6-23　步进电机原理图

	D	C	B	A
1	0	0	0	1
2	0	0	1	0
3	0	1	0	0
4	1	0	0	0

图 6-24　单四拍工作方式

	D	C	B	A
1	0	0	1	1
2	0	1	1	0
3	1	1	0	0
4	1	0	0	1

图 6-25　双四拍工作方式

	D	C	B	A
1	0	0	0	1
2	0	0	1	1
3	0	0	1	0
4	0	1	1	0
5	0	1	0	0
6	1	1	0	0
7	1	0	0	0
8	1	0	0	1

图 6-26　四相八拍工作方式

对四相步进电机，用万用表可测出两组线圈，一端确定为 A，则同组的另一端为 C，另一组为 B 和 D。若 B 和 D 接反了，电机转向就反了。

下面详细介绍永磁式减速步进电机 28BYJ-48 的参数、相序和编程方法。

2．减速步进电机 28BYJ-48

永磁式减速步进电机 28BYJ-48 的参数如表 6-6 所示。

表 6-6　　　　　　　　　减速步进电机 28BYJ-48 的主要参数

极性	供电电压	相数/线数	拍数/齿数	步进角度	减速比	直径
单极性	5V	4 相/5 线	8 拍/8 齿	5.625 度/64	1:64	28mm

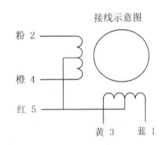

图 6-27　步进电机接线颜色定义

该步进电机空载电流在 50mA 以下，带减速比为 1:64 的减速器，输出力矩比较大，可以驱动重负载。注意：此款步进电机带有减速比为 1:64 的减速器，与不带减速器的步进电机相比，转速显得较慢。步进电机时序分配如表 6-7 所示，步进电机接线颜色定义如图 6-27 所示。采用反向驱动，逻辑 1 代表低电平，逻辑 0 代表高电平。表中的"+"代表红线为高电平，"-"代表低电平。工作模式为四相八拍，按 1～8 的顺序通电，则电机按顺时针方向转动，反之则反转。

表 6-7　　　　　　　　　　　步进电机时序分配

序号	颜色	分配顺序							
		1	2	3	4	5	6	7	8
1（A）	蓝	−	−						−
2（B）	粉		−	−	−				
3（C）	黄								
4（D）	橙						−	−	−
5（COM）	红	+	+	+	+	+	+	+	+

四相五线可以用普通 ULN2003 芯片驱动（反向驱动），电机驱动原理如图 6-28 所示。

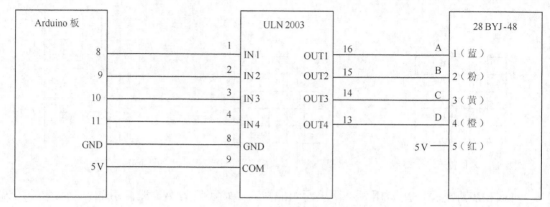

图 6-28　电机驱动原理

图 6-29 所示的是两种采用 ULN2003 芯片驱动电路板的实物。电路板增加了带 4 个发光二极管的电路，当对应引脚为有效时，二极管亮。二极管通过上拉电阻器与 5V 连接。

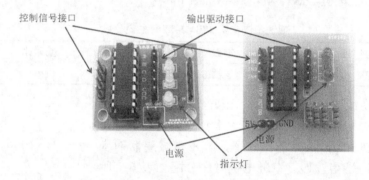

图 6-29　ULN2003 芯片驱动电路板实物图

28BYJ-48 的步距角 θ=360 度/8×8×64=5.625 度/64，步进电机转动一圈，电机的总步数：

360/（5.625/64）=4096 步　　　　　　8 拍运行

360/（5.625×2/64）=2048 步　　　　　4 拍运行

注意：可以通过控制脉冲个数来控制角位移量，从而达到准确定位的目的。步进电机按不同控制方式收到一个脉冲（即 1 拍），转动一个角度，脉冲的间隔时间（延时时间）决定了转动速度，时间长则转动慢，时间短则转动快。步进电机有最快速度限制，速度过快可能丢步，一般间隔时间最小在 3ms 左右。其转向由绕组的通电顺序决定。

6.5.2　步进电机的类库函数

Arduino IDE 中提供了步进电机封装类库 Stepper，主要定义了 1 个构造函数和 2 个成员函数。

1. Stepper()

功能：构造函数，创建一个 Stepper 类的对象时被执行，执行时设置步数和控制引脚。

语法格式：Stepper myStepper (steps, pin1, pin2)；

　　　　　　Stepper myStepper (steps, pin1, pin2, pin3, pin4)。

参数说明：steps，电机转一圈的步数，int 类型，若已知步距角，则步数=360/步距角；

pin1, pin2, pin3, pin4，连接到电机的控制引脚编号，int 类型。

返回值：无。

例如：Stepper myStepper (100, 5, 6,7,8);

创建了一个对象 myStepper，下面以该对象为例描述其他类成员函数。

2．setSpeed()

功能：设置电机旋转速度。

语法格式：myStepper.setSpeed(rpms)。

参数说明：rpms，转数/分钟，long 类型，正数。

返回值：无。

3．step()

功能：设置步进电机按 setSpeed()设置的速度转动的步数。

语法格式：myStepper.step(steps)

参数说明：steps，电机转动的步数，参数为正数则正向旋转，负数则反向旋转。

返回值：无。

6.5.3 步进电机的应用实例

1．实例 1：不使用库函数，使电机先正向旋转，再反向旋转

（1）所需硬件与连接

① Arduino 板×1。

② 驱动板或面包板和 ULN2003×1。

③ 杜邦线若干。

④ 28BYJ-48 型步进电机×1。

按表 6-8 或图 6-28，通过面包板进行连线。

表 6-8　　　　　　　　　　　　　　步进电机接线表

Arduino 引脚编号	步进电机驱动板输入	步进电机驱动板输出	步进电机引出线
8	IN1	OUT1	蓝（A）
9	IN2	OUT2	粉（B）
10	IN3	OUT3	黄（C）
11	IN4	OUT4	橙（D）
		5V	红（公共端）

（2）参考程序

按图 6-24 所示的单四拍工作方式输出高低电平，给线圈通电、断电。其代码如下。

```
#define TIME  5                        //定义每拍间隔时间（速度）
void setup()
{
  pinMode(8,OUTPUT);
  pinMode(9,OUTPUT);
```

```
    pinMode(10,OUTPUT);
    pinMode(11,OUTPUT);
}
void loop()
{
  int q = 100;
  for (int i = 0; i < q; i++)              //正向旋转
   {
    digitalWrite( 8, 1);                   //A 相通电
    digitalWrite( 9, 0);
    digitalWrite(10, 0);
    digitalWrite(11, 0);
    delay(TIME);                           //改变 TIME 的大小可控制电机转速

    digitalWrite( 8, 0);
    digitalWrite( 9, 1);                   //B 相通电
    digitalWrite(10, 0);
    digitalWrite(11, 0);
    delay(TIME);

    digitalWrite( 8, 0);
    digitalWrite( 9, 0);
    digitalWrite(10, 1);                   //C 相通电
    digitalWrite(11, 0);
    delay(TIME);

    digitalWrite( 8, 0);
    digitalWrite( 9, 0);
    digitalWrite(10, 0);
    digitalWrite(11, 1);                   //D 相通电
    delay(TIME);
   }

  for (int i = 0; i < q; i++)              //反向旋转
   {
    digitalWrite( 8, 0);
    digitalWrite( 9, 0);
    digitalWrite(10, 0);
    digitalWrite(11, 1);                   //D 相通电
    delay(TIME);

    digitalWrite( 8, 0);
    digitalWrite( 9, 0);
    digitalWrite(10, 1);                   //C 相通电
```

```
digitalWrite(11, 0);
delay(TIME);

digitalWrite( 8, 0);
digitalWrite( 9, 1);                    //B 相通电
digitalWrite(10, 0);
digitalWrite(11, 0);
delay(TIME);

digitalWrite( 8, 1);                    //A 相通电
digitalWrite( 9, 0);
digitalWrite(10, 0);
digitalWrite(11, 0);
delay(TIME);
  }
}
```

2．实例 2：应用类库成员函数实现功能，即利用电位器控制 6 线步进电机的转速

（1）所需硬件与连线

① Arduino 板×1。

② 10kΩ 电位器×1。

③ 6 线步进电机×1。

④ U2003 驱动芯片×1。

⑤ 5V 电池×1 或 USB 数据线供电×1。

⑥ 杜邦线若干。

⑦ 面包板×1。

电路原理如图 6-30 所示。

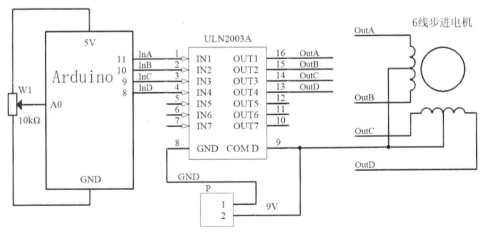

图 6-30　6 线步进电机电路原理

实际电路如图 6-31 所示。

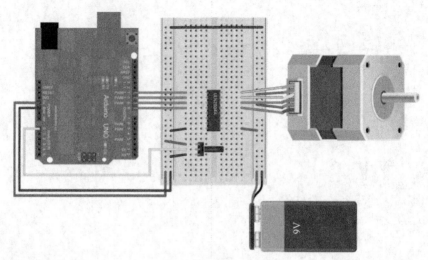

图 6-31　6 线步进电机实际电路

（2）参考程序

```
#include <Stepper.h>                       //添加库函数
#define STEPS 100                          //电机转一圈的步数为100
Stepper stepper=Stepper (STEPS, 8, 9, 10, 11);  //创建实例，指定步进电机的步数和控制引脚
int previous = 0;                          //模拟输入变量初始化
void setup() {
  stepper.setSpeed(30);                    //设置步进电机的速度30转/分钟
}
void loop() {
    int val = analogRead(0);               //读取电位器的值
    stepper.step(val - previous);          //电位器的变化值作为步进电机转动步数
    previous = val;                        //更新电位器的值
}
```

6.6　舵机

舵机是一种位置（角度）伺服的驱动器，适用于那些需要角度不断变化并能保持的控制系统。目标物姿态变换的俯仰、偏航、滚转运动等都是靠舵机相互配合完成的。舵机在船舶、高档遥控玩具、智能车和机器人控制等方面有很多应用。例如，舵机是船舶上的一种大甲板机械，选型时主要考虑扭矩大小。

舵机参数主要包括外形尺寸（mm）、扭力（kg/cm）、速度（秒/60°）、测试电压（V）及重量（g）等。扭力的单位是 kg/cm，意思是在摆臂长度 1cm 处，能吊起几千克的物体。这就是摆臂的概念，因此摆臂长度越长，扭力越小。速度是舵机转动 60°所需要的时间。

舵机一般是由小型无刷电机、控制电路、电位器和变速齿轮组等组成的传动装置。直流电机提供动力，变速齿轮组进行减速以提供足够力矩，控制电路和电位器等监控舵机输出轴的角度以控制方向，舵机可控角度约 180°。一般舵机有 3 条引线，如图 6-32 所示。

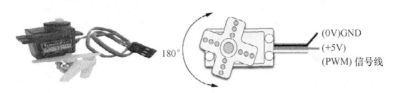

图 6-32 舵机实物和示意图

6.6.1 舵机概述

舵机的工作原理是控制电路板接收来自信号线的控制信号，并控制电机转动，电机带动一系列齿轮组，减速后传动至输出舵盘。舵机的输出轴和位置反馈电位计是相连的，舵盘转动的同时，带动位置反馈电位计，电位计输出一个电压反馈信号到控制电路板，控制电路板根据其所在位置决定电机的转动方向和速度。

标准的舵机三条引出线是电源线（红色）、地线（橙色）、控制线（黄色）。因为舵机的控制信号是 PWM 信号，所以我们可利用占空比的变化，改变舵机的位置。

电源线和地线用于提供舵机内部的直流电机和控制线路所需的能源。电压通常介于 4V～6V，一般取 5V。注意，给舵机供电的电源应能提供足够的功率。控制线的输入是一个宽度可调的周期性方波脉冲信号，方波脉冲信号的周期为 20 ms（即频率为 50Hz）。当方波的脉冲宽度改变时，舵机转轴的角度发生改变，角度变化与脉冲宽度的变化成正比。例如某型号舵机的输出轴转角与输入信号的脉冲宽度之间的关系可用图 6-33 来表示。

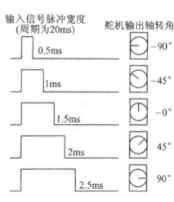

图 6-33 脉冲宽度和转角的关系

6.6.2 舵机的类库函数

Arduino IDE 提供了 Servo 类库，用来实现对舵机的控制，下面以实例 servo 为例介绍 Servo 类库的成员函数。

1. attach()

功能：为舵机指定一个引脚。

语法格式：servo.attach(pin) 和 servo.attach(pin, min, max)。

参数说明：pin，连接控制线的 Arduino 引脚编号；min，可选参数，脉冲宽度，单位 μs，默认最小值为 544，对应最小角度 0°；max，可选参数，脉冲宽度，单位 μs，默认最大值为 2400，对应最大角度 180°。

返回值：无。

例子：

```
#include <Servo.h>
Servo myservo;
```

```
void setup()
{
  myservo.attach(9);                        //设置引脚 9 为控制引脚
}
void loop() {}
```

2. write()

功能：设定舵机的角度值。

语法格式：servo.write(angle)。

参数说明：angle，设定的角度值，范围是 0～180°。

返回值：无。

例子：

```
#include <Servo.h>
Servo myservo;
void setup()
{
  myservo.attach(9);
  myservo.write(90);                        //设置舵机的中间位置
}
void loop() {}
```

3. writeMicroseconds()

功能：设定舵机的脉冲宽度，单位 μs。

语法格式：servo.writeMicroseconds(μs)。

参数说明：μs，设定的脉宽值，单位 μs，int 类型。

返回值：无。

例子：

```
#include <Servo.h>
Servo myservo;
void setup()
{
  myservo.attach(9);
  myservo.writeMicroseconds(1500);          //设置舵机的中间位置（1.5ms）
}
void loop() {}
```

4. read()

功能：读取舵机的角度值。

语法格式：servo.read()。

参数说明：无。

返回值：舵机的角度值，int 类型，范围是 0～180°。

5. attached()

功能：检查舵机是否指定了引脚。

语法格式：servo. attached ()。

参数说明：无。

返回值：布尔类型，为 true 则表示指定了引脚，否则为 false。

6．detach ()

功能：将舵机与指定引脚分离。

语法格式：servo. detach ()。

参数说明：无。

返回值：无。

6.6.3 舵机的应用实例

以 9g 舵机为例，其工作电压为 3.5～6V，工作电流约 200mA（运转受阻时为 300mA），可以使用 Arduino 板 5V 引脚供电。当多于一个舵机时，需要单独从 Vin 引脚供电。

本节列举 2 个实例，实例 1 没有调用类库，实例 2 采用 IDE 提供的 Servo 类库。

1．实例 1：将从串口监视器输入的 0～9 的数字转换成 0～180 对应的角度，控制舵机位置

（1）所需硬件与连线

① Arduino 板×1。

② 9g 舵机×1。

③ ULN2003×1。

④ 杜邦线若干。

按表 6-9 连接舵机和 Arduino 板。

表 6-9   舵机引脚说明及连接

舵机引脚颜色	引脚说明	Arduino 引脚名称
红色	电源	5V
棕色	地	GND
黄色	控制线	7

（2）参考程序

代码如下。

```
int servopin=7;                        //定义舵机接口引脚7
int myangle;                           //定义角度变量
int pulsewidth;                        //定义脉宽变量
int val;
void servopulse(int servopin,int myangle)  //定义一个脉冲函数
{
  pulsewidth=(myangle*11)+500;         //将角度转化为500~2480的脉宽值
  digitalWrite(servopin,HIGH);         //将舵机接口电平置高
  delayMicroseconds(pulsewidth);       //延时脉宽值的微秒数
  digitalWrite(servopin,LOW);          //将舵机接口电平置低
  delay(20-pulsewidth/1000);
}
void setup()
```

```
{
  pinMode(servopin,OUTPUT);                  //设定舵机接口为输出接口
  Serial.begin(9600);                        //连接到串行端口,波特率为9600bit/s
  Serial.println("servu=o_seral_simple ready" ) ;
}
//将0到9的数转化为0到180角度,并让LED灯闪烁相应数的次数
 void loop()
 {
  val=Serial.read();                         //读取串行端口的值
  if(val>'0'&&val<='9')
{
    val=val-'0';                             //将字符转化为数值变量
    val=val*(180/9);                         //将数字转化为角度
    Serial.print("moving servo to ");
    Serial.print(val,DEC);
    Serial.println();
    for(int i=0;i<=50;i++)                   //给予舵机足够的时间让它转到指定角度
     {
        servopulse(servopin,val);            //调用脉冲函数
     }
   }
 }
```

程序编译下载后,从串口监视器输入 1~9 的数字后,舵机程序运行结果如图 6-34 所示。

图 6-34　舵机程序运行结果

2. 实例 2：通过电位器控制舵机

程序下载后,当改变电位器旋钮位置时,舵机转动的角度会随之改变。

（1）所需硬件

① Arduino 板×1。

② 10kΩ 电位器×1。

③ 舵机 1 个。

（2）原理图和实物连线图

原理如图 6-35 所示，实物连线如图 6-36 所示。

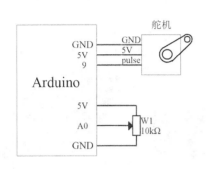

图 6-35　电位器控制舵机原理图

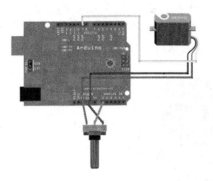

图 6-36　电位器控制舵机实物连线图

（3）参考代码

```
/*
Controlling a servo position using a potentiometer (variable resistor)
by Michal Rinott <http://people.interaction-ivrea.it/m.rinott>
modified on 8 Nov 2013
by Scott Fitzgerald
http://www.arduino.cc/en/Tutorial/Knob
*/

#include <Servo.h>                    //使用伺服电机类库

Servo myservo;                        //定义伺服对象 myservo
int potpin = 0;                       //模拟引脚用于连接电位器
int val;                              //电位器的模拟值存放变量

void setup() {
  myservo.attach(9);                  //指定引脚 9 与舵机控制引脚相连
}

void loop() {
  val = analogRead(potpin);           //读取电位器的值（0~1023）
  val = map(val, 0, 1023, 0, 180);    //变换为控制舵机的角度值（0~180）
  myservo.write(val);                 //根据换算后的值设置舵机位置
  delay(15);                          //等待舵机到位，以防舵机抖动
}
```

6.7　SD 卡读写模块

SD 卡在日常生活与工作中应用广泛，目前已经成为最为通用的数据存储卡。在诸如 MP3、

智能手机和数码相机等设备上都采用 SD 卡作为其存储设备。SD 卡具有价格低廉、存储容量大、使用方便、通用性与安全性强等优点。SD 卡提供大容量数据存储和高速数据传输功能，将 SD 卡应用到嵌入式应用系统，将使系统变得更加出色。有关 SD 卡的存储器结构、存储单元组织方式等内容可参见相关产品的官方文档。

SD 卡和 MicroSD 卡（也称为 TF 卡）的实物和引脚定义如图 6-37 所示。

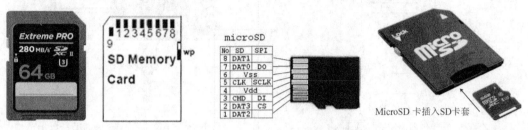

图 6-37　SD 卡和 MicroSD 卡的实物和引脚定义

6.7.1　SD 卡读写模块概述

SD 卡支持两种总线方式：SD 方式与 SPI 方式。其中 SD 方式采用 6 线制，使用 CLK、CMD、DAT0～DAT3 进行数据通信（PC 等设备使用）。而 SPI 方式采用 4 线制，使用 CS、CLK、DI 和 DO 进行数据通信。SD 方式的数据传输速度比 SPI 方式快，但采用单片机对 SD 卡进行读写时一般都采用 SPI 模式。采用不同的初始化方式可以使 SD 卡工作于 SD 方式或 SPI 方式。本节只讨论 SPI 方式。

SD 卡的 SPI 通信接口使其可以通过 SPI 通道进行数据读写。由于很多单片机内部自带 SPI 控制器，所以采用 SPI 接口不仅能给开发带来方便，同时也能降低开发成本。

SD 卡引脚和功能如表 6-10 所示，MicroSD 卡和 SD 卡是兼容的，但 MicroSD 卡不带写保护开关。MicroSD 卡通过卡套转换后可以当作 SD 卡使用。

表 6-10　　　　　　　　　　　　　　　SD 卡引脚和功能

引脚编号	SD 模式			SPI 模式		
	名称	类型	描述	名称	类型	描述
1	CD/DAT3	IO 或 PP	卡检测/数据线 3	CS	I	片选
2	CMD	PP	命令/回应	DI	I	数据输入
3	VSS1	S	电源地	VSS1	S	电源地
4	V_{DD}	S	电源	V_{DD}	S	电源
5	CLK	I	时钟	SCLK	I	时钟
6	VSS2	S	电源地	VSS2	S	电源地
7	DAT0	IO 或 PP	数据线 0	DO	O 或 PP	数据输出
8	DAT1	IO 或 PP	数据线 1	X		
9	DAT2	IO 或 PP	数据线 2	X		

注：S，电源供给，I，输入；O，采用推拉驱动的输出；PP，采用推拉驱动的输入/输出。

Arduino 的 I/O 接口输出 5V 高电平，而 SD 卡的工作电压是 3.3V，故需要通过电平转换才可与 Arduino 连接，一般通过 SD 读写模块与 Arduino 连接。

6.7.2　SD 卡的类库函数

SD 类库允许对标准 SD 卡进行读写。该库支持 FAT16 和 FAT32 文件系统。文件遵循 8.3 命名规则。文件名可以包括路径名，例如 directory/filename.txt。对于 1.0 版本，库支持同时打开多个文件。

通过 SPI 和 SD 卡通信，大部分 Arduino 开发板使用引脚 11、12 和 13，而 Arduino Mega 开发板使用引脚 50、51 和 52，除此之外，还需选择另一个引脚传输 SD 卡的片选信号，即硬件的 SS 引脚，大部分 Arduino 开发板使用引脚 10，而 Arduino Mega 开发板使用引脚 53。也可以选择其他引脚传输片选信息，该引脚需要在调用 SD.begin()时指明。但即使 SS 引脚未使用，也必须将其设置为输出，否则 SD 类库将不能正常工作。

IDE 提供了 SDClass 和 File 两种类库，下面分别进行介绍。

1．SDclass 封装类库

SD.h 中定义了一个 SDclass 类的对象 SD，通过 SD 可访问 SDclass 类的成员函数，实现对 SD 卡上文件和目录的操作，下面介绍其主要成员函数。

（1）begin()

功能：初始化 SD 类库和 SD 卡。

语法格式：SD.begin()；

　　　　　　SD.begin(cspin)。

参数说明：cspin（可选），连接到 SD 卡的片选引脚，默认为 SPI 总线 SS 引脚。

返回值：true，初始化完成；false，初始化失败。

（2）exists()

功能：测试一个文件或目录是否存储在 SD 卡中。

语法格式：SD.exists(filename)。

参数说明：filename，可包含目录的文件名（用"/"分界）。

返回值：若文件或目录存在，返回真（true），否则返回假（false）。

（3）mkdir()

功能：在 SD 卡上创建一个目录，也可以创建任何中间目录。例如 SD.mkdir("a/b/c")将创建 a、b 和 c。

语法格式：SD.mkdir(filename)。

参数说明：filename，创建的目录名，包括用"/"分界的子目录。

返回值：若目录创建成功返回真，否则返回假。

（4）open()

功能：打开 SD 卡上的文件。当按写模式打开文件时，若文件不存在则创建文件（但包含文件的文件夹必须已存在）。

语法格式：SD.open(filename)；

　　　　　　SD.open(filename, mode)。

参数说明：filename，打开的文件名，可包括用"/"分界的文件夹，char 类型；

　　　　　　mode (可选参数)，打开文件的模式有两种（默认是 FILE_READ），byte 类型；

FILE_READ，按读模式打开文件，从头开始读；FILE_WRITE，按读写模式打开文件，从文件末尾开始写。

返回值：被打开的文件对象（实例）。若无法打开文件，文件对象将为假，即可以用 "if (f)"测试返回值。

（5）remove()

功能：从 SD 卡删除一个文件。

语法格式：SD.remove(filename)。

参数说明：filename，可包含路径的文件名（用"/"分界）。

返回值：删除成功返回真。否则返回假（若文件不存在，返回值不确定）。

（6）rmdir()

功能：从 SD 卡删除一个目录，目录必须为空。

语法格式：SD.rmdir(name)。

参数说明：name，目录名，子目录用 "/"分界。

返回值：目录删除成功返回真，否则返回假（若目录不存在，返回值不确定）。

2．File 封装类库

File 类库允许对 SD 卡上的文件进行读写。下面以对象 file 为例介绍其成员函数。

（1）name()

功能：返回文件名。

语法格式：file.name()。

参数说明：file，File 类的一个实例 (SD.open()的返回值)。

返回值：文件名。

（2）available()

功能：检查文件的字节数，available()继承了流实用类。

语法格式：file.available()。

参数说明：file，File 类的一个实例（SD.open()的返回值)。

返回值：文件的字节数，int 类型。

（3）close()

功能：关闭文件。

语法格式：file.close()。

参数说明：file，File 类的一个实例（SD.open()的返回值)。

返回值：无。

（4）flush()

功能：确保写到文件里的字节存储到 SD 卡上。当文件关闭时，自动完成。

语法格式：file.flush()。

参数说明：file，File 类的一个实例（SD.open()的返回值)。

返回值：无。

（5）peek()

功能：从文件中读取下一个字节，连续调用该函数将返回同一个值。peek()继承了流实用类。

语法格式：file.peek()。

参数说明：file，File 类的一个实例（SD.open()的返回值）。

返回值：下一个字节或字符，若无则返回-1。

（6）position()

功能：获取文件的当前位置（将要读写的下一个字节的位置）。

语法格式：file.position()。

参数说明：file，File 类的一个实例（SD.open()的返回值）。

返回值：文件位置，unsigned long 类型。

（7）print()

功能：输出数据到以写方式打开的文件。按 ASCII 形式输出数字（如 123 按"1""2""3"输出）。

语法格式：file.print(data) 和 file.print(data, BASE)。

参数说明：file，File 类的一个实例（SD.open()的返回值）；

　　　　　data，输出数据，char、byte、int、long 或 string 类型；

　　　　　BASE（可选参数），输出数据的进制，BIN 是二进制，DEC 是十进制，OCT 是八进制，HEX 是十六进制。

返回值：byte，输出的字节数，读取该数据是可选操作。

（8）println()

功能：按 ASCII 文本输出数据到以写方式打开的文件，后接一个回车符和一个换行符。

语法格式：file.println()、file.println(data) 和 file.println(data, BASE)。

参数说明：同 print()函数。

返回值：同 print()函数。

（9）seek()

功能：移动位置指针，必须在 0 到文件尾之间。

语法格式：file.seek(pos)。

参数说明：file，File 类的一个实例（SD.open()的返回值）；

　　　　　pos，位置指针的位置，unsigned long 类型。

返回值：成功返回真，否则返回假。

（10）size()

功能：获取文件的字节数。

语法格式：file.size()。

参数说明：file，File 类的一个实例（SD.open()的返回值）。

返回值：文件的字节数，unsigned long 型。

（11）read()

功能：读取文件的一个字符或字符串，read()继承了流实用类。

语法格式：file.read()和 file.read(buf, len)。

参数说明：file，File 类的一个实例（SD.open()的返回值）；

　　　　　buf，字符或字节的一个数组；

　　　　　len，buf 元素的个数。

返回值：下一个字节或字符，否则返回-1。

（12）write()

功能：写数据到文件。

语法格式：file.write(value)和 file.write(buf, len)。

参数说明：file，File 类的一个实例（SD.open()的返回值）；

value，写入的数据，byte 类型；

buf，要写入文件的字节、字符或字符串(char *)；

len，buf 元素的个数。

返回值：写入的字节数，该数据的读取是可选操作。

（13）isDirectory()

功能：目录（或文件夹）是特殊的文件，该函数检查当前的文件是否为一个目录。

语法格式：file.isDirectory()。

参数说明：file，File 类的一个实例（SD.open()的返回值）。

返回值：当前的文件是目录返回真，否则返回假。

例子：

```cpp
#include <SD.h>
File root;                              //定义对象 root
void setup()
{
  Serial.begin(9600);
  pinMode(10, OUTPUT);                  //定义引脚 10（ss 引脚）为输出
  SD.begin(10);                         //SD 卡初始化，引脚 10 为 SS
  root = SD.open("/");                  //打开根目录下的文件 root
  printDirectory(root, 0);              //显示文件或目录
  Serial.println("done!");
}
void loop()
{
......
}

void printDirectory(File dir, int numTabs) {  //显示目录或文件, numTabs 是 Tabs 的数量
    while(true) {
    File entry = dir.openNextFile();
    if (! entry) {
                                        //没有更多文件
    break;
    }
    for (uint8_t i=0; i<numTabs; i++) {
      Serial.print('\t');
    }
    Serial.print(entry.name());
```

```
        if (entry.isDirectory()) {                    //是目录为真
           Serial.println("/");
           printDirectory(entry, numTabs+1);
        } else {
                                                       //文件有大小，目录没有

           Serial.print("\t\t");
           Serial.println(entry.size(), DEC);
         }
      }
}
```

（14）openNextFile()

功能：打开某个目录下的下一个文件或文件夹。

语法格式：file.openNextFile()。

参数说明：file，File 类的一个实例（SD.open()的返回值）。

返回值：char，下一个文件或文件夹。

例如：

```
#include <SD.h>
File root;
void setup()
{
  Serial.begin(9600);
  pinMode(10, OUTPUT);
  SD.begin(10);
  root = SD.open("/");
  printDirectory(root, 0);
  delay(2000);
  Serial.println();
  Serial.println("Rewinding, and repeating below:" );
  Serial.println();
  delay(2000);
  root.rewindDirectory();                  //使目录指针指向目录中的第一个文件
  printDirectory(root, 0);
  root.close();
}

void loop()
{
//空
}

void printDirectory(File dir, int numTabs)
{
```

```
  while (true)
  {
    File entry = dir.openNextFile();              //打开下一个文件或文件夹
    if (! entry)
    {
      if (numTabs == 0)
        Serial.println("** Done **");
      return;
    }
    for (uint8_t i = 0; i < numTabs; i++)
    Serial.print('\t');
    Serial.print(entry.name());
    if (entry.isDirectory())
    {
      Serial.println("/");
      printDirectory(entry, numTabs + 1);
    }
    else
    {
      Serial.print("\t\t");
      Serial.println(entry.size(), DEC);
    }
    entry.close();
  }
}
```

（15）rewindDirectory()

功能：使目录指针指向目录中的第一个文件。一般和 openNextFile()函数一起使用。

语法格式：file.rewindDirectory()。

参数说明：file，File 类的一个实例（SD.open()的返回值）。

返回值：无。

例子：

```
#include <SD.h>
File root;

void setup()
{
  Serial.begin(9600);
  pinMode(10, OUTPUT);
  SD.begin(10);
  root = SD.open("/");
```

```
      printDirectory(root, 0);
      Serial.println("done!");
}


void loop()
{
      //loop 函数为空
}


void printDirectory(File dir, int numTabs) {
   while(true) {
      File entry = dir.openNextFile();
      if (! entry) {
         dir.rewindDirectory();                    //指针指向第一个文件
         break;
      }
      for (uint8_t i=0; i<numTabs; i++) {
         Serial.print('\t');
      }
      Serial.print(entry.name());
      if (entry.isDirectory()) {                    //entry 是目录则为真
         Serial.println("/");
         printDirectory(entry, numTabs+1);
      } else {
      //文件有大小，目录没有
         Serial.print("\t\t");
         Serial.println(entry.size(), DEC);
      }
   }
}
```

6.7.3 SD 卡读写模块的应用实例

实例：读取 SD 卡的信息。

1. 所需硬件

（1）Arduino 板×1。

（2）SD 卡读写模块×1。

（3）SD 卡×1。

（4）杜邦线若干。

SD 卡读写模块实物如图 6-38 所示。该模块兼容 5V 和 3.3V 两种主控电压。

图 6-38 SD 卡读写模块实物图

2. 硬件连线

按表 6-11 进行连线。

表 6-11   SD 卡连线表

SD 卡引脚名称	引脚说明	Arduino UNO 引脚编号	Arduino Mega 2560 引脚编号
5V	电源	5V	5V
CS	片选	4	53（SS）
MOSI	信号线	11	50（MISO）
SCK	时钟	13	52（SCK）
MISO	信号线	12	51（MOSI）
GND	地	GND	GND

3. SD 卡测试实例代码

如 SD 卡工作正常，IDE 中的串口监视器显示该卡的相关信息。

```
//created  28 Mar 2011 by Limor Fried, modified 9 Apr 2012,  by Tom Igoe
#include <SPI.h>                         //添加 SPI 库
#include <SD.h>                          //添加 SD 库
Sd2Card card;                            //根据 SD 卡库成员函数定义变量
SdVolume volume;
SdFile root;
const int chipSelect =53;                //定义片选引脚
void setup() {
  Serial.begin(9600);                    //串口初始化
  while (!Serial) {
    ;
  }
Serial.print("\nInitializing SD card...");
if (!card.init(SPI_HALF_SPEED, chipSelect)) {  //调用实用库中的初始化代码，测试
//卡是否工作
Serial.println("initialization failed. Things to check:");
 Serial.println("* is a card inserted?");
 Serial.println("* is your wiring correct?");
 Serial.println("* did you change the chipSelect pin to match your shield or module?");
while (1);
  } else {
    Serial.println("Wiring is correct and a card is present.");
  }
 Serial.println();                       //输出卡的类型
 Serial.print("Card type:         ");
 switch (card.type()) {
   case SD_CARD_TYPE_SD1:
     Serial.println("SD1");
     break;
```

```
      case SD_CARD_TYPE_SD2:
        Serial.println("SD2");
        break;
      case SD_CARD_TYPE_SDHC:
        Serial.println("SDHC");
        break;
      default:
        Serial.println("Unknown");
    }
      if (!volume.init(card)) {    //打开"卷"/"分区"，文件格式应该是 FAT16 或 FAT32
      Serial.println("Could not find FAT16/FAT32 partition.\nMake sure you've
  formatted the card");
      while (1);
    }
    Serial.print("Clusters:          ");
    Serial.println(volume.clusterCount());
    Serial.print("Blocks x Cluster: ");
    Serial.println(volume.blocksPerCluster());
    Serial.print("Total Blocks:      ");
    Serial.println(volume.blocksPerCluster() * volume.clusterCount());
    Serial.println();
    uint32_t volumesize;                        //输出卷的 FAT 类型和大小
    Serial.print("Volume type is:    FAT");
    Serial.println(volume.fatType(), DEC);

    volumesize = volume.blocksPerCluster();    //簇是块的集合
    volumesize *= volume.clusterCount();       //有许多簇
    volumesize /= 2;                            //SD 卡的块总是 512 字节(2 个块是 1KB)
    Serial.print("Volume size (Kb): ");
    Serial.println(volumesize);
    Serial.print("Volume size (Mb): ");
    volumesize /= 1024;
    Serial.println(volumesize);
    Serial.print("Volume size (Gb): ");
    Serial.println((float)volumesize / 1024.0);
    Serial.println("\nFiles found on the card (name, date and size in bytes): ");
    root.openRoot(volume);
    root.ls(LS_R | LS_DATE | LS_SIZE);         //列出卡中所有文件的数据的字节数
  }
  void loop(void)
  { }
```

SD 卡测试实例输出结果如图 6-39 所示。

图 6-39　SD 卡测试实例输出结果

4. SD 卡文件读写实例代码

使用下面的代码对 SD 卡上的文件进行读写操作。

```
#include <SPI.h>
#include <SD.h>
File myFile;
void setup() {
  Serial.begin(9600);
  while (!Serial) {
    ;                          //等待串口连接
  }
  Serial.print("Initializing SD card...");

  if (!SD.begin(53)) {
    Serial.println("initialization failed!");
    while (1);
  }
  Serial.println("initialization done.");
  //1 次只能打开一个文件，打开另一个之前，当前打开文件必须关闭
  myFile = SD.open("test.txt", FILE_WRITE);    //按读写模式打开文件 test.txt
  //若文件打开正确，写文件
  if (myFile) {
    Serial.print("Writing to test.txt...");
    myFile.println("testing 1, 2, 3.");    //向文件test.txt写入testing 1, 2, 3
```

```
      myFile.close();                              //关闭文件
      Serial.println("done.");
   } else {
      Serial.println("error opening test.txt");    //若打开错误，提示错误信息
   }
   myFile = SD.open("test.txt");                    //重新打开文件
   if (myFile) {
      Serial.println("test.txt:");
      while (myFile.available()) {                  //读文件
      Serial.write(myFile.read());
      }
      myFile.close();                               //关闭文件
   } else {
      Serial.println("error opening test.txt");     //显示错误信息
   }
}

void loop(){
   }
```

6.8　RFID 模块

射频识别技术即 RFID（Radio Frequency Identification）技术，又称无线射频识别，是一种短距离识别技术，可通过无线电信号识别特定目标并读写相关数据，而无须识别系统与特定目标之间建立机械或光学接触。常用的有低频 30kHz～300kHz、高频 3MHz～30MHz、超高频 3GHz～30GHz 等微波技术。RFID 读写器有移动式和固定式两种类型。目前 RFID 技术已广泛应用于图书馆、门禁、地铁、公交和食品安全溯源等相关系统。

6.8.1　RFID 模块概述

一套完整的 RFID 系统由阅读器（Reader）、电子标签（TAG）即所谓的应答器（Transponder）以及应用软件三部分组成，其工作原理是：阅读器发射一特定频率的无线电波给应答器，用以驱动其电路将其内部的数据送出，此时阅读器便依序接收并解读数据，传送给应用程序做相应的处理。

以 RFID 卡片阅读器及电子标签之间的通信及能量感应方式来看，RFID 有感应耦合（Inductive Coupling）及后向散射耦合（Backscatter Coupling）两种方式。一般低频的 RFID 大多采用第一种方式，而高频大多采用第二种方式。

根据使用的结构和技术不同，阅读器可以是读或读/写装置，它是 RFID 系统信息控制和处理中心。阅读器通常由耦合模块、收发模块、控制模块和接口单元组成。阅读器和应答器之间一般采用半双工通信方式进行信息交换，同时阅读器通过耦合给无源应答器提供能量和时序。在实际应用中，可进一步通过 Ethernet 或 WLAN 等实现对物体识别信息的采集、处理及远程传送等管理功能。应答器是 RFID 系统的信息载体，大多是由耦合元件（线圈、微带

天线等）和微芯片组成的无源单元，如身份证、公交卡等均为无源 RFID 标签。

常用的无源读写模块 RFID-RC522 和标签卡（IC 卡）如图 6-40 所示。其天线工作频率为 13.56MHz，支持 SPI、I2C 和 UART 通信接口。

图 6-40　读写模块 RFID-RC522 和标签卡（IC 卡）

6.8.2　RFID 的类库函数

RFID 是第三方类库，采用 SPI 通信接口，其定义了一个构造函数和多个成员函数。本节对其主要的成员函数进行介绍。

1．RFID()

功能：构造函数，创建一个 RFID 类的对象时被执行，执行时设置读卡器使能 SS（模块中 SDA）和 RST 引脚。

语法格式：RFID rfid（pin1,pin2）。

参数说明：pin1，与读卡器使能引脚（SS）连接的 Arduino 板引脚编号；

　　　　　pin2，与读卡器复位（RST）引脚连接的 Arduino 板引脚编号。

例如：RFID rfid (49,47);

创建了一个对象 rfid，SS（模块中 SDA）引脚与 Arduino 板的引脚 49 连接，RST 与 Arduino 板的 47 引脚连接。下面以该对象为例对其他类成员函数进行说明。

2．isCard()

功能：寻卡。

语法格式：　rfid.isCard()。

参数说明：无。

返回值：寻卡成功返回 true，失败返回 false。

3．readCardSerial()

功能：返回卡的 4 个字节和 1 字节校验码序列号到字符数组 serNum。

语法格式：rfid.readCardSerial()。

参数说明：无。

返回值：成功返回 true；失败返回 false。

4．init()

功能：初始化 RC522。

语法格式：rfid.init()。

参数说明：无。

返回值：无。

5．auth()

功能：验证卡片密码。

语法格式：rfid.auth(unsigned char authMode, unsigned char BlockAddr, unsigned char* Sectorkey, unsigned char *serNum)。

参数说明：authMode，密码验证模式，0x60 为验证 A 密钥，0x61 为验证 B 密钥；

　　　　　BlockAddr，块地址；

　　　　　Sectorkey，扇区密码；

　　　　　serNum，卡片序列号，4 字节。

返回值：成功返回 MI_OK（即 0）。

6．read()

功能：读数据块。

语法格式：rfid.read(unsigned char blockAddr, unsigned char *recvData)。

参数说明：blockAddr，块地址；recvData，读出的数据块。

返回值：成功返回 MI_OK（即 0）。

7．write()

功能：写块数据。

语法格式：rfid.write(unsigned char blockAddr, unsigned char *writeData)。

参数说明：blockAddr，块地址；

　　　　　writeData，将 16 字节数据写入块。

返回值：成功返回 MI_OK（即 0）。

8．selectTag()

功能：选择卡片并读取卡的存储器容量。

语法格式：rfid.selectTag(unsigned char *serNum)。

参数说明：serNum，卡的序列号。

返回值：成功返回卡容量。

9．Halt()

功能：命令卡片进入休眠状态。

语法格式：rfid.Halt()。

参数说明：无。

返回值：无。

6.8.3　RFID 模块的应用实例

1．所需硬件

（1）Arduino 板×1。

（2）RC522 模块及 IC 卡×1。

（3）杜邦线若干。

2．硬件连接

RC522 模块的引脚及与 Arduino 板引脚的连接对应关系如表 6-12 所示。

表 6-12　　　　　　　　　　**RC522 模块引脚和 Arduino 板引脚的连接对应表**

RC522 模块引脚	Arduino 引脚编号	引脚功能	RC522 模块引脚	Arduino 引脚编号	引脚功能
SS（SDA）	49	SPI 使能	GND	GND	电源地
SCK	52	时钟	RST	47	复位
MOSI	51	数据输入	3.3V	3.3V	电源
MISO	50	数据输出			

3.实例代码

实例 1：读取 IC 卡中的 ID 号。

```
#include <SPI.h>                    //添加 SPI 库函数
#include <RFID.h>                   //添加 RFID 库函数
RFID rfid(49, 47);                  //49 连接读卡器的 SDA 引脚，47 连接读卡器的 RST 引脚
void setup()                        //初始化
{
  Serial.begin(9600);
  SPI.begin();
  rfid.init();
}
void loop()
{
  if (rfid.isCard()) {              //寻找卡
    Serial.println("Find the card!");
    if (rfid.readCardSerial()) {    //读取卡的序列号，送串口监视器显示
      Serial.print("The card's number is : ");
      Serial.print(rfid.serNum[0], HEX);
      Serial.print(rfid.serNum[1], HEX);
      Serial.print(rfid.serNum[2], HEX);
      Serial.print(rfid.serNum[3], HEX);
      Serial.print(rfid.serNum[4], HEX);
      Serial.println("");
    }
    //选卡，可返回卡的容量，锁定卡片，防止多次读写，去掉本行将连续读卡
    rfid.selectTag(rfid.serNum);
  }
    rfid.halt();                    //使卡休眠
}
```

程序编译下载运行后，在串口监视器上可显示读取的 RFID 的卡号，如图 6-41 所示。

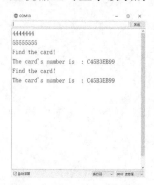

图 6-41　读取的 RFID 的卡号

实例 2：IC 卡数据读写。

```
#include <SPI.h>                        //添加 SPI 库函数
#include <RFID.h>                       //添加 RFID 库函数
RFID rfid(49,47);                       //49 表示读卡器的 SDA 引脚，47 表示读卡器的 RST 引脚
unsigned char serNum[5];                //4 字节卡序列号，第 5 字节为校验字节
unsigned char writeDate[16] ={'G', 'e', 'e', 'k', '-',
                              'W', 'o', 'r', 'k', 'S', 'h', 'o', 'p', 0, 0, 0};
unsigned char sectorKeyA[16][16] = {    //原扇区 A 密码，16 个扇区，每个扇区密码 6Byte
        {0xFF, 0xFF, 0xFF, 0xFF, 0xFF, 0xFF},
        {0xFF, 0xFF, 0xFF, 0xFF, 0xFF, 0xFF},
        {0xFF, 0xFF, 0xFF, 0xFF, 0xFF, 0xFF},};
unsigned char sectorNewKeyA[16][16] = {     //新扇区 A 密码，16 个扇区，每个扇区密
//码 6Byte
   {0xFF, 0xFF, 0xFF, 0xFF, 0xFF, 0xFF},
   {0xFF, 0xFF, 0xFF, 0xFF, 0xFF, 0xFF, 0xff,0x07,0x80,0x69, 0xFF, 0xFF, 0xFF,
0xFF, 0xFF, 0xFF},
   {0xFF, 0xFF, 0xFF, 0xFF, 0xFF, 0xFF, 0xff,0x07,0x80,0x69, 0xFF, 0xFF, 0xFF,
0xFF, 0xFF, 0xFF},};
void setup()
{
  Serial.begin(9600);
  SPI.begin();
  rfid.init();
}
void loop()
{
  unsigned char i,tmp;
  unsigned char status;
  unsigned char str[MAX_LEN];
  unsigned char RC_size;
  unsigned char blockAddr;              //选择操作的块地址 0~63
  rfid.isCard();                        //找卡
  if (rfid.readCardSerial())            //读取卡序列号
  {
    Serial.print("The card's number is  : ");
    Serial.print(rfid.serNum[0],HEX);
    Serial.print(rfid.serNum[1],HEX);
    Serial.print(rfid.serNum[2],HEX);
    Serial.print(rfid.serNum[3],HEX);
    Serial.print(rfid.serNum[4],HEX);
    Serial.println("");
  }
  rfid.selectTag(rfid.serNum);          //选卡，返回卡容量(锁定卡片，防止多次读写)
```

```
    blockAddr = 7;                                    //写数据到卡数据块 7
  if (rfid.auth(PICC_AUTHENT1A, blockAddr, sectorKeyA[blockAddr/4], rfid.serNum) == MI_OK)
  {                                                  //认证
      status = rfid.write(blockAddr, sectorNewKeyA[blockAddr/4]);
                                                     //写数据
      Serial.print("set the new card password, and can modify the data of the Sector: ");
      Serial.println(blockAddr/4,DEC);
      blockAddr = blockAddr - 3 ;            //写数据到数据块 4
      status = rfid.write(blockAddr, writeDate);
      if(status == MI_OK)
      {
          Serial.println("Write card OK!");
      }
  }
  blockAddr = 7;                                    //从数据块 7 读卡
  status = rfid.auth(PICC_AUTHENT1A, blockAddr, sectorNewKeyA[blockAddr/4], rfid.serNum);
  if (status == MI_OK)                      //认证
  {
      blockAddr = blockAddr - 3 ;            //从数据块 4 读数据
      if( rfid.read(blockAddr, str) == MI_OK)
      {
          Serial.print("Read from the card ,the data is : ");
          Serial.println((char *)str);
      }
  }
  rfid.halt();
}
```

6.9 日历时钟

目前，日历时钟芯片已被广泛用于电表、水表、气表、电话、传真机和便携式仪器等产品中。

6.9.1 日历时钟芯片 PCF8563 概述

PCF8563 是 PHILIPS 公司推出的一款工业级的多功能时钟/日历芯片，其内含 I2C 接口且具有极低功耗。PCF8563 的多种报警功能、定时器功能、时钟输出功能以及中断输出功能可完成各种复杂的定时服务，甚至可为单片机提供看门狗功能、内部时钟电路、内部振荡电路和内部低电压检测电路等。两线制 I2C 通信方式使外围电路简洁可靠，同时每次读写数据后，内嵌的字地址寄存器会自动产生增量。因而，PCF8563 是一款高性价比的时钟芯片，PCF8563 特性如下。

（1）宽电压范围：1.0～5.5V，复位电压标准值 V_{low}=0.9V。

（2）低休眠电流：典型值为 0.25μA（V_{DD}=3.0V，T_{amb}=25℃）。

（3）可编程时钟输出频率为 32.768KHz、1024Hz、32Hz、1Hz。

（4）四种报警功能和定时器功能。

（5）内含复位电路、内部集成的振荡器电容器和掉电检测电路。

（6）开漏中断输出。

（7）400kHz 的 I2C 总线接口（V_{DD}=1.8～5.5V），其从地址：读为 0A3H，写为 0A2H。最低位是读写（R/W）信号，读为 1，写为 0。

PCF8563 的引脚排列如图 6-42 所示，引脚描述如表 6-13 所示。

图 6-42 PCF8563 的引脚排列

表 6-13　　　　　　　　　　　　　　PCF8563 引脚描述

引脚号	符号	描述
1	OSCI	振荡器输入
2	OSCO	振荡器输出
3	/INT	中断输出（开漏，低电平有效）
4	VSS	地
5	SDA	串行数据
6	SCL	串行时钟输入
7	CLKOUT	时钟输出（开漏）
8	VDD	正电源

6.9.2　PCF8563 的应用实例

1．PCF8563 模块的电路连接

PCF8563 模块电路原理如图 6-43 所示。

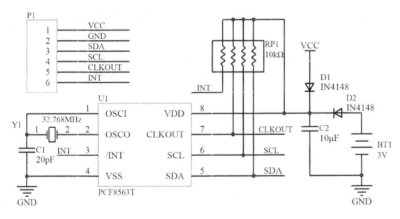

图 6-43　PCF8563 模块电路原理图

2．所需硬件和连线

（1）Arduino Mega 2560 开发板×1。

（2）PCF8563 模块×1。

（3）3V 纽扣电池×1。

（4）杜邦线若干。

（5）32.768MHz 晶体振荡器×1。

（6）10kΩ×4 电阻排×1、10μF 电容器×1、20pF 电容器×1、二极管 IN4148×2。

（7）面包板×1。

PCF8563 芯片与 Arduino Mega 2560 开发板的 I2C 相连，除了电源和地，SDA 与 20 脚相连，SCL 与 21 脚相连。

3．程序代码

实例功能：实时读取日历时钟相应寄存器的内容，显示年、月、星期、日、小时、分钟、秒的值。

```
#include <Wire.h>
#define PCF8563_Address  0x51              //7 位从地址为 B1010001, 不包括 R/W
byte time[] = {30, 23, 20, 7, 3, 11, 18}; //初始值: 秒、分、小时、日、星期、月、年
byte value[16];

void setup()
{
    Wire.begin();                         //加入 I2C 总线
    Serial.begin(9600);                   //串口波特率初始化
    PCF8563_Init(time);                   //日历时钟初始化
}

void loop()
{
    int i = 0;
    byte val = 0;
    PCF8563_GetTime(time);                //读取日历、时钟
    for(i = 0; i < 7; i++)                //监视器显示日历、时钟
    {
        switch(i)
      {
        case 0:
        Serial.print("Second");
        break;
        case 1:
        Serial.print("Minute");
        break;
        case 2:
        Serial.print("Hour");
        break;
        case 3:
        Serial.print("Day");
```

```
            break;
        case 4:
        Serial.print("Week");
            break;
        case 5:
        Serial.print("Month");
            break;
        case 6:
        Serial.print("Year");
            break;
        }
        Serial.print("\t");
        Serial.println(time[i], DEC);
    }
    Serial.println("");
    delay(8000);                                //延时 8s
}
void PCF8563_WriteReg(byte regaddress, byte value) //设置 PCF8563 某个寄存器的值
{
    Wire.beginTransmission(PCF8563_Address);
    Wire.write(regaddress);
    Wire.write(value);
    Wire.endTransmission();
}
byte PCF8563_ReadReg(byte regaddress)           //读取 PCF8563 某个寄存器的值
{
    byte value;
    Wire.beginTransmission(PCF8563_Address);
    Wire.write(regaddress);
    Wire.endTransmission();
    Wire.requestFrom(PCF8563_Address, 1);
    value = Wire.read();
    Wire.endTransmission();
    return value;
}
void PCF8563_ReadAllReg(byte buf[])             //读取 PCF8563 所有寄存器的值
{
    char i = 1;
    //Master reads slave immediately after first byte (READ mode)
    //so,read begins from address 0x01, not address 0x0.
    Wire.requestFrom(PCF8563_Address, 16);
    while(Wire.available())
    {
        buf[(i++)%16] = Wire.read();
```

```
    }
    Wire.endTransmission();
}
//初始化实时时钟，同时设置时间的值，其中 time[]={秒，分，时，日，周，月，年}
void PCF8563_Init(byte time[])
{
    PCF8563_Stop();
    PCF8563_SetTime(time);
    PCF8563_Start();
}
//读取时间值，其中 time[]={秒，分，时，日，周，月，年}
void PCF8563_GetTime(byte time[])
{
    byte i = 0;
    byte maskmode[] = {0x7F, 0x7F, 0x3F, 0x3F, 0x7, 0x1F, 0xFF};
    Wire.beginTransmission(PCF8563_Address);
    Wire.write(0x2);                             //从第 2 个寄存器地址开始
    Wire.endTransmission();
    Wire.requestFrom(PCF8563_Address, 7);        //秒~年寄存器（0x2~0x8）
    while(Wire.available())
    {
        time[i++] = Wire.read();
    }
    Wire.endTransmission();

    for(i = 0; i < 7; i++)
    {
        time[i] = BCD2DEC(time[i] & maskmode[i] );
    }
}
//设置日历、时间值，其中 time[]={秒，分，时，日，周，月，年}
void PCF8563_SetTime(byte time[])
{
    byte i = 0;
    byte maskmode[] = {0x7F, 0x7F, 0x3F, 0x3F, 0x7, 0x1F, 0xFF};
    for(i = 0; i < 7; i++)
    {
        time[i] = DEC2BCD(time[i]) & maskmode[i];
    }
    Wire.endTransmission();
    Wire.beginTransmission(PCF8563_Address);
    Wire.write(0x2);                             //从第 2 个寄存器地址写
    for(i = 0; i < 7; i++)
    {
```

```
        Wire.write(time[i]);
    }
    Wire.endTransmission();
}

void PCF8563_Start(void)                    //启动实时时钟工作
{
    PCF8563_WriteReg(0x0, 0x0);
}
void PCF8563_Stop(void)                     //停止实时时钟工作
{
    PCF8563_WriteReg(0x0, 0x20);
}
byte BCD2DEC(byte bcd)                      //BCD 转十进制
{
    return (bcd >> 4) * 10 + (bcd & 0xF);
}
byte DEC2BCD(byte dec)                      //十进制转 BCD
{
    return (dec / 10) << 4 | (dec % 10) ;
}
```

上面代码编译下载成功后，打开串口监视器，可看到当前读取的时钟值如图 6-44 所示。第一组数据是：2018 年 11 月 7 日，星期三，20 时 23 分 30 秒。第二组数据是使用 loop() 函数延时 8s 后的结果，只有 Second 变为 38，其余保持不变。

图 6-44　当前读取的时钟值

6.10　三色 LED 灯

6.10.1　三色 LED 灯概述

红、绿和蓝三色 LED 灯由三块 LED 芯片封装而成，分共阴极和共阳极两种。三色 LED 灯（RGB LED 灯，也称为全彩 LED 灯）和普通单色 LED 灯的不同之处在于，它通过控制其红、绿、蓝三种颜色，使其组合，可以发出其他颜色的光。根据红、绿和蓝三色混色原理，利用 analogWrite()函数，可实现多种渐变的颜色，该方法可用于景观灯的实现。LED 灯就是发光二极管，例如对于共阳极二极管，其阳极接 VCC，控制加在其阴极的电压的大小即可改变三种颜色的亮度，再经过混色，即可实现多种颜色的渐变。

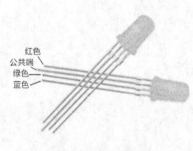

图 6-45　三色灯实物

共阴极三色 LED 灯实物如图 6-45 所示。红、绿和蓝 3 个控制引脚控制 3 种颜色的发光，4 个引脚中最长的是公共端。

6.10.2　三色 LED 灯的应用实例

1．驱动电路

为增大 LED 灯的亮度，需加驱动电路，共阴极三色灯驱动电路如图 6-46 所示。图中用晶体管 8050 进行驱动。

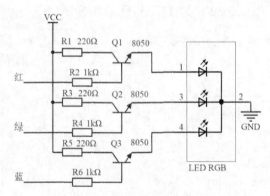

图 6-46　共阴极三色灯驱动电路

2．所需硬件

（1）Arduino 板×1。

（2）三色灯×1。

（3）晶体管 8050×3。

（4）1kΩ 电阻器×3 和 220Ω 电阻器×3。

（5）面包板×1。

（6）杜邦线若干。

　　将红、绿和蓝 3 个引脚分别与 Arduino 板的 PWM 引脚 11、12 和 13 连接，改变 PWM 信号的占空比即可控制 LED 灯的亮度，实现"呼吸"的效果。

3．程序代码

实例功能：七种颜色渐变。

　　下面代码编译下载后，可观察到七种颜色的渐变过程。改变延时时间，可改变渐变的速度。改变不同颜色的 PWM 输出值，并进行组合，可观察到更多颜色的变化。

　　程序代码如下。

```
const int red   =11;
const int green    =12;
const int blue  =13;

void setup()
  {
   pinMode(red, OUTPUT);
   pinMode(green, OUTPUT);
   pinMode(blue, OUTPUT);
  }

void loop() {
    //红绿蓝三色混色（白色）从最暗到最亮渐变
    for (int brightness = 0; brightness < 255; brightness++) {
        analogWrite(red, brightness);
        analogWrite(green, brightness);
        analogWrite(blue, brightness);
        delay(10);
    }
    //红绿蓝三色混色（白色）从最亮到最暗渐变
    for (int brightness = 255; brightness >= 0; brightness--) {
     analogWrite(red, brightness);
     analogWrite(green, brightness);
     analogWrite(blue, brightness);
     delay(10);
    }
    //红色从最暗到最亮渐变
   for (int brightness = 0; brightness < 255; brightness++) {
        analogWrite(red, brightness);
        delay(10);
    }
    //红色从最亮到最暗渐变
    for (int brightness = 255; brightness >= 0; brightness--) {
    analogWrite(red, brightness);
    delay(10);
    }
```

```
//绿色从最暗到最亮渐变
  for (int brightness = 0; brightness < 255; brightness++) {
  analogWrite(green, brightness);
  delay(10);
}
//绿色从最亮到最暗渐变
  for (int brightness = 255; brightness >= 0; brightness--) {
  analogWrite(green, brightness);
  delay(10);
}
//蓝色从最暗到最亮渐变
  for (int brightness = 0; brightness < 255; brightness++) {
  analogWrite(blue, brightness);
  delay(10);
}
//蓝色从最亮到最暗渐变
 for (int brightness = 255; brightness >= 0; brightness--) {
 analogWrite(blue, brightness);
 delay(10);
}
 //红色和绿色混色（黄色）从最暗到最亮渐变
  for (int brightness = 0; brightness < 255; brightness++) {
  analogWrite(red, brightness);
  analogWrite(green, brightness);
  delay(10);
}
 //红色和绿色混色（黄色）从最亮到最暗渐变
  for (int brightness = 255; brightness >= 0; brightness--) {
  analogWrite(red, brightness);
  analogWrite(green, brightness);
  delay(10);
 }
 //红色和蓝色混色（紫色）从最暗到最亮渐变
 for (int brightness = 0; brightness < 255; brightness++) {
 analogWrite(red, brightness);
 analogWrite(blue, brightness);
 delay(10);
}
 //红色和蓝色混色（紫色）从最亮到最暗渐变:
 for (int brightness = 255; brightness >= 0; brightness--) {
 analogWrite(red, brightness);
 analogWrite(blue, brightness);
 delay(10);
}
```

```
//绿色和蓝色混色（青色）从最暗到最亮渐变
  for (int brightness = 0; brightness < 255; brightness++) {
  analogWrite(green, brightness);
  analogWrite(blue, brightness);
  delay(10);
  }
  //绿色和蓝色混色（青色）从最亮到最暗渐变
  for (int brightness = 255; brightness >= 0; brightness--) {
  analogWrite(green, brightness);
  analogWrite(blue, brightness);
  delay(10);
  }
  delay(100);
}
```

6.11　灰尘传感器

灰尘传感器广泛应用于环境检测，目前市场上灰尘传感器的工作原理大多是根据光的散射原理开发的，微粒在光的照射下会产生光的散射现象，与此同时，还吸收部分光的能量。光散射法具有测量速度快、灵敏度高、重复性好、可在线非接触测量和适用性强等诸多优点。

6.11.1　灰尘传感器 GP2Y10 概述

GP2Y10 是采用光散射法开发的一款灰尘传感器，其工作原理如图 6-47 所示。

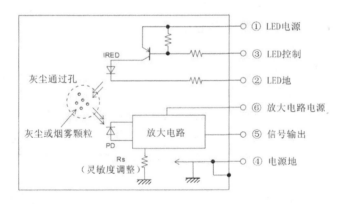

图 6-47　GP2Y10 工作原理图

GP2Y10 体积小巧、灵敏度高，可以用来测量 $0.8\mu m$ 以上的微小粒子，可用于对室内环境中烟气、粉尘和花粉等浓度的检测。其内置气流发生器，可以自行吸入外部空气，能检测出单位体积粒子的绝对个数。GP2Y10 安装方便、使用寿命长、精度高、稳定性好。内部对角安放着红外线发光二极管和光电晶体管，使其能够探测到空气中尘埃的反射光，即使细小的如烟草烟雾颗粒也能够被检测到，通常应用在空气净化系统中。该传感器具有非常低的电流消耗（最大为 20mA，典型值为 11mA），可使用高达 7V 的直流电源。该传感器输出为模拟电压，其值与粉尘浓度成正比。

6.11.2 灰尘传感器的应用实例

1. 测量电路

GP2Y10 与 Arduino 板的硬件连接如图 6-48 所示。

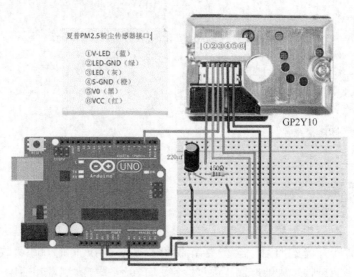

图 6-48 GP2Y10 与 Arduino 板的硬件连接图

2. 所需硬件与连接

（1）Arduino 板×1。

（2）GP2Y10×1。

（3）150Ω 电阻器×1、220μF 电容器×1。

（4）面包板×1。

（5）杜邦线若干。

GP2Y10 与 Arduino 板的引脚连接表如表 6-14 所示。

表 6-14 GP2Y10 与 Arduino 板的引脚引脚连接表

GP2Y10 引脚编号及颜色	Arduino 引脚名称
1（蓝）	5V
2（绿）	GND
3（灰）	2
4（橙）	GND
5（黑）	A0
6（红）	5V

3. 程序代码

实例功能：检测 PM2.5 并送串口监视器显示。

检测代码如下。

```
int measurePin = A0;                    //A0 模拟输出接口
int ledPower = 2;                       //引脚 2 作为传感器控制开关

int samplingTime = 280;                 //抽样延迟
int deltaTime = 40 ;                    //器件延迟
int sleepTime = 9680;                   //本次抽样结束睡眠时间

float voMeasured = 0                    //原始数据
float calcVoltage = 0;                  //电压值
float dustDensity = 0;                  //转换后的灰尘计量数据

void setup()
  {
   pinMode(ledPower, OUTPUT);
   Serial.begin(9600);
  }

void loop() {
digitalWrite(ledPower,LOW);             //粉尘输出口低电平, 开启红外发光二极管工作状态
delayMicroseconds(samplingTime);        //抽样延迟
voMeasured = analogRead(measurePin);    //读取粉尘模拟量数据
delayMicroseconds(deltaTime);           //器件延迟
digitalWrite(ledPower,HIGH);            //粉尘输出口高电平, 关闭红外发光二极管工作状态
delayMicroseconds(sleepTime);           //睡眠延迟
calcVoltage = voMeasured * (5.0 / 1024.0); //模拟电压值
dustDensity = 170 * calcVoltage;              //转换为正常计量单位μg/m³
Serial.print("Dust Density: ");
Serial.println(dustDensity);            //显示测量值
  }
```

6.12　颜色传感器

颜色检测和识别传感器在工业、生产和自动化办公中得到越来越广泛的应用。例如, 在工业方面可用来监测生产流程及产品质量; 在电子翻印方面可用于实现颜色的真实复制而不受环境温度、湿度、纸张以及调色剂的影响; 在商品包装中, 通过对包装纸两相邻标签颜色的探测可实现自动控制; 在自动颜色计数中可自动统计各种颜色的数量等。

6.12.1　颜色传感器概述

人们通常所看到的物体颜色, 实际上是物体表面吸收了照射到它上面的白光 (日光) 中的一部分有色成分, 而反射出的另一部分有色光。白色是由各种频率的可见光混合在一

起构成的，也就是说白光中包含着各种颜色的色光（如红、黄、绿、青、蓝、紫）。根据德国物理学家赫姆霍兹（Helmholtz）的三原色理论可知，各种颜色是由不同比例的三原色（红、绿、蓝）混合而成的。如果知道构成各种颜色的三原色的值，就能知道所测试物体的颜色。

TCS230 是一种可编程彩色光到频率的转换器。该传感器具有高分辨率、可编程的颜色选择与输出定标、单电源供电、与单片机直接接口等特点。

对于 TCS230 传感器来说，当选定一个颜色滤波器时，它只允许某种特定的颜色通过，而阻止其他颜色通过。例如当选择红色滤波器时，入射光中只有红色可以通过，蓝色和绿色都被阻止，这样就可以得到红色光。同样，选择其他的滤波器，就可以得到相应的颜色。通过这三个值，就可以分析投射到 TCS230 传感器上的光的颜色。

从理论上讲，白色是由等量的红色、绿色和蓝色混合而成的，但实际上，白色中的三原色并不完全相等，并且对于光传感器来说，它对这三种基本色的敏感性是不相同的，导致光传感器对这三种颜色的输出并不相等，因此在测试前必须进行白平衡调整，使传感器对所检测的"白色"中三原色的测量值是相等的。进行白平衡调整的目的是为后续的颜色识别做准备。

TCS230 采用 8 引脚的 SOIC 表面贴装式封装，是在一块芯片上集成了硅光电二极管和电流—频率转换器的可编程颜色—频率转换器，其输出是一个方波（占空比 50%），方波的频率与光强度有关。数字输出引脚可以和微控制器或其他逻辑电路直接连接。输出使能引脚 OE 可以控制频率输出引脚为高阻状态。

在 TCS230 中集成了 64 个光电二极管，其中 16 个光电二极管组成蓝色滤波器；16 个光电二极管组成绿色滤波器；16 个光电二极管组成红色滤波器；还有 16 个光电二极管未组成滤波器。

模块在工作时，通过控制两个可编程引脚 S2 和引脚 S3 的电平高低来动态选择所需要的滤波器，该传感器的典型输出频率范围从 2Hz～500kHz。通过控制两个可编程引脚 S1 和引脚 S0 的电平高低来选择 100%、20%、2%的频率输出比例因子或电源关断模式。输出比例因子对输出频率范围进行调整，使传感器的频率输出范围能够适应不同的测量范围，提高了它的适应能力和可靠性。例如，当使用低频的计数器时，可以选择较小的比例因子，使 TCS230 的输出频率和计数器相匹配。可编程引脚及其功能如表 6-15 和表 6-16 所示。

表 6-15　可编程引脚及其功能对照表（1）

S0	S1	频率输出比例因子
L	L	关闭
L	H	2%
H	L	20%
H	H	100%

表 6-16　可编程引脚及其功能对照表（2）

S2	S3	滤波器类型
L	L	红色
L	H	蓝色
H	L	无
H	H	绿色

TCS3200 是 TCS230 的升级版本，测试效果更好。其实物和电路原理如图 6-49 所示。其中 D5 二极管的作用是电源反接保护。

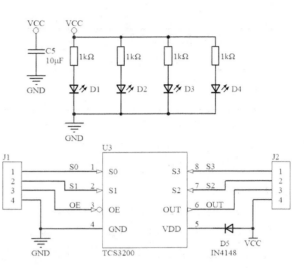

图 6-49　TSC3200 模块实物和电路原理图

6.12.2　颜色传感器的应用实例

在颜色识别之前，首先要进行白平衡调整，分别测得白色光源中的红色、绿色和蓝色的值，得到 3 个调整参数，之后就用这 3 个参数对所测颜色的 R、G 和 B 值进行调整。有两种方法计算调整参数，如下所示。

（1）依次选通三种颜色的滤波器，然后对 TCS3200 的输出脉冲依次进行计数。当计数到 255 时停止计数，分别计算每个通道所用的时间，这些时间对应实际测试时 TCS3200 每种滤波器所采用的时间基准，在这段时间内测得的脉冲数就是所对应的 R、G 和 B 的值。

（2）设置定时器为一固定时间，然后选通三种颜色的滤波器，计算这段时间内 TCS3200 的输出脉冲数，计算出一个比例因子，即 255/脉冲数。在实际测试时，按同样的时间进行计数，把测得的脉冲数再乘以求得的比例因子，就可以得到所对应的 R、G 和 B 的值。

1．所需硬件及连线

（1）Arduino 板×1。

（2）TCS3200 模块×1。

（3）杜邦线若干。

Arduino 板与 TCS3200 模块的连线如表 6-17 所示。

表 6-17　　　　　　　　　　　**Arduino 板与 TCS3200 模块的连线表**

TCS230 引脚名称	连接 TCS3200 的 Arduino 板引脚编号
S0	6
S1	5
S2	4
S3	3
OUT	2

TCS230 引脚名称	连接 TCS3200 的 Arduino 板引脚编号
OE	GND
VCC	5V
GND	GND

2．TimerOne 库函数

本实例采用 TimerOne 类库实现定时功能，该类库定义了 TimerOne 类和一个 Timer1 对象，下面介绍几个其常用的成员函数。

（1）initialize()

功能：初始化，默认定时中断时间为 1s。

语法格式：Timer1. initialize(unsigned long microseconds)。

参数说明：microseconds，无符号长整形数，微秒。

返回值：无。

（2）start()

功能：启动定时中断。

语法格式：Timer1. start ()。

参数说明：无。

返回值：无。

（3）stop()

功能：停止定时中断。

语法格式：Timer1. stop ()。

参数说明：无。

返回值：无。

（4）restart()

功能：重新启动定时中断。

语法格式：Timer1. restart()。

参数说明：无。

返回值：无

（5）resume()

功能：继续定时中断。

语法格式：Timer1. resume()。

参数说明：无。

返回值：无。

（6）setPwmDuty()

功能：设定脉宽调制占空比。

语法格式：Timer1.setPwmDuty(char pin, unsigned int duty)。

参数说明：pin，PWM 输出引脚；duty；占空比，无符号整形数，从 0 到 1023，512 的占空比为 50 %。

返回值：无。

（7）pwm()

功能：设定 PWM 输出，选择占空比，设定默认周期。

语法格式：Timer1.pwm(char pin, unsigned int duty);

　　　　　　Timer1.pwm(char pin, unsigned int duty, unsigned long microseconds)。

参数说明：pin，PWM 输出引脚；duty，占空比；microseconds，周期，无符号长整型数，微秒。

返回值：无。

（8）disablePwm()

功能：禁用 PWM 输出。

语法格式：Timer1.disablePwm()。

参数说明：无。

返回值：无。

（9）attachInterrupt()

功能：设定定时中断服务程序。

语法格式：Timer1.attachInterrupt(void (*isr)())。

参数说明：void (*isr)，定时中断服务程序的函数名。

返回值：无。

（10）detachInterrupt()

功能：解除定时中断。

语法格式：Timer1.detachInterrupt()。

参数说明：无。

返回值：无。

（11）setPeriod()

功能：重新设置定时时间。

语法格式：Timer1.setPeriod(unsigned long microseconds)。

参数说明：无符号长整型，微秒。

返回值：无。

3．程序代码

实例：颜色测试，结果送串口监视器显示。

程序代码如下。

```
#include <TimerOne.h>                      //包含定时器类库
//引脚定义
#define S0      6
#define S1      5
#define S2      4
#define S3      3
#define OUT     2


int   g_count = 0;                         //频率计数器
int   g_array[3];                          //存储 RGB 的值
```

```
int    g_flag = 0;                          //颜色滤波器切换计数器
float g_SF[3];                              //存储 RGB 比例因子
void setup()
{
  TSC_Init();                              //初始化引脚，设置输出比例因子
  Serial.begin(9600);
//默认定时中断时间为 1s
  Timer1.initialize();                     //初始化定时器，定时时间到触发定时中断
  Timer1.attachInterrupt(TSC_Callback);
//设置外中断 0，上升沿触发，中断触发入口是 TSC_Count
  attachInterrupt(0, TSC_Count, RISING);

//延时 4s 等待颜色采样，需要把传感器对准白色物体
  delay(4000);
    for(int i=0; i<3; i++)
    Serial.println(g_array[i]);
//通过白色物体 3 通道计数值计算 RGB 白平衡比例因子
  g_SF[0 ]= 255.0/ g_array[0];             //R 为红色比例因子
  g_SF[1] = 255.0/ g_array[1];            //G 为绿色比例因子
  g_SF[2] = 255.0/ g_array[2] ;           //B 为蓝色比例因子
//输出比例因子
  Serial.println(g_SF[0]);
  Serial.println(g_SF[1]);
  Serial.println(g_SF[2]);
}


void loop()
{
  g_flag = 0;
//循环输出 R、G、B 的值
  for(int i=0; i<3; i++)
    Serial.println(int(g_array[i] * g_SF[i]));
  delay(4000);
}


//引脚初始化和 TCS3200 输出频率比例因子设置
void TSC_Init()
{
  pinMode(S0, OUTPUT);
  pinMode(S1, OUTPUT);
  pinMode(S2, OUTPUT);
  pinMode(S3, OUTPUT);
  digitalWrite(S0, LOW);                   //输出频率因子为 2%
  digitalWrite(S1, HIGH);
}
//设置颜色滤波器
void TSC_FilterColor(int Level01, int Level02)
```

```
{
 digitalWrite(S2, Level01);
digitalWrite(S3, Level02);
}
//外中断触发调用该函数: 脉冲计数器加 1
void TSC_Count()
{
  g_count ++ ;
}

//1s 定时时间到, 调用该函数
void TSC_Callback()
{
 switch(g_flag)
 {
   case 0:
       Serial.println("->WB Start");
       TSC_WB(LOW, LOW);                    //红色
       break;
   case 1:
       Serial.print("->Frequency R=");
       Serial.println(g_count);
       g_array[0] = g_count;
       TSC_WB(HIGH, HIGH);                  //绿色
       break;
   case 2:
       Serial.print("->Frequency G=");
       Serial.println(g_count);
       g_array[1] = g_count;
       TSC_WB(LOW, HIGH);                   //蓝色
       break;
    case 3:
        Serial.print("->Frequency B=");
        Serial.println(g_count);
        Serial.println("->WB End");
        g_array[2] = g_count;
        TSC_WB(HIGH, LOW);                  //无滤波器
       break;
  default:
       g_count = 0;
       break;
 }
}
//白平衡
void TSC_WB(int Level0, int Level1)
{
 g_count = 0;
```

```
g_flag ++;
TSC_FilterColor(Level0, Level1);
Timer1.setPeriod(1000000);                    //重新设置定时时间
}
```

上面代码编译下载后，对不同颜色进行测试，得到测试结果如图 6-50 和图 6-51 所示。图 6-50（B）是红色物体测出的数据，可以看出红色检测值远大于绿色和蓝色的检测值。图 6-51（A）图是蓝色物体测出的数据，蓝色的检测值最大，图 6-51（B）是绿色物体测出的数据，绿色的检测值最大。

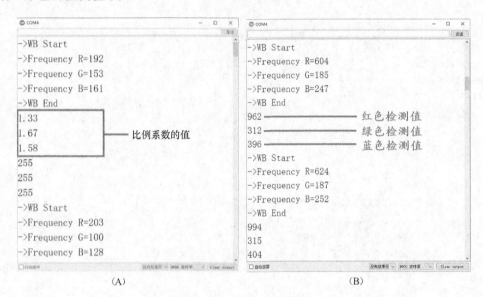

图 6-50　红色物体测试结果

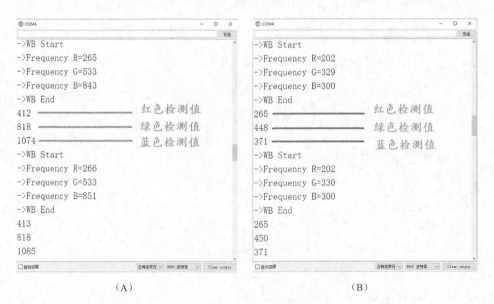

图 6-51　蓝色和绿色物体测试结果

6.13　水位传感器

水位的检测方式有很多种，非接触式的有超声波传感器，接触式的有伺服式液位传感器和静压式液位传感器等，它们的精度、性能各有优劣，适用于各种不同的场合。

6.13.1　水位传感器概述

下面介绍一款简单易用、小巧轻便、性价比较高的水位/水滴识别检测传感器 SKU，RB-02S048，其实物如图 6-52 所示。另外，低功耗、灵敏度高是其又一大特点。

该模块是一种简单易用的水位传感器，该传感器的工作原理是通过电路板上一系列裸露的印刷平行导线测量水量的大小。水量越多，就会有越多的导线被连通，随着导电的接触面积增大，输出的电压就会逐步上升，该传感器的检测面积为 40mm×16mm，除了可以检测水位高度外，还可以检测雨滴雨量的大小。其主要规格参数如下。

（1）工作电压：直流电 5V。

（2）工作电流：小于 20mA。

（3）信号类型：模拟信号。

（4）检测面积：40 mm×16 mm。

（5）制作工艺：FR4 双面沉金。

（6）工作温度：10～30℃。

（7）工作湿度：10%～90%无凝结。

图 6-52　水位传感器实物图

6.13.2　水位传感器的应用实例

1. 所需硬件与连线

（1）Arduino 板×1。

（2）水位传感器×1。

（3）杜邦线若干。

水位传感器连接简单，共引出三个引脚，分别是信号端 S、电源负端 GND、电源正端 VCC。在实际应用时，将 S 端连接到 Arduino 开发板的模拟接口，例如模拟口 A0，通过 Arduino 读取传感器输出的模拟量的值，然后在串口监视器显示出来。根据模拟量的大小即可计算出水位。水位传感器与 Arduino 开发板引脚连接如表 6-18 所示。

表 6-18　　　　　　　　　　水位传感器与 Arduino 开发板引脚连接表

SKU：RB-02S048 引脚名称	Arduino 开发板引脚编号
+	5V
−	GND
S	A0

2. 程序代码

实例功能：实时读取水位参数并送串口监视器显示。

程序代码如下。

```
int val = 0;
int shuiwei = A0;
void setup() {
Serial.begin(9600);
}
void loop() {
val = analogRead(A0);
Serial.print("shui wei = ") ;
Serial.println(val);
delay(1000);
}
```

水位测试结果如图 6-53 所示。

```
shui wei = 185
shui wei = 190
shui wei = 5
shui wei = 33
shui wei = 57
shui wei = 58
shui wei = 64
shui wei = 65
```

图 6-53　水位测试结果

6.14　气体传感器

气体传感器常用于家庭或工厂的气体泄漏监测，如液化气、丁烷、丙烷、甲烷、酒精、氢气、烟雾等多种气体的监测。

6.14.1　气体传感器模块概述

气体传感器模块的功能由探头决定，表 6-19 列出了几种气体传感器模块的参数，其电路、性能均类似。

表 6-19　　　　　　　　　　　　几种气体传感器模块的功能

型号	探测气体	探测浓度范围（ppm）
MQ-2	可燃气体、烟雾	300～10000
MQ-5	液化气、甲烷	300～5000
MQ-135	氨气、硫化物、苯系蒸汽	10～1000
MQ-7	一氧化碳	10～1000
MP-8	氢气	50～10000

气体传感器主要特点如下。

（1）具有信号输出指示。

（2）双路信号输出（模拟量输出及 TTL 电平输出）。

（3）TTL 输出有效信号为低电平（当输出低电平时信号灯亮，可直接连接单片机）。

（4）模拟量输出 0～5V 电压，浓度越高电压越高。

（5）寿命长、稳定性高。

（6）快速的响应恢复特性。

注意：传感器通电后，需要预热 20s 左右，测量的数据才稳定。传感器发热属于正常现象，因为内部有电热丝，但如果烫手就不正常了。

图 6-54 是 MQ-2 的实物图和原理图。

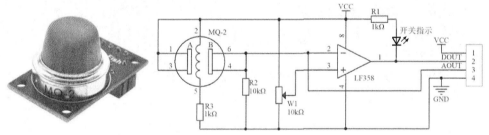

图 6-54　MQ-2 的实物图和原理图

6.14.2　MQ-2 烟雾传感器的测试实例

1．所需硬件及连线

（1）Arduino 板×1。

（2）气体传感器×1。

（3）杜邦线若干。

气体传感器与 Arduino 板按表 6-20 进行引脚连线。

表 6-20　　　　　　　　　　气体传感器与 Arduino 板引脚连线表

气体传感器名称	Arduino 板引脚编号
+5V	5V
DOUT	3
AOUT	A0
GND	GND

2．程序代码

实例功能：烟雾测试。

```
int DOUT = 3;                            //定义数字信号引脚
int AOUT = 0;                            //定义模拟信号引脚
void setup() {
  Serial.begin(9600);
  pinMode(13, OUTPUT);
  pinMode(DOUT, INPUT);
  }
void loop()
{
  digitalWrite(13,LOW);
  if (digitalRead(DOUT) == LOW)          //当浓度高于设定值时，执行条件函数
  {
    delay(10); //延时抗干扰
    if (digitalRead(DOUT) == LOW)        //当浓度高于设定值时，执行条件函数
        digitalWrite(13,HIGH);
    }
  int val = analogRead(AOUT);
  Serial.println(val);
  Serial.println(digitalRead(DOUT));
  delay(500);
}
```

上面代码编译下载后，当烟雾超标时，与引脚 13 连接的 LED 灯点亮，测量的烟雾浓度值送串口监视器显示，测量结果如图 6-55 所示。

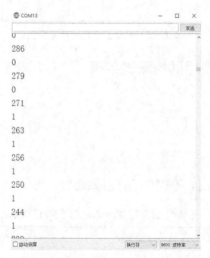

图 6-55　MQ-2 烟雾测量结果

从显示结果看出，数字输出端口的变化临界值在 270 左右，可以通过 MQ-2 上面的电位器调节临界值的大小。

6.15 火焰传感器

火焰传感器应用在各种火焰探测、火源探测、红外接收等场合。

6.15.1 火焰传感器模块概述

图 6-56 是四线的火焰传感器模块实物图和原理图。

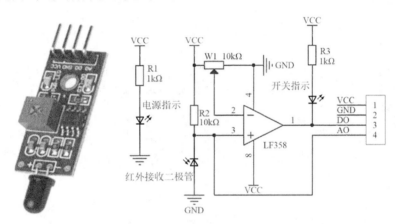

图 6-56 火焰传感器实物图和原理图

模块特色如下。

（1）可以检测火焰或者波长在 760nm～1100nm 范围内的光源，打火机测试火焰距离为80cm，火焰越大，测试距离越远。

（2）探测角度为 60°左右，对火焰光谱特别灵敏。

（3）比较器输出，信号干净，波形好，驱动能力强，超过 15mA。

（4）可调精密电位器调节灵敏度。

（5）工作电压为 3.3～5V。

（6）输出形式：数字开关量输出（0 和 1）和模拟量。

（7）设有固定螺栓孔，方便安装。

（8）使用宽电压 LF358 比较器。

火焰传感器对火焰最敏感，对普通光也有反应，一般用做火焰报警等。模块输出 DO 接口与 Arduino 数字接口相连，调节电位器可以选择灵敏度；输出 AO 与 Arduino 模拟输入口相连，模拟量输出方式可以获得更高的精度。传感器与火焰要保持一定距离，以免高温损坏传感器。

6.15.2 火焰传感器的测试实例

1. 所需硬件及连线

（1）Arduino 板×1。

（2）火焰传感器×1。

（3）杜邦线若干。

火焰传感器与 Arduino 板按表 6-21 进行引脚连线。

表 6-21   火焰传感器与 Arduino 板引脚连线表

火焰传感器名称	功能说明	Arduino 板引脚编号
VCC	电源正极	5V
DO	开关信号输出	4
AO	模拟信号输出（电压信号）	A1
GND	电源负极	GND

2. 程序代码

实例功能：火焰测量。

程序代码如下。

```
int DOUT = 4;                              //定义数字信号引脚
int AOUT = 1;                              //定义模拟信号引脚
void setup() {
  Serial.begin(9600);                      //定义串口监视器波特率
  pinMode(13, OUTPUT);                     //定义引脚 13 输出控制 LED 灯
  pinMode(DOUT, INPUT);
  }
void loop()
{
  digitalWrite(13,LOW);
  if (digitalRead(DOUT) == LOW)            //当火焰测量值高于设定值时，执行条件函数
  {
      delay(10);                           //延时抗干扰
      if (digitalRead(DOUT) == LOW)        //当火焰测量值高于设定值时，执行条件函数
      digitalWrite(13,HIGH);               //LED 灯点亮
      }
  int val = analogRead(AOUT);
  Serial.println(val);                     //串口监视器输出模拟量，火焰越强，值越小
  Serial.println(digitalRead(DOUT));       //串口监视器输出数字量，0 为检测到火焰
  delay(500);
}
```

程序代码编译下载后，实时检测火焰数据，包括模拟值和开关状态，并送串口监视器显示，检测结果如图 6-57 所示。

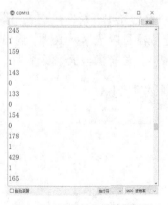

图 6-57 火焰传感器检测结果

6.16　红外光电开关传感器

红外光电开关传感器可广泛应用于机器人避障、接近检测、流水线计件、多功能提醒器、人流量统计等场合。

红外光电开关传感器由红外线发射管和红外线接收管组成。

红外线发射管的发光体由红外发光二极管 LED 灯组成，加正向偏压发红外光，其光谱功率散布中心波长为 830nm～950nm。LED 灯的电流与温度是正相关，LED 红外灯的功率与电流大小是有关系的，但是电流具有最大的额定值，当正向电流超过这个值的时候，红外灯发射功率不会增加反而会下降。

红外线接收管是一个光敏二极管，其具有单向导电性，因而工作时要加上反向电压。当无光照时，将有很小的饱和反向漏电流，这时光敏管不导通。当有光照时，饱和反向漏电流会立即增大，形成光电流，在一定的范围内，光电流随入射光强度的变化增大。

6.16.1　红外光电开关模块概述

红外光电开关 E18-D80NK 也称为漫反射式避障传感器或接近开关，是一种集发射与接收于一体的光电传感器，检测距离可以根据要求进行调节。该传感器具有探测距离远、受可见光干扰小、价格便宜、易于装配、使用方便等特点。红外光电开关实物如图 6-58 所示。

图 6-58　红外光电开关实物图

红外光电开关的正常状态是高电平输出，检测到物体时输出低电平。输出通过一个 1kΩ 的上拉电阻器即可和单片机的 I/O 数字接口连接。

红外光电开关的具体参数如表 6-22 所示。

表 6-22　　　　　　　　　　　红外光电开关的参数

产品型号	E18-D80NK
工作电压	5V
工作电流	<25mA
驱动电流	<100mA
感应距离	3～80cm
响应时间	2ms
商品尺寸	外形 20mm×70mm（直径×高）

E18-D80NK 的背面有一个电位器可以调节障碍的检测距离，调节好电位器之后（比如把调节的最大距离设置为 80cm），若在有效距离内出现障碍物（80cm 内出现障碍物）则输出低电平。

6.16.2 红外光电开关模块的测试实例

1. 所需硬件与连线

（1）Arduino 板×1。

（2）E18-D80NK 红外光电开关×1。

（3）1kΩ 电阻器×1。

（4）杜邦线若干。

3 根引出线的棕色为电源正极、黑色为数字输出信号、蓝色为电源负极，输出信号通过 1kΩ 电阻器与电源正极连接。红外光电开关与 Arduino 板的连接如表 6-23 所示。

表 6-23　　　　　　　　红外光电开关与 **Arduino** 板引脚连接表

红外光电开关引出线	功能描述	Arduino 板引脚
棕色	电源正极	5V
蓝色	电源负极	GND
黑色	输出数字信号	3

2. 程序代码

实例功能：当有障碍物时，Arduino 板上与引脚 13 连接的 LED 灯点亮，否则熄灭。参考代码如下。

```
int Signal=3;                        //定义信号引脚
void setup() {
pinMode(13,OUTPUT);                  //定义引脚 13 输出控制 LED 灯
pinMode(Signal,INPUT);
}
void loop(){
if(digitalRead(Signal) ==LOW)        //有障碍物时，信号输出为低
digitalWrite(13,HIGH);
else
digitalWrite(13,LOW);
}
```

6.17　红外人体感应传感器

本节介绍的红外人体感应传感器模块 HC-SR501 是一个基于热释电效应的人体热释运动传感器，能检测到人体或者动物发出的红外线。

6.17.1　红外人体感应模块概述

HC-SR501 是基于红外线技术的自动控制模块，采用 LHI778 探头设计，其灵敏度高、可靠性强，具有超低电压工作模式，广泛应用于各类自动感应电器设备，尤其是干电池供电的自动控制产品。HC-SR501 的实物如图 6-59（A）所示，其检测范围如图 6-59（B）所示，其主要参数如表 6-24 所示。

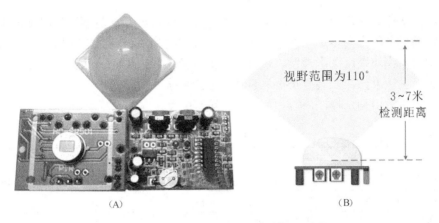

图 6-59　HC-SR501 的实物图和检测范围示意图

表 6-24　　　　　　　　　　　　　　HC-SR501 主要参数

工作电压范围	直流电压：5～20V
静态电流	<50μA
电平输出	高 3.3 V 或低 0V
感应角度	<110°锥角，3～7m 以内
触发方式（跳线设置）	L 为不可重复，H 为可重复，默认为 H
封锁时间	2.5s
延时时间	5s～5min

其功能特点如下。

（1）全自动感应：人进入其感应范围则输出高电平，人离开感应范围则自动延时，关闭高电平，输出低电平。

（2）光敏控制（可选择，出厂时未设）：可设置光敏控制，白天或光线强时不感应。

（3）温度补偿（可选择，出厂时未设）：在夏天，当环境温度升高至 30～32℃，探测距离稍变短，温度补偿可做一定的性能补偿。

（4）感应封锁时间设置（默认设置为 2.5s 封锁时间）：感应模块在每一次感应输出后（高电平变成低电平），可以紧跟着设置一个封锁时间段，在此时间段内感应器不接受任何感应信号。此功能可以实现"感应输出时间"和"封锁时间"两者的间隔工作，可应用于间隔探测产品；同时此功能可有效抑制负载切换过程中产生的各种干扰（此时间可设置在零点几秒到几十秒）。

模块使用注意事项如下。

（1）感应模块通电后有一分钟左右的初始化时间，在此期间模块会间隔地输出 0～3 次，一分钟后进入待机状态。

（2）应尽量避免灯光等干扰源近距离直射模块表面的透镜，以免引入干扰信号产生误动作；使用环境应尽量避免流动的风，因为风也会对感应器造成干扰。

（3）感应模块采用双元探头，探头的窗口为长方形，双元（A 元和 B 元）位于较长方向的两端，当人从左到右或从右到左走过时，红外光谱到达双元的时间、距离有差值，差值越大，感应越灵敏，当人从正面走向探头或从上到下或从下到上方向走过时，双元检测不到红外光谱距离的变化，无差值，因此感应不灵敏或不工作，所以安装感应器时应使探头双元的方向与人活动最多的方向尽量相互平行，保证人经过时先后被探头双元所感应。为了增加感应角度范围，本模块采用圆形透镜，使探头四面都能感应，但左右两侧仍然比上下两个方向感应范围大、灵敏度强，安装时仍需尽量遵循以上要求。

传感器模块的引脚及控制内容如表 6-25 所示。

表 6-25　　　　　　　　　　　　传感器模块的引脚及控制内容

引脚及控制	控制内容
时间延迟调节	在检测到移动后，用于调节维持高电平输出的时间，可以调节范围：5s～5min
感应距离调节	用于调节检测范围，可调节范围 3～7m
检测模式条件	可选择单次检测模式和连续检测模式
−	接地引脚
+	电源引脚
输出引脚	没有检测到移动时为低电平，检测到移动输出高电平

1. 时间延迟调节方法

菲涅耳透镜朝上，左边旋钮调节时间延迟，顺时针方向增加延迟时间，逆时针方向减少延迟时间。延时时间最小 5s，最大约 5min。

2. 距离调节方法

将菲涅耳透镜朝上，右边旋钮调节感应距离长短，顺时针方向减少距离，逆时针方向增加距离。感应距离最短 3m，最长约 7m。

3. 检测模式跳线调节

旋钮旁边三针脚为检测模式选择跳线，将跳线帽插在靠边上方两针脚，即为单次检测模式，插在下方两针脚为连续检测模式。

（1）单次检测模式：传感器检测到移动，输出高电平后，延迟时间段结束后，输出自动从高电平变成低电平。

（2）连续检测模式：传感器检测到移动，输出高电平后，如果人继续在检测范围内移动，传感器一直保持高电平，直到人离开后高电平变为低电平。

两种检测模式的区别就在于检测移动触发后，人若继续移动，是否持续输出高电平。

注意：传感器的封锁时间出现在一次触发结束，高电平变回低电平后，其作用是可以抑制负载切换过程中产生的各种干扰。默认设置为 2.5s，当时间延时之后的大约 3s 内，输出保持为低电平，不检测任何运动。

6.17.2　红外人体感应模块的测试实例

1. 所需硬件与引脚连接

（1）Arduino 板×1。

（2）HC-SR501×1。

（3）杜邦线若干。

将 HC-SR501 的电源"+"端与 Arduino 板 5V 相连，HC-SR501 的电源"−"端与 Arduino 板 GND 连接，中间的输出引脚与数字引脚 7 连接。

2．程序代码

实例功能：下面代码编译下载后，传感器向前移动时，Arduino 上的 LED 灯会亮，之后可以更改跳线接法体验不同检测模式的区别。

参考代码如下：

```
int ledPin = 13;
int pirPin = 7;
int pirValue;
int sec = 0;

void setup()
{
  pinMode(ledPin, OUTPUT);
  pinMode(pirPin, INPUT);
  digitalWrite(ledPin, LOW);
  Serial.begin(9600);
}

void loop()
{
  pirValue = digitalRead(pirPin);
  digitalWrite(ledPin, pirValue);
//以下输出可以观察传感器输出状态
  sec += 1;
  Serial.print("Second: ");
  Serial.print(sec);
  Serial.print("PIR value: ");
  Serial.print(pirValue);
  Serial.print('\n');
  delay(1000);
}
```

6.18　温度传感器 DS18B20

6.18.1　单总线协议概述

单总线（One-Wire）是 Dallas 公司的一项特有的总线技术，它采用单根信号线，实现数据的双向传输，具有节省 I/O 资源、结构简单、便于扩展和维护等特点。单总线适用于单个主机的系统，能够控制一个或多个从机设备。

与其他所有的数据通信传输方式一样，单总线芯片在数据传输过程中，要求采用严格的通信协议，以保证数据的完整性，每个单总线芯片都拥有唯一的地址，系统主机一旦选中某个芯片，就会保证通信连接直到复位，其他器件则全部脱离总线，在下次复位之前不参与任何通信。

下面介绍单总线的 3 个通信过程。

1. 单总线通信的初始化

单总线上的所有通信都以初始化序列开始，初始化序列包括主机发出的复位脉冲及从机的应答脉冲，这一过程如图 6-60 所示。在图中，黑色实线代表系统主机拉低总线，灰色实线代表从机拉低总线，而黑色的虚线则代表上拉电阻器将总线拉高。

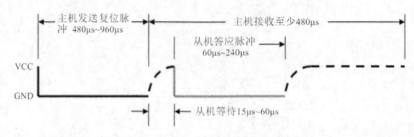

图 6-60　初始化过程中的复位与应答脉冲

系统主设备（主机）发送端发出的复位脉冲是一个 480~960μs 的低电平，然后释放总线进入接收状态。此时系统总线通过 4.7kΩ 的上拉电阻器接至 VCC 高电平，时间为 15~60μs，接着在接收端的设备就开始检测 I/O 引脚上的下降沿，监视负脉冲的到来。主设备处于这种状态的时间至少为 480μs。

从设备（从机）在接收到系统主设备发出的复位脉冲之后，向总线发出一个应答脉冲，表示从设备已准备好，可根据各种命令发送或接收数据。通常情况下，器件等待 15~60μs 即可发送应答脉冲（该脉冲是一个 60~240μs 的低电平信号，它由从机强迫将总线拉低）。

复位脉冲是主设备以广播方式发出的，因而总线上所有的从设备同时发出应答脉冲。一旦器件检测到应答脉冲后，主设备就认为总线上已连接了从设备，接着主设备将发送有关的 ROM 功能命令。如果主设备未能检测到应答脉冲，则认为总线上没有挂接单总线从设备。

2. 写时隙

单总线通信协议定义了几种信号类型：复位脉冲、应答脉冲、写 0、写 1、读 0 和读 1，除了应答脉冲外，所有的信号都由主机发出同步信号，并且发送的所有的命令和数据都是字节的低位在前。

单总线通信协议中，不同类型的信号都采用一种类似脉宽调制的波形表示，逻辑 0 用较长的低电平持续周期表示，逻辑 1 用较长的高电平持续周期表示。在单总线通信协议中，读写时隙的概念十分重要，当系统主机向从设备输出数据时产生写时隙，当主机从从机设备读取数据时产生读时隙，每一个时隙里总线只能传输一位数据。无论是在读时隙还是写时隙，它们都以主机驱动数据线为低电平开始，数据线的下降沿使从设备触发其内部的延时电路，使之与主机同步。在写时隙内，该延迟电路决定从设备采样数据线的时间窗口。

单总线通信协议中存在两种写时隙：写 1 和写 0。主机采用写 1 时隙则向从机写入 1，而采用写 0 时隙则向从机写入 0。所有写时隙至少需要 60μs，且在两次独立的写时隙之间至少需要 1μs 的恢复时间。两种写时隙均起始于主机拉低数据总线。产生 1 时隙的方式是：主机拉低总线后，接着必须在 15μs 之内释放总线，由上拉电阻器将总线拉至高电平。产生写 0

时隙的方式是：在主机拉低总线后，只需要在整个时隙间保持低电平即可（至少 60μs）。在写时隙开始后 15～60μs 期间，单总线器件采样总线电平状态。如果在此期间采样值为高电平，则逻辑 1 被写入器件；如果为 0，写入逻辑 0。

图 6-61 给出了写时隙（包括 1 和 0）时序的图形解释。

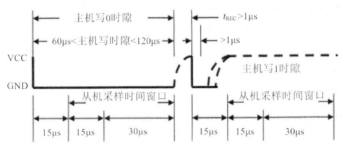

图 6-61 单总线通信协议中写时隙时序图

图 6-61 中，黑色实线代表系统主机拉低总线，黑色虚线代表上拉电阻器将总线拉高。

3．读时隙

对于读时隙，单总线器件仅在主机发出读时隙时，才向主机传输数据。所有主机发出读数据命令后，必须马上产生读时隙，以便从机能够传输数据。所有读时隙至少需要 60μs，且在两次独立的读时隙之间至少需要 1μs 的恢复时间。每个读时隙都由主机发起，至少拉低总线 1μs。在主机发出读时隙信号之后，单总线器件才开始在总线上发送 0 或 1。若从机发送 1 则保持总线为高电平；若发出 0，则拉低总线。

当发送 0 时，从机在读时隙结束后释放总线，由上拉电阻器将总线拉回至空闲高电平状态。从机发出的数据在起始时隙之后，保持有效时间 15μs，因此主机在读时隙期间必须释放总线，并且在时隙起始后的 15μs 之内采样总线状态。

图 6-62 给出了读时隙（包括读 0 或读 1）时序的图形解释。

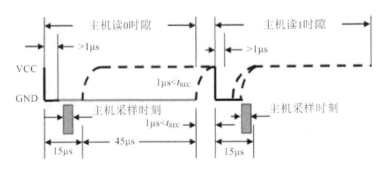

图 6-62 单总线通信协议中读时隙时序图

在图 6-62 中，黑色实线代表系统主机拉低总线，灰色实线代表从机拉低总线，而黑色的虚线则代表上拉电阻器将总线拉高。

6.18.2 OneWare 的类库函数

OneWare 类库不属于 Arduino 的基本库，需要单独下载，或通过 IDE 的库管理器安装，库中定义了一个 OneWare 类。下面以对象 myWire 为例介绍其类库函数。

1. OneWire

功能：构造函数，创建一个 OneWire 对象，指定一个引脚参数。可以将多个 OneWire 设备连到同一个引脚，也可以创建多个 OneWire 实例。

语法格式：OneWire myWire(pin)。

参数说明：pin，与 OneWire 设备连接的 Arduino 开发板引脚。

返回值：创建了一个 OneWire 类的对象 myWire。

2. search()

功能：搜索下一个设备。

语法格式：myWire.search(addrArray)。

参数说明：addrArray，8 字节数组（ROM 数据）。

返回值：1，找到设备，且 addrArray 中存放设备地址；

　　　　　0，未找到设备。

3. reset_search()

功能：初始化搜索状态，开始新的搜索（从第一个设备开始）之前需调用该函数。

语法格式：myWire. reset_search ()。

参数说明：无。

返回值：无。

4. reset()

功能：初始化单总线。主机和从机通信之前需要复位。

语法格式：myWire.reset()。

参数说明：无。

返回值：1，单总线上有从机，且准备就绪，否则返回 0。

5. select()

功能：主机指定从机。

语法格式：myWire.select(addrArray)。

参数说明：addrArray，uint8 类型，指定从机的 8 字节的 ROM 数据。

返回值：无。

6. skip()

功能：跳过设备选择，可立即和设备通信。仅适合在只有一个设备时调用。

语法格式：myWire.skip()。

参数说明：无。

返回值：无。

7. write()

功能：字节发送。

语法格式：myWire.write(num)。

参数说明：num，要发送的字节，空闲状态为漏极或集电极开路。

返回值：无。

8. write()

功能：字节发送。若写操作结束后，需要电源（例如：DS18S20 工作于寄生电源模式）

则调用该成员函数。

语法格式：myWire.write(num，1)。

参数说明：num，要发送的字节，空闲状态引脚置高。

返回值：无。

9．read()

功能：字节读取。

语法格式：myWire. read ()。

参数说明：无。

返回值：uint8 类型，表示读取的数据。

10．crc8()

功能：计算一个数据数组的 CRC 校验和。

语法格式：myWire.crc8(dataArray, length)。

参数说明：dataArray，uint8 类型，数组首地址；length，数组长度。

返回值：uint8 类型，8 位 CRC。

11．write_bit()

功能：写时隙，即写 1 或写 0。

语法格式：myWire.write_bit() (v)。

参数说明：uint8 类型。v，写入的数据，最低位 bit0 为 0 则写 0，为 1 则写 1。

返回值：无。

12．read_bit()

功能：读时隙，即读 1 或读 0。

语法格式：myWire.read_bit() ()。

参数说明：无。

返回值：uint8 类型，读出的数据。

6.18.3　DS18B20 的应用实例

1．硬件需求

被指定作为 OneWire 的引脚需要连接一个 4.7kΩ 的上拉电阻器。OneWire 设备与该引脚连接，且要共地。某些 OneWire 设备需连接电源，或从信号线获得电源。具体参见设备参考手册。DS18B20 实物如图 6-63 所示，输入电压的范围是 3～5.5V，线长 1m，其与 Arduino 板的连线如表 6-26 所示。

图 6-63　DS18B20 实物图

表 6-26　DS18B20 与 Arduino 板连线表

DS18B20 引出线	Arduino 板引脚编号
红色	5V
黄色	10
黑色	GND

2. 程序代码

实例功能：OneWire DS18S20、DS18B20 和 DS1822 温度测量。

```
#include <OneWire.h>
//http://www.pjrc.com/teensy/td_libs_OneWire.html
OneWire  ds(10);                            //创建对象 ds，信号引脚与引脚 10 连接

void setup(void) {
  Serial.begin(9600);
}

void loop(void) {
  byte i;
  byte present = 0;
  byte type_s;
  byte data[12];
  byte addr[8];
  float celsius, fahrenheit;
  if ( !ds.search(addr)) {
      Serial.println("No more addresses.");
      Serial.println();
      ds.reset_search();
      delay(250);
      return;
  }
  Serial.print("ROM =");
  for( i = 0; i < 8; i++) {
      Serial.write(' ');
      Serial.print(addr[i], HEX);
  }
  if (OneWire::crc8(addr, 7) != addr[7]) {
      Serial.println("CRC is not valid!");
      return;
  }
  Serial.println();
  //第一个 ROM 字节代表芯片型号
  switch (addr[0]) {
    case 0x10:
      Serial.println("  Chip = DS18S20");
      type_s = 1;
      break;
    case 0x28:
      Serial.println("  Chip = DS18B20");
      type_s = 0;
```

```
      break;
   case 0x22:
      Serial.println("  Chip = DS1822");
      type_s = 0;
      break;
   default:
      Serial.println("Device is not a DS18x20 family device.");
      return;
}
ds.reset();                                    //初始化单总线
ds.select(addr);                               //搜索下一个设备
ds.write(0x44, 1);                             //开始转换，空闲时信号线拉高
delay(1000);                                   //也许 750ms 足够了，也许不够
present = ds.reset();
ds.select(addr);
ds.write(0xBE);                                //发送读暂存寄存器命令
Serial.print("  Data = ");
Serial.print(present, HEX);
Serial.print("");
for ( i = 0; i < 9; i++) {                     //读 9 个字节
   data[i] = ds.read();
   Serial.print(data[i], HEX);
   Serial.print("");
}
Serial.print(" CRC=");
Serial.print(OneWire::crc8(data, 8), HEX);
Serial.println();
//将读出数据转换成实际温度。由于结果是一个 16 位的有符号整数，故应该用一个 int16 类型的变
//量保存结果
int16_t raw = (data[1] << 8) | data[0];
if (type_s) {
  raw = raw << 3;                              //默认 9 bit 分辨率
  if (data[7] == 0x10) {
  //"count remain" gives full 12 bit resolution
    raw = (raw & 0xFFF0) + 12 - data[6];
  }
} else {
  byte cfg = (data[4] & 0x60);
  //分辨率较低时，低位清 0
  if (cfg == 0x00) raw = raw & ~7;             //9 位分辨率，93.75 ms
  else if (cfg == 0x20) raw = raw & ~3;        //10 位分辨率，187.5 ms
  else if (cfg == 0x40) raw = raw & ~1;        //11 位分辨率，75 ms
  //默认是 12 位分辨率，转换时间是 750 ms
}
```

```
celsius = (float)raw / 16.0;
fahrenheit = celsius * 1.8 + 32.0;
Serial.print(" Temperature = ");
Serial.print(celsius);
Serial.print(" Celsius, ");
Serial.print(fahrenheit);
Serial.println(" Fahrenheit");
}
```

程序运行结果如图 6-64 所示。

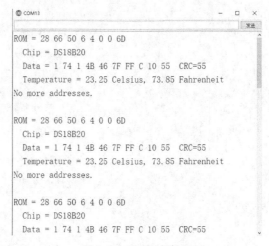

图 6-64　程序运行结果

6.19　心率传感器

本节介绍的心率采集模块是一种基于光电容积描记法（PPG）原理的光电模块，它的传感器由光源和光电转换器两部分组成，光源一般采用对动脉血中氧合血红蛋白有选择性的具有一定波长（500～700nm）的发光二极管。模块拥有三个引脚，分别为 3.3V、GND 和 AD。

图 6-65　心率采集模块实物图

当处于正常连接状态时，光电转换器会接收到正常强度的光强信号，此时定为 A 状态。当手指置于该模块之上时，假设当前恰好处于下一次心跳开始前的瞬间，此时由于上一次心跳结束一段时间，血液中的含氧量下降，血红蛋白比例上升，此时血液对于光源信号的吸收率变强，有较少的光信号被反射，可采集到 B 状态光源信号。当发生一次心跳时，血液中含氧量上升，血管中氧合血红蛋白比例上升，血液对于光源的吸收率由此变弱，因此有更多的光被反射，可采集到 C 状态光源信号。由此，信号便会呈现出周期性变化，经过分析处理，便可根据单位时间内采集的心跳次数，计算得出心率 BPM 的值。图 6-65 所示的为心率采集模块的实物，图 6-66 所示的为心率采集模块电路原理图。

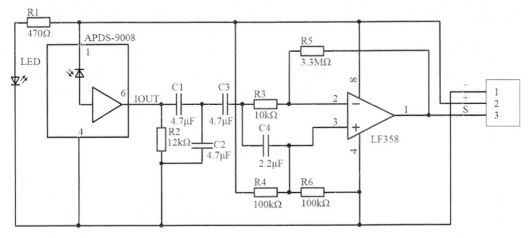

图 6-66 心率采集模块电路图

6.19.1 心率采集模块概述

心率采集模块算法实现过程是：利用定时中断以极快频率采集光信号，将采集回来的信号按周期函数进行处理。算法中判断是否捕捉到心跳的标准是：采回的信号是否高于某一参考值，若高于参考值，则认为采集到心跳并记录与上一次采集成功的时间间隔。最终使用一分钟时间长度除以该时间间隔，便得到了一分钟内心跳次数（BPM）。

由于光电容积描记法的模块量程刻度十分精细，因此使用该模块所采集到的信号噪声干扰也十分严重，外界环境稍有变动，便会在很大程度上影响信号的真实性。为解决该问题，尽量将该模块置于阴暗处或加以遮挡，在软件中也需要使用良好的滤波算法，以保证数据的真实性、准确性与可靠性。

首先，由于该模块所需精度远远高于其他模块，因此在计时方面，不使用简单的 delay() 函数，而使用 Arduino 自带的时钟 Timer2，实现更高精度的定时中断，中断间隔为 2ms。在中断响应函数中完成其他功能。

在中断响应函数中，为了保证此次采集的信号的准确性，首先应保证其不会被自身中断而打断，故而应暂停对下一次定时中断的计时。这意味着在本次响应函数完成之前，都不会有新的中断来打断此次采集。

首先定义采集过程中所需要的各种变量。Signal 用于保存此次中断采集回来的信号。sampleCounter 用于记录系统总时间，初始为 0，每次中断响应都进行加 2 操作。lastBeatTime 为上次找到心跳时所标记的系统时间，IBI 为两次心跳时间间隔，thresh 为光电容积描记（PPG）波形的中值，P 为波峰，T 为波谷，runningTotal 为最近十次 IBI 的平均数，BPM 为最终返回结果。其中，Signal 与 runningTotal 未设定初始值，其余均设置合理初值。

完成上述规划与变量定义后，开始实现数据采集。

每次中断响应要先关闭中断，采集数据，更新系统时间，并计算此次采集时间与上次心跳时间间隔，记为 N，代码如下。

```
cli();                    //关闭中断
Signal = analogRead(pulsePin);
```

```
sampleCounter += 2;
int N = sampleCounter - lastBeatTime;
```

随后根据本次所采的值，分别更新对应 PPG 波中波峰与波谷的 P 与 T。此处计算新的 P 与 T，是为了根据 P 与 T 来确定新的 thresh 值，PPG 波如图 6-67 所示。更新 thresh，是因为每次测量时的环境总会有所偏差，而该算法中识别是否捕捉到心跳，主要是将 Signal 与 thresh 进行比较，从而判断出是否是一次有效的心跳，因此 thresh 是作为一种参考标量而存在的，它可以抵消不同使用环境下造成的信号整体偏移量，加强数据采集的抗干扰度以及精度。与此同时，P 与 T 的更新过程也要经过一次时间间隔的滤波。

```
if (Signal < thresh && N > (IBI / 5) * 3) {
    if (Signal < T) {
        T = Signal;
    }
}
```

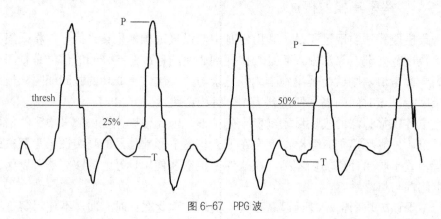

图 6-67　PPG 波

代码中判断 N > (IBI / 5)×3，原因是一般认为人体心率的改变不会是超大幅度的骤变，因此每次更新 PPG 相关数值或寻找下一次心跳时，都将时间间隔小于 3/5 个 IBI 的信号变化略去，以达到过滤传感器采集错误以及高频噪声的目的。

在具体处理心跳前，先进行判断，如下所示。

```
if (N > 250) {  //处理心跳  }
```

此判断的作用同样是为了不使同一次心跳被捕捉多次而造成重复计算，使数据失真。

真正判断是否为有效的心跳捕捉，就是在上述一系列约束条件下，判断采集回的 Signal 信号是否高于 thresh 值，若高则为一次心跳。此外，算法中还使用了 rate[15]数组保存最近 15 次 IBI，并且求取平均值 runningTotal。最终，每分钟心跳次数（心率）如下。

```
BPM = 60000 / runningTotal;
```

其中 60000 代表一分钟的毫秒数，算法中所涉及所有时间变量，单位均为 ms。

后面将给出算法实现的完整代码。

6.19.2　心率采集模块的应用实例

1. 所需硬件与连线

（1）Arduino 板×1。

（2）心率采集模块×1。

（3）杜邦线若干。

心率采集模块与 Arduino 板引脚连线如表 6-27 所示。

表 6-27　　　　　　　**心跳传感器与 Arduino 板引脚连线表**

心率采集模块	Arduino 板引脚
+	5V
−	GND
S	A0

2. 程序代码

```
//变量定义
int ledPin = 13;                          //LED 灯接口
int pulsePin = 0;                         //心跳传感器（PulseSensor）接 A0
volatile int Signal;                      //从传感器直接读取的数据
volatile unsigned long sampleCounter = 0; //记录软件已运行的时间
volatile unsigned long lastBeatTime = 0;  //最后记录到心跳的时间
volatile int IBI = 600;                   //相邻 2 次心跳的时间差
volatile int rate[15];                    //存放最后 15 次的 IBI 数据
volatile int P = 512;                     //波峰
volatile int T = 512;                     //波谷
volatile int amp = 0;                     //心跳振幅
volatile int thresh = 530;                //心跳振幅的平均值
volatile int BPM;                         //每分钟心跳数
volatile boolean Pulse = false;           //是否发现心跳
volatile boolean QS = false;              //BPM是否有效
volatile boolean firstBeat = true;
volatile boolean secondBeat = false;
int cnt = 0;                              //用于忽略前 15 次数据

void setup() {
  Serial.begin(115200);
  pinMode(ledPin, OUTPUT);
  interruptSetup();                       //设置全局中断
}

void loop() {
  if(QS == true) {
    cnt ++;
```

```
//由于第 2 次心跳的数据填充了整个 rate 数组，为确保准确性，忽略前 15 次的数据
    if(cnt > 15) Serial.println(BPM);    QS = false;
  }
}


void interruptSetup() {
//使 Timer2 每 2ms 中断一次
    TCCR2A = 0x02;                          //停止 3、11 两个引脚的 PWM 输出
    TCCR2B = 0x06;
    OCR2A = 0X7C;
    TIMSK2 = 0x02;
    sei();                                  //启用全局中断
}


ISR(TIMER2_COMPA_vect) {                    //发生中断时调用该函数
    cli();                                  //禁用全局中断
    Signal = analogRead(pulsePin);          //读取心跳传感器数据
    sampleCounter += 2;                     //每次执行中断函数代表着过去了 2ms
    int N = sampleCounter - lastBeatTime;   //上次发现心跳距现在多少 ms

    //记录峰值
    if (Signal < thresh && N > (IBI / 5) * 3) {
       if (Signal < T) {
           T = Signal;                      //记录波谷
       }
    }
    if (Signal > thresh && Signal > P) {
       P = Signal;                          //记录波峰
    }
    //找心跳
    if (N > 250) {
    //心跳滤波，确保每次心跳仅被发现一次
    if ( (Signal > thresh) && (Pulse == false) && (N > (IBI / 5) * 3) ) {
    //同样是滤波
    Pulse = true;                           //发现心跳
    digitalWrite(ledPin, HIGH);             //点亮 LED 灯
    //本次心跳距上次心跳多少 ms
    IBI = sampleCounter - lastBeatTime;
    lastBeatTime = sampleCounter;           //记下本次心跳的时间


     if (secondBeat) {
//用第 2 次心跳的数据填充整个数组 (防止后面取平均出错)
      secondBeat = false;
for (int i = 0; i <= 14; i++) {
```

```
                    rate[i] = IBI;
            }
        }
        if (firstBeat) {
//第 1 次心跳仅记下时间，不做数据处理
            firstBeat = false;
            secondBeat = true;
            sei();                           //启用全局中断
            return;
        }

        word runningTotal = 0;               //取平均前清空变量
        for (int i = 0; i <= 13; i++) {      //丢弃最老的数据
            rate[i] = rate[i + 1];
            runningTotal += rate[i];
        }
        rate[14] = IBI;                      //最新的数据保存在最后
        runningTotal += rate[14];
        runningTotal /= 15;                  //前 15 组平均值
        BPM = 60000 / runningTotal;          //计算 BPM
        QS = true;                           //BPM 数据有效
    }
}
if (Signal < thresh && Pulse == true) {
    digitalWrite(ledPin, LOW);               //关闭 LED 灯
    Pulse = false                            //心跳周期结束
    amp = P - T;                             //计算振幅
    thresh = amp / 2 + T;                    //计算振幅的平均值
    P = thresh;
    T = thresh;
}
if (N > 2500) {                              //前 2.5 秒内没发现心跳，重置相关变量
    digitalWrite(ledPin, LOW);
    thresh = 530;
    P = 512;
    T = 512;
    lastBeatTime = sampleCounter;
    firstBeat = true;
    secondBeat = false;
    cnt = 0;
}
sei();                                       //启用全局中断
}                                            //ISR 结束
```

程序运行结果如图 6-68 所示。

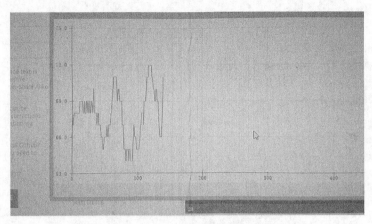

图 6-68 程序运行结果

6.20 空间运动传感器

MPU-6050 为全球首例整合性 6 轴运动处理组件，是将三轴陀螺仪和三轴加速器合二为一的传感器。由于其体积小巧、功能强大、精度较高，且采用 I2C，因此不仅被广泛应用于工业领域，也常被用在航模上控制飞行器。

6.20.1 陀螺仪和加速度传感器概述

1．陀螺仪

陀螺仪是围绕着某个固定的支点而快速转动起来的刚体，它的质量是均匀分布的，形状以轴为对称，自转轴就是它的对称轴。在一定力矩的作用下，陀螺仪会一直自转，而且还会围绕着一个不变的轴旋转，称作陀螺仪的旋进或回转效应。三轴陀螺仪示意图如图 6-69 所示。

三轴陀螺仪是惯性导航系统的核心敏感器件，其测量精度直接影响惯导系统的姿态解算的准确性。对于三轴陀螺仪来说，其测量结果的精度与构成三轴陀螺仪的各单轴陀螺仪的零偏误差、刻度系数误差、随机漂移误差以及各单轴陀螺仪敏感轴之间的不正交安装误差相关。相比于单轴传感器，三轴传感器的校准参数更多，校准过程更为复杂。目前，陀螺仪的标定通常采用位置标定和速率标定方法。

陀螺仪是测量运动角速度 ω 的器件，通过对角速度 ω 积分可获得陀螺仪偏转角度值。陀螺仪的定向性使它能测量 360° 范围内的角度变化，可以测量得到物体的角速度，通过信号积分处理，可以获得物体的姿态（倾角）信息，目前陀螺仪有 3 轴（x-y-z）和 6 轴（x-xy-y-yz-z-zx）等。

传感陀螺仪，用于运动体的自动控制系统中，作为水平、垂直、俯仰、航向和角速度传感器，提供准确的方位，完成对运动体的姿态控制，例如，它可应用于航模、平衡车等运动体。

2．加速度传感器

加速度传感器是一种能够测量加速力的电子设备。加速度计有两种：一种是角加速度计，常用于测量倾角；另一种就是线加速度计，用于测量运动物体的加速度。

三轴加速度传感器，可以检测 x、y、z 的加速度数据，如图 6-70 所示。

图 6-69　三轴陀螺仪示意图

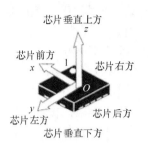

图 6-70　三轴加速度传感器

下面通过平衡小车来分析通过加速度计算角度的方法。把加速度计水平安装在平衡小车底盘上，假设两个车轮安装时车轴和 y 轴在一条直线上，车轴（y 轴）与桌面始终是平行的。在平衡小车摆动和移动过程中，y 轴与桌面的夹角是不会发生变化的，一直是 0°。平衡小车摆动时，发生变化的是 x 轴与水平面的夹角以及 z 轴与水平面的夹角，而且水平面与 x 轴和 z 轴夹角变化的度数是一样的。所以只需要计算出 x 轴和 z 轴中任意一个轴的夹角就可知道平衡小车的倾斜情况。

由于从 y 轴的方向看过去，y 轴与水平面夹角始终不变，所以这个问题就可简化成只有 x 轴和 z 轴的二维关系。假设某一时刻平衡小车上加速度计处于图 6-71 所示的状态。

在图 6-71 中，y 轴已经简化，和坐标系的原点 O 重合在一起了。下面分析计算平衡小车的倾斜角，也就是与水平面的夹角 a。图 6-71 中，g 是重力加速度，gx、gz 分别是 g 在 x 轴和 z 轴的分量。由于重力加速度是垂直于水平面的，故得到：$\angle a + \angle b = 90°$。

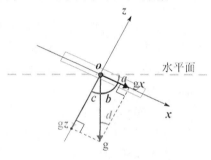

图 6-71　加速度计 x 轴偏转示意图

由于 x 轴与 z 轴是垂直关系，得到：$\angle c + \angle b = 90°$，由于 $\angle a = \angle c$，根据力的分解，g、gx、gz 三者构成一个长方形，根据平行四边形的原理可以得出 $\angle c = \angle d$。

角度 d 就等效于 x 轴与水平面夹角 a。由于 gx 是 g 在 x 轴的分量，那么根据正弦定理就可以得出 $\sin(\angle d) = gx/g$。得到 $\angle d$ 需要计算反正弦，一般在计算机中采用线性修正方法。在角度较小的情况下，角度的正弦图与角度对应的弧度值为线性关系，如图 6-72 所示。

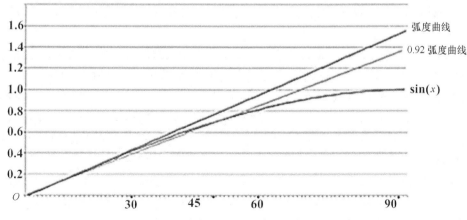

图 6-72　角度正弦值与弧度值为线性关系

图 6-72 中 x 轴是角度，取值范围是 $0\sim90°$，有 3 条函数曲线，分别如下。

（1）$y = \sin(x)$

（2）$y = x\times3.14/180$

（3）$y = 0.92\times x\times3.14/180$

从图 6-72 中可以看出，当角度范围是 $0\sim29°$ 时：$\sin(x)=x\times3.14/180$。

对于平衡小车来说，摆动范围在 $-29°\sim29°$ 之内。如果超过这个范围，平衡小车姿态将无法调整。所以对于平衡小车，$\sin(x)=x\times3.14/180$ 是成立的。超过 $-29°\sim29°$ 的摇摆范围时，给上边的公式乘一个系数。得到如下公式：$\sin(x) = 0.92\times x\times3.14/180$。

对比 3 条函数曲线可以看出，当系数取 0.92 时，角度范围可以扩大到 $-45°\sim45°$。

由 $\sin(\angle d)=gx/g$ 和 $\sin(\angle d)=k\times\angle d\times3.14/180$ 得到：$gx/g = k\times\angle d\times3.14/180$。

通过如下公式计算出角度：$d=180\times gx/(k\times g\times3.14)$。

其中 k、g 是常量，gx 可以从加速度计里读出来。

6.20.2 MPU-6050 的类库函数

Arduino 软件集成了第三方的 MPU-6050 传感器的函数库。由于 MPU-6050 的数据噪声较大，如果不滤波将会严重影响整个控制系统的精准度。MPU-6050 芯片内自带了一个数据处理子模块 DMP，已经内置了滤波算法，在许多应用中，使用 DMP 输出的数据已经能够很好地满足要求。

MPU-6050 的数据接口采用的是 I2C，需要电源、地线、SDA 和 SCL 对应连接（INT 是中断线，一般用不到，可以不接）。

MPU-6050 的数据写入和读出均通过其芯片内部的寄存器实现，其寄存器的详细列表参见 MPU-6050 说明书。

角速度（陀螺仪）计绕 x、y 和 z 三个坐标轴旋转的角速度分量 GYR_X、GYR_Y 和 GYR_Z 均为 16 位有符号整数。从原点观察各旋转轴，角速度分量取正值时为顺时针旋转，取负值时为逆时针旋转。

三个角速度分量均以"度/秒"为单位，能够表示的角速度范围（即倍率可统一设定）有 4 个可选倍率：250 度/秒、500 度/秒、1000 度/秒和 2000 度/秒。以 GYR_X 为例，若倍率设定为 250 度/秒，则意味着 GYR 取正最大值 32768 时，当前角速度为顺时针 250 度/秒；若设定为 500 度/秒，表示取 32768 时当前角速度为顺时针 500 度/秒。显然，倍率越低精度越高，倍率越高表示的范围越大。

以 GYR_X 为例，若当前设定的角速度倍率为 250 度/秒，每度对应的数据是 32768/250=131，则将 GRY_X 读数换算为角速度 gx 的公式为：$gx=GRY\_X/131$。

加速度计的三轴分量 ACC_X、ACC_Y 和 ACC_Z 均为 16 位有符号整数，分别表示元件在三个轴向上的重力加速度，重力加速度通常是指地面附近物体受地球引力作用在真空中下落的加速度，其近似标准值通常取为 9.8m/s^2，记为 g。取负值时加速度沿坐标轴负向，取正值时沿坐标轴正向。

三个加速度分量均以重力加速度 g 的倍数为单位，能够表示的加速度范围（即倍率可统一设定）有 4 个可选倍率：2g、4g、8g 和 16g。以 ACC_X 为例，若倍率设定为 2g（默认），则意味着 ACC_X 范围是 $+32767\sim-32768$，取 32768 时表示当前加速度为沿 x 轴正方向 2 倍的重力加速度；若设定为 4g，取 32768 时表示沿 x 轴正方向 4 倍的重力加速度，以此类推。显然，倍率越低精度越高，倍率越高表示的范围越大，这要根据具体的应用来设定。

再以 ACC_X 为例，若当前设定的加速度倍率为 2g，则每个 g 对应的数据是 32768/2= 16384，将 ACC_X 读数换算为加速度角度 x 的公式为：

$$\sin(x) = 0.92 \times 3.14 \times /180 = ACC\_X/16384 \qquad （0.92 是修正值）$$
$$x = 180 \times ACC\_X/(0.92 \times 3.14 \times 16384) = ACC\_X/262$$

下面以实例 mpu 为例，对 Arduino MPU6050 库函数的常用成员函数进行介绍。

1．MPU6050

功能：实例化一个 MPU6050 对象。使用默认的 I2C 地址。

语法格式：MPU6050 mpu。

参数说明：对象名称为 mpu。

返回值：无。

2．initialize()

功能：初始化。激活设备并使其退出睡眠模式，设置加速度计+/−2g 和陀螺仪+/−250 度/秒。

语法格式：mpu.initialize()。

参数说明：无。

返回值：初始化成功返回 true，否则返回 false。

3．testConnection()

功能：模块连接测试。

语法格式：mpu.testConnection()。

参数说明：无。

返回值：如果连接有效，返回 true，否则为 false。

4．setFullScaleGyroRange()

功能：设置陀螺测距仪范围。

语法格式：mpu.setFullScaleGyroRange(uint8_t range)。

参数说明：range，0～3，见表 6-28。

返回值：无。

表 6-28　　　　　　　　　　　　　　陀螺仪设置范围

参数选择	满量程
0	+/− 250 度/秒
1	+/− 500 度/秒
2	+/−1000 度/秒
3	+/− 2000 度/秒

5．setFullScaleAccelRange()

功能：设置加速度计范围。

语法格式：mpu.setFullScaleAccelRange(uint8_t range)。

参数说明：range：0~3，见表 6-29。

返回值：无。

表 6-29   加速度计设置范围

参数选择	满量程	灵敏度
0	+/–2g	8192 LSB/mg
1	+/–4g	4096 LSB/mg
2	+/–8g	2048 LSB/mg
3	+/–16g	1024 LSB/mg

6．setXGyroOffsetTC()

功能：设置 X 陀螺仪偏移量。

语法格式：mpu.setXGyroOffsetTC(int8_t offset)。

参数说明：offset，8 位整数。

返回值：无。

7．setYGyroOffsetTC(int8_t offset)

功能：设置 Y 陀螺仪偏移量。

语法格式：mpu.setYGyroOffsetTC(int8_t offset)。

参数说明：offset，8 位整数。

返回值：无。

8．setZGyroOffsetTC(int8_t offset)

功能：设置 Z 陀螺仪偏移量。

语法格式：mpu.setZGyroOffsetTC(int8_t offset)。

参数说明：offset，8 位整数。

返回值：无。

9．setXAccelOffset(int16_t offset)

功能：设定 x 轴加速度偏移量。

语法格式：mpu.setXAccelOffset(int16_t offset)。

参数说明：offset，16 位整数。

返回值：无。

10．setYAccelOffset(int16_t offset)

功能：设定 y 轴加速度偏移量。

语法格式：mpu.setYAccelOffset(int16_t offset)。

参数说明：offset，16 位整数。

返回值：无。

11．setZAccelOffset(int16_t offset)

功能：设定 z 轴加速度偏移量。

语法格式：mpu.setZAccelOffset(int16_t offset)。

参数说明：offset，16 位整数。

返回值：无。

12．getMotion6()

功能：读取 6 轴数据。

语法格式：mpu.getMotion6(int16_t* ax, int16_t* ay, int16_t* az, int16_t* gx, int16_t* gy, int16_t* gz)。

参数说明：陀螺仪，ax、ay、az；加速度，gx，gy，gz。

返回值：返回 6 组 16 位有符号整数。

13．getAcceleration()

功能：读取加速度。

语法格式：mpu.getAcceleration(int16_t* x, int16_t* y, int16_t* z)。

参数说明：x，y，z，3 轴加速度变量。

返回值：返回 3 组 16 位有符号整数。

14．getAccelerationX()

功能：读取 x 轴加速度。

语法格式：mpu.getAccelerationX()。

参数说明：无。

返回值：返回 16 位有符号整数。

15．getAccelerationY()

功能：读取 y 轴加速度。

语法格式：mpu.getAccelerationY()。

参数说明：无。

返回值：返回 16 位有符号整数。

16．getAccelerationZ()

功能：读取 z 轴加速度。

语法格式：mpu.getAccelerationZ()。

参数说明：无。

返回值：返回 16 位有符号整数。

17．getRotation()

功能：读取陀螺仪。

语法格式：mpu.getRotation(int16_t* x, int16_t* y, int16_t* z)。

参数说明：x，y，z，3 轴陀螺仪变量。

返回值：返回 3 组 16 位有符号整数。

18．getRotationX()

功能：读取 x 轴陀螺仪。

语法格式：mpu.getRotationX()。

参数说明：无。

返回值：返回 16 位有符号整数。

19．getRotationY()

功能：读取 y 轴陀螺仪。

语法格式：mpu.getRotationY()。

参数说明：无。

返回值：返回 16 位有符号整数。

20．getRotationZ()

功能：读取 z 轴陀螺仪。

语法格式：mpu.getRotationZ()。

参数说明：无。

返回值：返回 16 位有符号整数。

21．reset()

功能：复位所有寄存器。

语法格式：mpu.reset()。

参数说明：无。

返回值：无。

22．resetGyroscopePath()

功能：复位陀螺仪。

语法格式：mpu.resetGyroscopePath()。

参数说明：无。

返回值：无。

23．resetAccelerometerPath()

功能：复位加速度。

语法格式：mpu.resetAccelerometerPath()。

参数说明：无。

返回值：无。

MPU6050 库函数使用实例：读取小车倾斜的加速度 x 轴角度，陀螺仪角度 x 轴角度。

假设加速度量程范围为 2g，量程为 16384 LSB/g，x 是小车倾斜的角度，ax 是加速度计读出的值（弧度）。

计算公式：$\sin(x) = 0.92 \times 3.14 \times x/180 = ax/16384$

$x = 180 \times ax/(0.92 \times 3.14 \times 16384) = ax/262$

陀螺仪量程范围为 50 度/秒，量程为 131 LSB/s，小车陀螺仪角度为 gx_angle，陀螺仪读数为 gx，时间是 dt。

计算公式：gx_angle += (gx/(131*1000))*dt。

实例代码如下：

```
#include "Wire.h"
#include "I2Cdev.h"
#include "MPU6050.h"
MPU6050 accelgyro;
int16_t ax, ay, az;
int16_t gx, gy, gz;
double total_angle = 0;
/*把 mpu6050 放在水平桌面上，分别读取 2000 次，然后求平均值*/
```

```
#define AX_ZERO (-1476)                          //加速度计的 0 偏修正值
#define  GX_ZERO (-30.5)                          //陀螺仪的 0 偏修正值
void setup() {
  Wire.begin();                                   //加入 I2C 总线
  Serial.begin(38400);
  Serial.println("Initializing I2C devices...");
  accelgyro.initialize();
  Serial.println("Testing device connections...");
Serial.println(accelgyro.testConnection()?"MPU6050 connection successful":
"MPU6050 connection failed");
}


void loop() {
  //read raw accel/gyro measurements from device
  double ax_angle = 0.0;
  double gx_angle = 0.0;
  unsigned long time = 0;
  unsigned long mictime = 0;
  static unsigned long pretime = 0;
  float gyro_x = 0.0;
  if (pretime == 0) {
      pretime = millis(); return;
  }
  mictime = millis();
  accelgyro.getMotion6(&ax, &ay, &az, &gx, &gy, &gz); //从传感器读取原始加速/陀螺测量
  ax -= AX_ZERO;                                     //加速度修正
  gx -= GX_ZERO;                                     //角速度修正
  ax_angle = ax / 262;                               //按公式计算角度
  time = mictime - pretime;
  gyro_x = gx / 131.0;
  gx_angle = gyro_x * time;
  gx_angle = gx_angle / 1000.0;
  Serial.print("x轴加速度角度: ");
  Serial.println(ax_angle);
  Serial.print("x轴角速度角度: ");
  Serial.println(gx_angle, 2);
  Serial.println("");
  pretime = mictime;
  delay(1000);
}
```

6.20.3　卡尔曼滤波

由于角度计算时所采集的数据中包括大量噪声和干扰，在计算过程中要把噪声和干扰去掉，数据滤波是去除噪声还原真实数据的一种数据处理技术。卡尔曼滤波（Kalman Filtering）是一种

利用线性系统状态方程，通过系统输入/输出观测数据，对系统状态进行最优估计的滤波算法。

在 Arduino 系统中，可以直接调用 KalmanFilter 类成员函数进行滤波。在库模型中，一个卡尔曼滤波器接收一个轴上的角度值、角速度值以及时间增量，估计出一个消除噪声的角度值。根据当前的角度值和上一轮估计的角度值，以及这两轮估计的间隔时间，还可以反推出消除噪声的角速度。下面以实例 KalFilter 为例，介绍卡尔曼滤波器库的成员函数的用法。

1. KalmanFilter()

功能：构造函数。

语法格式：KalmanFilterKalFilter。

参数说明：对象名称为 KalFilter。

返回值：无。

2. Yiorderfilter()

功能：一阶滤波器。

语法格式：KalFilter.Yiorderfilter(float angle_m, float gyro_m,float dt,float K1)。

参数说明：angle_m，加速器的值；

gyro_m，陀螺仪的值；

dt，kalman 滤波器采样时间；

K1，权重系数。

返回值：单轴滤波后的数值。

3. Kalman_Filter()

功能：卡尔曼滤波。

语法格式：KalFilter.Kalman_Filter(double angle_m, double gyro_m, float dt,float Q_angle,float Q_gyro,float R_angle,float C_0)。

参数说明：angle_m 和 gyro_m，加速器和陀螺仪值，$dt = 0.005$，$Q\_angle = 0.001$，$Q\_gyro = 0.005$，$R\_angle = 0.5$，$C\_0 = 1$。

返回值：滤波后的最优角度。

4. Angletest()

功能：角度测试。

语法格式：KalFilter. Angletest(int16_t ax, int16_t ay, int16_t az, int16_t gx, int16_t gy, int16_t gz, float dt, float Q_angle, float Q_gyro, float R_angle, float C_0, float K1)。

参数说明：同上。

返回值：测试平衡角度。

卡尔曼滤波换算角度例子：

```
#include <KalmanFilter.h>          //卡尔曼滤波
#include "I2Cdev.h"
#include "Wire.h"
#include "MPU6050.h"
MPU6050 Mpu;                       //实例化一个对象，对象名称为 Mpu
KalmanFilter KalFilter;            //实例化一个滤波器对象，对象名称为 KalFilter
int16_t ax, ay, az, gx, gy, gz;    //MPU6050 的三轴加速度和三轴陀螺仪数据
int Angle;                         //角度
```

```
float K1 = 0.05;                      //对加速度计取值的权重
float Q_angle = 0.001, Q_gyro = 0.005;
float R_angle = 0.5 , C_0 = 1;
float dt = 0.005;                     //注意: dt 的取值为滤波器采样时间 5ms
void setup() {
  Wire.begin();
  Serial.begin(38400);
  Serial.println("Initializing I2C devices...");
  Mpu.initialize();
  Serial.println("Testing device connections...");
  Serial.println(Mpu.testConnection() ? "MPU6050 connection successful" :
"MPU6050 connection failed");
  }
  void loop()
  {
  Mpu.getMotion6(&ax, &ay, &az, &gx, &gy, &gz); //获取MPU6050陀螺仪和加速度计的数据
  KalFilter.Angletest(ax, ay, az, gx, gy, gz, dt, Q_angle, Q_gyro, R_angle, C_0, K1);
  Angle = KalFilter.angle;                 //Angle是一个用于显示的整形变量
  Serial.print(Angle);                     //最优角度
  Serial.print( "*******");
  Serial.println( KalFilter.angle6);       //平衡倾角
  }
```

6.21 继电器

继电器（Relay）是电控制器件，是一种能把小信号（输入信号）转换成高电压大功率控制信号（输出信号）的一种"自动开关"。继电器能控制多个对象和回路，还能控制远距离对象，故继电器在自动控制及远程控制领域有较广泛的应用，例如控制电灯、电冰箱、洗衣机、车库门等。按继电器的工作原理或结构特征分类，继电器可分为电磁继电器、固体继电器、舌簧继电器和时间继电器等。按继电器的外形尺寸可分为微型继电器、超小型微型继电器和小型继电器等。电磁继电器实物如图 6-73 所示。

图 6-73　电磁继电器实物图

6.21.1　继电器概述

本小节主要介绍电磁继电器的工作原理及控制方式。

电磁继电器一般由铁芯、线圈、衔铁和触点簧片等组成，其结构如图 6-74 所示。

当在线圈两端加上一定的电压（线圈电压分直流和交流，电压大小也不一样）时，线圈中就会流过一定的电流，从而产生电磁效应。衔

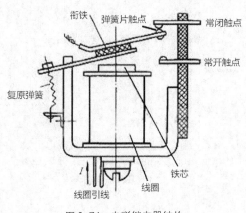

图 6-74　电磁继电器结构

铁就会在电磁力的作用下克服返回弹簧的拉力吸向铁芯，从而带动衔铁的动触点（C）与静触点（常开触点 NO）吸合。当线圈断电后，电磁的吸力也随之消失，衔铁就会在弹簧的反作用力的作用下返回原来的位置，使动触点与原来的静触点（常闭触点 NC）释放。这样吸合、释放，从而达到在电路中导通、切断的目的。对于继电器的"常开触点""常闭触点"，可以这样区分，继电器线圈未通电时处于断开状态的静触点，称为"常开触点"，处于接通状态的静触点称为"常闭触点"。

继电器按触点数量和形式可分多种，如图 6-75 所示。

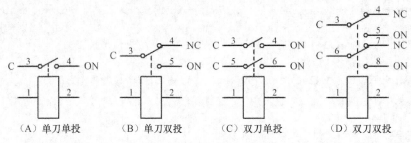

（A）单刀单投　　（B）单刀双投　　（C）双刀单投　　（D）双刀双投

图 6-75　继电器触点形式

6.21.2　继电器的应用实例

需要对线圈施加一定的电压，继电器才能工作，而线圈电流和继电器功率有关，Arduino本身提供的 I/O 电流不足以驱动继电器，所以一般可通过晶体管放大后驱动。图 6-76 所示的是 5V 线圈直流电压继电器控制原理图。采用 NPN 晶体管驱动，晶体管基极串联一个 1kΩ 的限流电阻器，在继电器线圈之间并联一个反向二极管，起到保护作用，防止晶体管反向击穿。在继电器选型中，触点容量与控制电路的负载功率大小有关，常用的有负载电压 250V，电流 1A 、2A、5A 和 10A。现在很多继电器把驱动和继电器集成在一块 PCB 电路板上，只需提供模块线圈电源和控制信号，将触点引出，就可以实现电器控制。

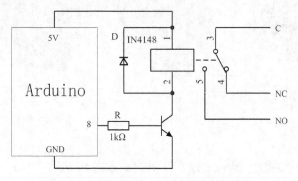

图 6-76　5V 线圈直流电压继电器控制原理图

1．实例功能

通过继电器控制 24V 电铃，用按键进行控制，每按一下按键，继电器状态改变一次，实现控制电铃开关的功能。

2．所需硬件

（1）Arduino 板×1。

（2）继电器模块×1。

（3）按键模块×1。

（4）24V 电铃×1。

（5）杜邦线若干。

（6）24V 直流稳压电源。

3．继电器及电铃连接

继电器模块控制 24V 电铃的接线原理如图 6-77 所示。将 Arduino 板上的 5V、GND 和数字口 8 引脚用杜邦线与继电器模块相连，将继电器动触点（C）和常开触点（NO）用导线串联到 24V 电铃控制回路中，按键模块通过杜邦线与数字引脚 4 连接。

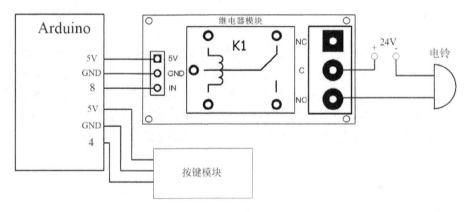

图 6-77　接线原理图

4．程序代码

实例功能：用按键控制继电器，每按一次，继电器和电铃状态改变一次。

```
int k1 = 4;                      //定义按键接口
int relay = 8;
int key = 0;                     //定义键值
int key1 = 0;
int flag = 0;
void setup() {
  pinMode(k1, INPUT);
  pinMode(relay, OUTPUT);
  digitalWrite(relay, LOW);      //初始电铃停止发声
}
void loop()                      //主循环，查询有无按键，有按键控制继电器状态
{
```

```
      read_key();                        //读取按键
      if (key == 1 )
      {
        flag = ~flag;
        if (flag)
            digitalWrite(relay, HIGH);   //继电器吸合，电铃发声
        else
            digitalWrite(relay, LOW);    //继电器释放，电铃停止发声
        key = 0;
      }
  }
  void read_key()
  {
  ...略
  }
```

6.22   本章小结

　　本章介绍了基于 Arduino 的嵌入式应用系统的多种常用模块，包括超声波测距、蜂鸣器、温湿度、颜色、水位、红外光电开关、红外人体感应、火焰、心率、陀螺仪等多种传感器模块，直流电机、步进电机、舵机和继电器等执行单元；对模块的工作原理和库函数进行了介绍；给出了模块与 Arduino 板的连接方法；并给出了模块应用实例的参考代码和测试结果。本章内容是 Arduino 综合应用系统设计的基础。下一章将介绍常用通信模块。

通信模块是嵌入式系统重要的组成部分，本章介绍 Arduino 常用的通信模块及其应用，包括蓝牙、Zigbee、Wi-Fi、GSM/GPRS、GPS 和 nRF24L01 等模块。

7.1　蓝牙通信模块

蓝牙技术是一种高效稳定的数据传输技术。蓝牙标准中定义了多种协议，蓝牙协议可应用于各种数据传输。蓝牙端口协议（Serial Port Profile，SPP）是用于规范文本数据传输的协议，该协议可使蓝牙接口被当成串口进行数据传输。

蓝牙模块的作用就是以无线连接取代有线连接，将固定和移动的信息设备组成局域网络，实现设备之间低成本的无线通信。其应用十分广泛，例如运动及健身器材、医疗设备、智能手表、遥控器等都用到了蓝牙模块。

7.1.1　蓝牙串口模块概述

目前常用的蓝牙串口模块有工业级和民用级之分。工业级有 HC-03 和 HC-04，民用级有 HC-05 和 HC-06。

蓝牙串口模块工作时分为主机和从机，其中偶数命名型号的模块在出厂时就确定了是从机还是主机，且无法更改；而对奇数命名型号的模块，用户可以通过 AT 指令修改模块为主机或者从机。

蓝牙串口模块主要的功能是取代串口线，使用举例如下。

（1）图 7-1 所示的两个单片机，分别接一个蓝牙主机和一个从机，则主机和从机配对成功之后，相当于一个串行接口（包含了 RXD、TXD 两个信号线），两个单片机之间通过蓝牙串口模块可以进行无线串行通信。

（2）单片机与蓝牙从机连接，可以和计算机或智能手机的蓝牙适配器配对通信，即单片机和计算机、手机之间虚拟了串口线，从而可以进行串行通信。

（3）市面上大多数蓝牙设备都是使用蓝牙从机的，例如：蓝牙打印机、蓝牙 GPS 等，我们可以使用主机模块和它们配对通信。

使用串口模块不需要驱动，只要是串口就可以接入，配对完毕即可通信。模块与模块的通信需要至少两个条件：必须是主机与从机之间；密码必须一致。

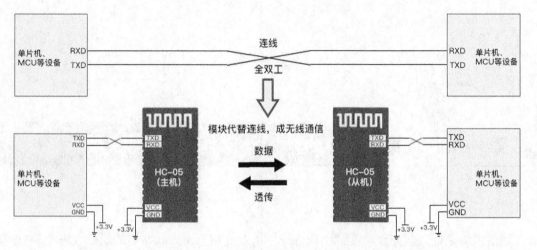

图 7-1　蓝牙模块代替串口线示意图

但这两个条件并不是充分条件，还有一些条件需要根据不同的型号来确定，详细资料请参考各种型号的蓝牙关于配对的内容。

7.1.2　蓝牙串口模块 HC-05

HC-05 蓝牙串口通信模块（以下简称 HC-05）是基于 Bluetooth Specification V2.0 带 EDR 蓝牙协议的数传模块。无线工作频段为 2.4GHz ISM，调制方式是 GFSK，模块最大发射功率为 4dBm，接收灵敏度是−85dBm，板载 PCB 天线，可以实现 10m 距离通信。

HC-05 采用邮票孔封装方式，大小为 27mm×13mm×2mm，自带 LED 灯，可直观判断蓝牙的连接状态。

HC-05 支持 AT 指令，用户可根据需要更改角色（主、从模式）以及串口波特率、设备名称等参数，使用灵活。

HC-05 具有两种工作模式，即命令响应工作模式和自动连接工作模式。在自动连接工作模式下，模块又有主（Master）、从（Slave）和回环（Loopback）3 种工作角色。

HC-05 支持一对一连接，设置一个为主机，一个为从机，配对码一致（默认均为 1234），波特率一致，上电即可自动连接。

在连接模式 CMODE 为 0 时，主机第一次连接后，会自动记忆配对对象，如需连接其他模块，必须先清除配对记忆。在连接模式 CMODE 为 1 时，主机则不受绑定指令设置地址的约束，可以与其他从机模块连接。

当 HC-05 处于命令响应工作模式时，能执行 AT 命令，用户可向模块发送各种 AT 指令，为模块设定控制参数或发布控制命令。

通过控制 HC-05 外部引脚 PIO11 的输入电平，可以实现模块工作状态的动态转换。

1．HC-05 引脚功能

HC-05 实物如图 7-2 所示，其引脚功能如表 7-1 所示，其参考原理如图 7-3 所示。

图 7-2　HC-05 实物图

表 7-1　　　　　　　　　　　　　　　　**HC-05 引脚功能**

模块引脚名称	功能说明
STATE	连接后输出高电平，未连接输出低电平
RX	接收端，正常情况下与其他模块的发送端连接
TX	发送端，正常情况下与其他模块的接收端连接
GND	接电源负极
+5V	接电源正极。输入电压范围：3.6～6V
EN（KEY）	使能端，接 3.3V 时，进入 AT 命令模式（按下按钮时 EN 与 3.3V 连接）

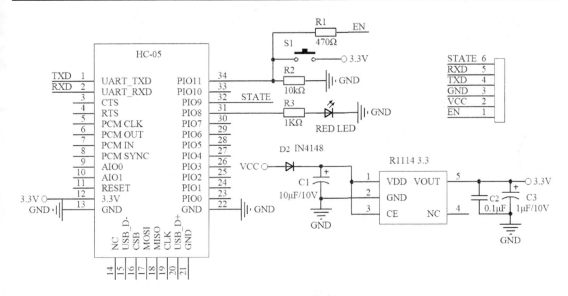

图 7-3　HC-05 原理图

另外，HC-05 上面有连接状态指示灯，LED 灯快闪表示没有蓝牙连接；慢闪表示进入 AT 命令模式；双闪表示有蓝牙连接（配对成功）。配对成功后，可以按全双工串口使用，无须了解蓝牙协议，但只支持 8 位数据位、1 位停止位、无奇偶校验位和无流控制的通信格式。

进入 AT 命令有以下两种方法。

（1）按住按键或 EN 脚拉高时，HC-05 上电开机，此时灯慢闪，HC-05 进入 AT 命令模式，默认波特率是 38400 bit/s，此模式称为原始模式，该模式下一直是 AT 命令模式。

（2）HC-05 上电开机，红灯快闪，按住按键或 EN 拉高一次，HC-05 进入 AT 命令模式，默认波特率是 9600 bit/s，此模式称为正常模式。HC-05 模块出厂时默认为从机，出厂名称为 HC-05，波特率为 9600 bit/s，配对码是 1234。

2．HC-05 的 AT 命令及测试

AT 指令不区分大小写，均以回车符、换行符结尾，部分 AT 指令需要对模块的引脚 34 PIO11 一直置高电平才有效。HC-05 支持的常用 AT 命令如表 7-2 所示。

表 7-2　　　　　　　　　　　　　HC-05 支持的常用 AT 命令

序号	命令	功能	响应
1	AT	测试指令	OK
2	AT+RST	模块复位	OK
3	AT+VERSION？	查询模块的软件版本	+VERSION：\<Param\>\r\n\OK，其中\<Param\>为软件版本号
4	AT+ORGL	恢复默认设置	OK
5	AT+ADDR？	查询模块 MAC 地址	+ADDR：\<Param\>\r\n\OK，其中\<Param\>为蓝牙地址
6	AT+NAME=\<Param\>（注：34 脚一直置高）	设置蓝牙名称	OK：设置成功 FAIL：失败
7	AT+NAME？（注：34 脚一直置高）	查询蓝牙名称	+NAME：\<Param\>\r\n\OK，其中\<Param\>为蓝牙名称
8	AT+ROLE=\<Param\>	设置蓝牙模式，其中\<Param\>： 0 为从模式（默认）； 1 为主模式； 2 为回环模式（用于自检）	OK
9	AT+ROLE？	查询角色	+ROLE:\<Param\> r\n\OK
10	AT+PASW=\<Param\>	设置配对密码，其中\<Param\>为自定义密码，默认为"1234"。密码要有双引号，密码是四位数字	OK
11	AT+PASW？	查询配对码，默认 1234	+ PSWD：\<Param\> r\n\OK
12	AT + MODE=\<Param\>	设置蓝牙连接模式，其中\<Param\>为 0，指定蓝牙地址连接模式（指定蓝牙地址由绑定指令设置）；为 1，任意蓝牙地址连接模式（不受绑定指令设置地址的约束）；为 2，环角色（Slave-Loop），默认连接模式：0	OK
13	AT + CMODE=？	查询当前连接模式	+CMODE：\<Param\>，其中\<Param\>为 0,1,2

续表

序号	命令	功能	响应
14	AT+INQM=\<Param\>,\<Param2\>,\<Param3\>	设置访问模式	1. OK：成功 2. FAIL：失败 Param：查询模式\r\n\OK 0：inquiry_mode_standard 1：inquiry_mode_rssi Param2：最多蓝牙设备响应数 Param3：最大查询超时，超时范围：1～48 折合成时间：1.28～61.44s 3 个参数默认值：1，1，48
15	AT+INQM？	查询访问模式	+INQM：\<Param\>,\<Param2\>,Param3\r\n\OK
16	AT+UART=\<Param\>,\<Param2\>,\<Param3\>	设置波特率、停止位和校验位	Param：波特率（bit/s） 取值如下（十进制）： 2400、4800、9600、19200、38400、 5760、115200、230400、460800、 921600、1382400 Param2：停止位。0 为 1 位，1 为 2 位。 Param3：校验位。0 为 None，1 为 Odd，2:Even 3 个参数默认设置：9600，0，0
17	AT+UART？	查询波特率、停止位和校验位	+ UART=\<Param1\>,\<Param2\>, \<Param3\>\r\n\OK
18	AT+BIND=\<Param\>	设置绑定蓝牙地址，其中 Param 为绑定的蓝牙地址，默认绑定蓝牙地址为 00:00:00:00:00:00	OK
19	AT+ BIND？	查询绑定蓝牙地址	+ BIND:\<Param\>\r\n\OK

可以用蓝牙测试软件对 HC-05 进行测试，方便简单，测试步骤如下。

（1）运行 setup 安装文件，安装蓝牙测试软件。

（2）打开"蓝牙测试软件"。

（3）让 HC-05 进入绝对 AT 命令模式，按住按键，模块上电，波特率为 38400 bit/s，慢闪，或者进入正常模式（波特率 9600 bit/s，快闪）。

（4）发指令。

按住模块上面的"KEY"键，单击软件中的"获取模块信息"按钮，可以读出所有信息，蓝牙测试软件窗口如图 7-4 所示。

3．HC-05 的配置

下面介绍 3 种 HC-05 的配置方法。

（1）利用 USB 转 TTL 模块进行配置。

在计算机上安装好 USB 转 TTL 串口模块的驱动，按表 7-3 连接蓝牙模块，注意 TX 和 RX 要交叉连接。

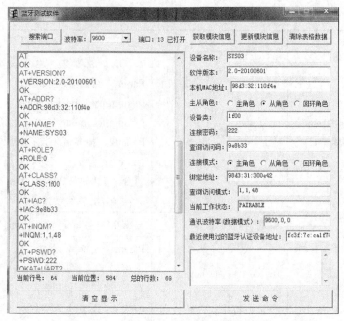

图 7-4　蓝牙测试软件窗口

表 7-3　　　　　　　　　　**USB 转 TTL 模块与 HC-05 的连线表**

HC-05 引脚名称	RX	TX	GND	+5V
USB 转 TTL 串口模块引脚名称	TXD	RXD	GND	+5V

　　首先进入 AT 命令模式，然后通过串口监视器打开对应端口，设置波特率为 38400 bit/s 或 9600bit/s（取决于进入 AT 命令模式的方法），结束符类型选为 "NL 和 CR"，选择此结束符类型后，发出的每条指令都带回车符和换行符 "\r\n"，若没有回车符和换行符，蓝牙模块将不能正确识别所发送的指令。此时，向串口发送的指令会通过 USB 转串口模块发送给蓝牙模块，蓝牙模块处理指令后返回消息，串口监视器配置界面如图 7-5 所示。

图 7-5　串口监视器配置界面

也可以利用计算机上安装的串口助手进行配置。打开对应端口，设置波特率为 9600 bit/s，单击"发送新行"复选按钮，使其显示为"√"，串口助手配置界面如图 7-6 所示。

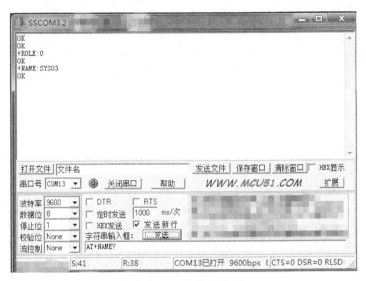

图 7-6 串口助手配置界面

（2）利用 Arduino 开发板自带的 USB 转串口芯片。

首先下载运行下面代码，之后将 HC-05 与 Arduino 的 TX（1 脚）和 RX（0 脚）引脚一一对接，注意不是交叉连接，同时连接+5V 和 GND。按住 HC-05 上面的按钮不放，重新上电，使 HC-05 进入原始模式状态（波特率为 38400 bit/s），此时 LED 灯慢闪，打开 IDE 中的串口监视器即可发送 AT 指令配置 HC-05。代码如下所示。

```
void setup(){
pinMode(0,INPUT_PULLUP);
pinMode(1,INPUT_PULLUP);
}
void loop(){}
```

由于串口通信线空闲时应为高电平，因此只要使 Arduino 开发板的 0 和 1 引脚处于上拉输入模式即可，上拉后不影响 USB 转 TTL 芯片输出低电平。

（3）利用 Arduino 开发板上其他串口或软件串口。

将 HC-05 与 Arduino 的串口 1（串口 2 和 3 类似）交叉连接，运行下面代码后，打开 IDE 中的串口监视器即可配置 HC-05。对 Arduino UNO 开发板，可用软件串口代替串口 1。相关代码如下所示。

```
void setup() {
  Serial.begin(9600);
  while(!Serial){
;}
Serial1.begin(9600);
}
```

```
void loop() {
if(Serial1.available()){
  Serial.write(Serial1.read());
}
if(Serial.available()){
  Serial1.write(Serial.read());
}
 }
```

HC-05 配置步骤如下。

（1）完成任何一种配置方法的软硬件设置。

（2）发送 AT，有 OK 回应则正常。

（3）参照表 7-2 设置 HC-05 命令，设置 HC-05 为主或从模块，更改名称、配对码。

（4）设置 HC-05 的连接方式为"任意蓝牙地址连接模块"。这一步设置是关键，因为出厂默认是指定蓝牙地址连接，如果不设置为任意蓝牙地址连接，则开机后主模块不能自动连接蓝牙从模块；或者仍旧按指定蓝牙地址连接，但还要使用"绑定蓝牙地址"命令，绑定蓝牙从模块的 MAC 地址才可以，具体可以参考 HC-05 的指令集）。

（5）断电，重新上电即可。

7.1.3　蓝牙模块的应用实例

1．实例 1：蓝牙主模块和从模块的通信

一个蓝牙主模块和一个蓝牙从模块分别与两块 Arduino 开发板连接，配对成功后，一个 Arduino 开发板作为发送端，另一个作为接收端，发送端通过 3 个按键控制蓝牙模块发送 3 个字符给接收端，接收端通过蓝牙模块接收 3 个不同字符后，控制三色 LED 灯发出 3 种不同颜色的光。

（1）所需硬件

① Ardunino Mega 2560 板×2。

② 蓝牙模块 HC-05×2，分别设置为主模块和从模块。

③ 杜邦线若干。

④ 按键×3，按键所需其他元件和连接参见 5.1 节。

⑤ 三色 LED 灯×1，三色 LED 灯所需其他元件和连接参见 6.10 节。

（2）引脚连接

两个 HC-05 分别与 Ardunino 开发板的串口 1 进行交叉连接，即 HC-05 的 RX 与 Arduino 开发板的 TX1（引脚 18）连接、HC-05 的 TX 与 Arduino 开发板的 RX1（引脚 19）连接、5V 和 GND 连接。

接收端的 Arduino 开发板的数字引脚 11、12、13 分别与红、绿、蓝 LED 灯的控制引脚连接。发送端的 Arduino 开发板的数字引脚 38、39、40 分别与按键 K1、K2 和 K3 连接。

（3）程序代码

发送和接收程序分别编译下载成功后，在发送端分别按下 3 个键，接收端对应显示 3 种

颜色。

接收端功能：接收 3 个按键命令，显示不同颜色，相关代码如下。

```
const int red = 11;
const int green =12;
const int blue = 13;
void setup() {
  Serial.begin(9600);
  Serial1.begin(9600);
  pinMode(red, OUTPUT);
  pinMode(green, OUTPUT);
  pinMode(blue, OUTPUT);
}

void loop() {
  //从串口 1 接收字符，送串口 0 显示
  if (Serial1.available()) {
    char inByte = Serial1.read();
    Serial.println(inByte);
    if(inByte=='a')                //接收字符 a，红灯亮
    {
      analogWrite(red, 255);
      analogWrite(green,0);
      analogWrite(blue, 0);
      delay(20);
    }
    else   if(inByte=='b')       //接收字符 b，绿灯亮
    {
      analogWrite(red, 0);
      analogWrite(green, 255);
      analogWrite(blue, 0);
      delay(20);
}
else if(inByte=='c')                 //接收字符 c，蓝灯亮
    {
      analogWrite(red, 0);
      analogWrite(green, 0);
      analogWrite(blue, 255);
      delay(20);
    }
  }
}
```

发送端功能：按下按键 K1、K2 或 K3，通过 HC-05 发送 a、b 和 c 3 个不同的字符。相

关代码如下。

```
int k1=38;
int k2=39;
int k3=40;

void setup()
{
  Serial1.begin(9600);              //设置蓝牙串口波特率
  pinMode(k1,INPUT);
  pinMode(k2,INPUT);
  pinMode(k3,INPUT);
  }

void loop()
{
  if(!digitalRead(k1))
  Serial1.println("a");             //k1 按下，串口发送字符 a
  if(!digitalRead(k2))
  Serial1.println("b");             //k2 按下，串口发送字符 b
  if(!digitalRead(k3))
  Serial1.println("c");             //k3 按下，串口发送字符 c
}
```

2. 实例 2：安卓手机和蓝牙从模块的通信

用安卓手机代替实例 2 中的发送端，通过安卓手机上的蓝牙适配器和接收端的蓝牙模块进行配对连接。

蓝牙串口助手是一款用来进行蓝牙串口调试的小工具，支持任何具有基于 SPP 通信端口的蓝牙设备，例如单片机、手机、计算机等。

在安卓手机上安装蓝牙串口助手，安装后运行并确认打开蓝牙，打开右上角菜单，单击"连接"，软件会自动搜索周边蓝牙设备并显示在列表中，此时点选与 Arduino 连接的蓝牙设备的名字，输入配对码后可连接该蓝牙设备。连接成功后，蓝牙模块上的指示灯间隔双闪，此时可进入聊天界面进行通信，发送字符 a、b 和 c 控制接收端的三色 LED 灯发出不同颜色的光，如图 7-7（A）所示。也可在键盘界面编辑按钮，单击任一空白按钮自定义要发送的命令，如图 7-7（B）所示，关闭下方编辑按钮后，单击按钮即可发出命令。

接收端代码只需在 loop 函数中增加下面几条语句，即可在与接收端连接的计算机上的 Arduino IDE 中的串口监视器上输入字符，发送到手机上，并显示在蓝牙串口助手的界面中，如图 7-7（C）所示。

```
if (Serial.available()) {
char inByte = Serial.read();          //从串口监视器接收字符
Serial1.println(inByte); }            //从串口 1 发送字符给蓝牙模块
```

（A）

（B）

（C）

图 7-7　手机蓝牙串口助手界面

7.2　ZigBee 通信模块

ZigBee 是一种低成本、低功耗的短距离双向无线通信协议，可用于取代传统线路或用于新兴的感测网络设备。

XBee 模块是一款把 ZigBee 协议内置在模块 Flash 里的 ZigBee 模块，是已经包含了所有外围电路和完整协议栈且能够立即投入使用的产品，它已经通过了厂家的优化设计和老化测试，有可靠的质量保证。XBee 模块硬件设计紧凑、体积小，为贴片式焊盘设计，可以内置 Chip 或外置 SMA 天线，通信距离从 100m 到 1200m 不等，还包含了 ADC、DAC、比较器、多个输入/输出以及 I2C 等接口，可以和用户的产品对接。软件上包含了完整的 ZigBee 协议栈，并有配套的计算机上的配置工具软件 XCTU，采用串口和用户产品进行通信，并可以对模块进行发射功率、信道等网络拓扑参数的配置，使用起来简单快捷。

XBee 模块的特点：用户不需要考虑模块中程序是如何运行的，只需将自己的数据通过串口发送给模块，模块会自动把数据发送出去，并能按照预先配置好的网络结构和网络中的目的地址节点进行收发通信，接收模块会自动进行数据校验，如数据无误即发送数据给串口。

XBee 模块实物如图 7-8 所示。

图 7-8　XBee 模块实物图

7.2.1　XBee 模块概述

XBee 模块通过串口与单片机等设备进行通信，能够将设备快速接入 ZigBee 网络。此模块采用 802.15.4 协议栈。XBee Pro 模块相对于 XBee 模块具有更高的功耗和更远的传输距离，它们对外的接口基本相同，可以根据实际应用的要求进行选择。

XBee 模块的引脚及功能描述如表 7-4 所示。

表 7-4　　　　　　　　　　　　　　　**XBee 模块的引脚及功能描述**

引脚号	名称	方向	默认状态	描述
1	VCC			3.3.V 电源
2	DOUT/DIO13	双向	输出	UART 数据输出
3	DIN/ $\overline{\text{CONFIG}}$ /DIO14	双向	输入	UART 数据输入
4	DIO12/SPI_MISO	双向	禁止	GPIO/SPI 从输出
5	$\overline{\text{RESET}}$	输入	输入	模块复位
6	RSSIPWM/PWMO DIO10	双向	输出	RX 信号强度指示/GPIO
7	PWM1/DIO11	双向	禁止	GPIO
8	[reserved]			未连接
9	$\overline{\text{DTR}}$ /SLEEP_RQ/DIO8	双向	输入	引脚睡眠控制线/GPIO
10	GND			地
11	SPI_MOSI/DIO4	双向	禁止	GPIO/SPI 从输入
12	$\overline{\text{CTS}}$ /DIO7	双向	输出	清除发送流控制/GPIO
13	$\overline{\text{ON\_SLEEP}}$ /DIO9	双向	输出	模块状态指示/GPIO
14	VREF			未连接
15	ASSOCIATE/DIO5	双向	输出	关联指示/GPIO
16	$\overline{\text{RTS}}$ /DIO6	双向	输入	请求发送流控制/GPIO
17	AD3/DIO3/SPI_ $\overline{\text{SSEL}}$	双向	禁止	模拟输入/GPIO/SPI 从选择
18	AD2/DIO2/SPI_CLK	双向	禁止	模拟输入/GPIO/SPI 时钟
19	AD1/DIO1/SPI_ $\overline{\text{ATTN}}$	双向	禁止	模拟输入/GPIO/SPI_ $\overline{\text{ATTN}}$
20	AD0/DIO0/CB	双向	禁止	模拟输入/GPIO/启动按钮

XBee 模块的使用方式是将 Arduino 的串口与 XBee 模块的串口（引脚 1、2、3、10）相连，Arduino 与 XBee 模块的连接如图 7-9 所示。

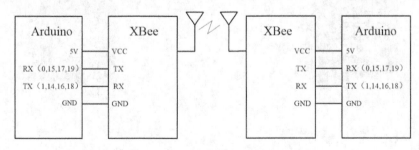

图 7-9　Arduino 与 XBee 模块的连接

7.2.2 XBee 模块的通信模式

XBee 模块的通信通过串口与 Arduino（单片机）相连而实现，其工作模式有两种，即 AT（Application Transparent）模式和 API（Application Programming Interface）模式。

1. AT 模式

AT 模式也称为透传模式，主要特点是操作简单易学，通过 XBee 模块发送的数据与接收端收到的数据保持一致，可以理解为 XBee 模块代替了串口通信线，却实现了无线通信，但当多个模块进行通信时，必须给出目标地址，否则接收端无法识别数据源。

Arduino 直接通过串口将要传输的数据发送给 XBee 模块，XBee 模块按照 ZigBee 协议将数据无线发送给远端的 XBee 模块，XBee 模块再通过串口发送给与之连接的 Arduino，就好像两个 Arduino 之间通过 XBee 模块建立了一条透明的传输通道。如果要通过串口配置本地 XBee 模块的参数，则可以向 XBee 模块输入+++，等待 XBee 模块返回 OK 后即可通过 AT 指令集对 XBee 模块进行参数的配置，也可以使用 XCTU 软件进行参数配置。

2. API 模式

在 API 模式下，所有发送给 XBee 模块的数据或从 XBee 模块接收的数据都会封装成特殊的 API 帧格式，包括 ZigBee 无线发送和接收的数据帧、XBee 模块配置的命令帧（等同于 AT 模式里面的 AT 指令）、命令响应帧、事件消息帧等。相比于 AT 模式，API 模式虽然相对复杂一些，但能提供很多 AT 模式下无法完成的功能。在 API 模式下，只需要改变 API 帧里的目的地址，就可以将数据传输给多个不同的远程节点，而 AT 模式下，要改变远程目的地址只能先进入 AT 命令下配置目的地址，再进行数据传输。与 AT 模式相比，API 模式具有以下优点。

（1）在网络中可配置本地和远程 XBee 模块。

（2）数据能发送到一个或多个目标模块。

（3）可识别每个接收包的源地址。

（4）可接收每个发送包的成功/失败状态。

（5）能够得到接收包的信号强度相关信息。

（6）可进行先进的网络管理和诊断。

（7）实现某些高级功能。例如远程固件更新、ZDO、ZCL 等。

7.2.3 ZigBee 网络设备类型

ZigBee 网络中定义了 3 种不同类型的设备，即协调器（coordinator）、路由器（router）和终端（end device）。

1. 协调器

每个 ZigBee 网络中只允许有一个协调器，它是整个网络的开始，协调器首先选择一个信道（channel）和网络标识（PAN ID）来启动一个 ZigBee 网络，然后允许路由器和终端加入这个网络。协调器在建立 ZigBee 网络之后，其功能相当于路由器，可以进行数据的路由转发，可以为它的终端子设备缓存数据包，协调器本身不能休眠。

2. 路由器

路由器首先必须加入一个 ZigBee 网络，路由器也允许其他路由器和终端加入这个网络，进行数据的路由转发，为它的终端子设备缓存数据包，同样路由器也不能休眠。

3. 终端

终端也必须加入一个 ZigBee 网络才能工作，但它不支持其他设备加入 ZigBee 网络，也不能进行数据的路由转发，终端数据的收发必须通过其父设备进行转发。终端可以休眠进入低功耗的模式，一般可以采用电池供电。

ZigBee 网络的基本拓扑结构如图 7-10 所示。

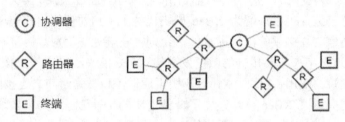

图 7-10　ZigBee 网络的基本拓扑结构

对于新的 XBee S2C（固件版本为 40××）来说，只需要通过配置 XBee 模块参数就可以改变设备类型或操作方式。

7.2.4　XBee 模块的参数配置

通过 XBee 模块测试软件 XCTU 可完成 XBee 模块参数的配置。XCTU 是一个能让开发者通过图像界面与 Digi 射频设备交互的软件，方便用户建立、配置、测试 Digi 射频设备。推荐将软件更新到最新版本。

下面以 XBee S2C 模块为例说明利用 XCTU 配置其参数的方法。

采用与蓝牙模块相同的连接方法，XBee S2C 模块通过串口与计算机相连，使用 XCTU 可以对模块进行测试或修改其参数。

双击打开 XCTU 后，首先单击 按钮，选择扫描串口、配置串口参数、搜索与上位机连接的 XBee S2C 模块，默认波特率为 9600 bit/s，XCTU 搜索模块界面如图 7-11 所示。

图 7-11　XCTU 搜索模块界面

1. XCTU 参数配置

单击图 7-11XCTU 中右边界面的右下角按钮，添加 XBee S2C 模块后选中 XBee S2C 模块，单击"配置工作模式"按钮进入配置界面，单击"Read"按钮可获取该模块的配置参数，如图 7-12 所示。在界面上可以直接修改参数，单击"Write"按钮保存参数。

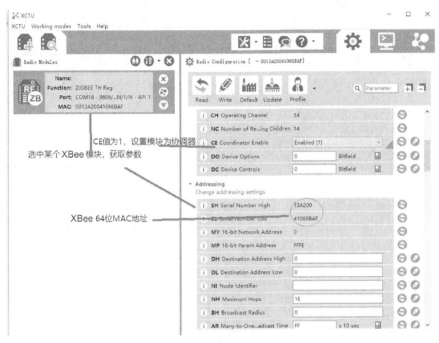

图 7-12 XCTU 参数配置界面

通过修改 CE、SM 和 AP 的值可以改变 XBee S2C 模块的 ZigBee 设备类型和操作方式。

配置 CE 参数为 1 即可将 XBee 设置为协调器，设置 SM 为一个非零值即可将 XBee S2C 设置为终端。注意：作为协调器时 SM 必须设置为 0，作为终端时 CE 必须设置为 0，CE 和 SM 同时为 0 则为路由器。此外，设置 AP 为 0 则是 AT 模式，设置 AP 为 1 或 2 则是 API 模式。

XCTU 简化了 XBee S2C 模块的配置，省去了用 AT 命令配置参数的麻烦。但也可以选择利用任何串口终端或 XCTU 的控制台去完成模块配置。

2. 使用 AT 命令配置参数

在控制台可以手动向 XBee S2C 模块的串口发送 AT 命令来修改参数。在主菜单"Tools"下单击"Serial Console"打开图 7-13 所示的界面。

当 XBee S2C 模块在 1s 之内未接收到字符，之后连续收到不带回车符或换行符的字符串 +++，若 1s 之内还未收到任何字符则进入命令模式，XBee S2C 模块开始监测用户输入的字符，若 10s 之内没有收到命令，则退出命令模式，进入 AT 模式。

在命令模式下，可以通过 AT 命令查询或修改本地 XBee S2C 模块的配置参数。每个模块有多种设置参数，例如通道或网络 ID。这些设置用两个字符来区分（例如 CH 代表 channel，ID 代表 network ID）。每个 AT 命令均以"AT"开头，后接两个代表命令的字符，后面再接可选的配置参数。AT 命令格式如图 7-14 所示。

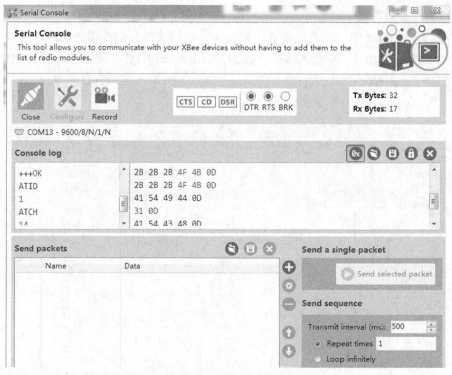

图 7-13　通过 AT 命令修改参数

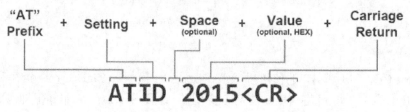

图 7-14　AT 命令格式

使用 AT 命令配置模块的步骤如下。

（1）在 XCTU 的控制台工作模式（Consoles working mode）下，单击 "Open" 按钮，打开模块的串口连接。

（2）输入+++（后面不用输入回车符），等待 OK 响应。

（3）若要设置参数，输入 AT 命令，后接设置参数，例如 ATID2015，后面需输入回车符。

（4）若要读取参数，输入 AT 命令，例如 ATID，后面需输入回车符。

（5）用 ATWR 命令将新的参数写入 XBee S2C 模块。

（6）用 ATCN 命令退出命令模式。

AT 命令的详细说明请参见 XBee 相关手册。

7.2.5　API 的帧格式测试

API 模式下结构化的数据包称为帧。XBee 模块通过串行接口接收和发送帧。API 模式下的帧格式如表 7-5 所示。

表 7-5   API 模式下的帧格式

起始分界符	帧长度		帧类型	帧数据							累加和
1	2	3	4	5	6	7	8	9	……	*n*	*n*+1
0x7E	MSB	LSB	API 帧类型	与帧类型相关的数据							单字节

表 7-5 中的起始分界符 0x7E 代表一帧数据的开始，帧长度代表帧数据域的字节数，两个字节值表示除了起始分界符、长度和累加和之外的字节数，帧数据中包含接收或发送的信息，与帧类型有关。累加和的作用是测试数据的正确性，其值等于 0xFF 减去第 4 字节到第 *n* 个字节的累加和的低字节后得到的值。第 4 字节是 API 帧类型的识别符，指示数据域的数据如何组织，帧类型种类很多，详见相关文档。数据域的内容取决于帧类型。

在 XBee 模块的参数配置完成后，可以进行 XBee 模块的组网通信，以两个 XBee 模块为例，一个设置为协调器，一个设置为路由器，都为 API 模式，设置 DH 和 DL 的值为目的地址（即接收数据的 XBee 模块的 MAC 地址，即 SH 和 SL 的值），如果发送模块的目的地址为协调器，也可设置 DH 和 DL 为 0。上电后 XBee 模块会按照配置的参数自动完成 ZigBee 的组网。

使用 XCTU 分别打开协调器和路由器的串口连接，打开工作台工作模式界面，向路由器串口发送一个数据发送帧，可在协调器的串口观察到路由器数据接收帧，API 方式组网界面如图 7-15 所示。

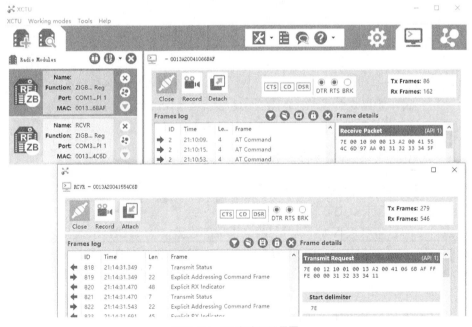

图 7-15 API 方式组网界面

当然，可以使用更多的 XBee 模块，组成一个多跳的 ZigBee 网络，网络中的 XBee 节点只要配置目的地址为任何一个在 ZigBee 网络中存在节点的 64 位 MAC 地址，就可以将数据通过 ZigBee 网络送达，组网和多跳路由的功能将由 XBee 模块自动完成。需要注意的是，如果一个 XBee 路由器节点之前已经接入过其他 ZigBee 网络，它的 PAN ID 将始终保存，这样就无法再加入其他 ZigBee 网络，即使断电重启也不会改变，需要使用 ATNR0 命令退出之前加入的 ZigBee 网络，之后就可以自动搜索加入新的 ZigBee 网络了。

XCTU 的网络工作模式可以自动搜索 ZigBee 网络，对网络进行测试。例如 3 个 XBee 模块组成网络，一个协调器两个路由器的测试结果如图 7-16 所示。

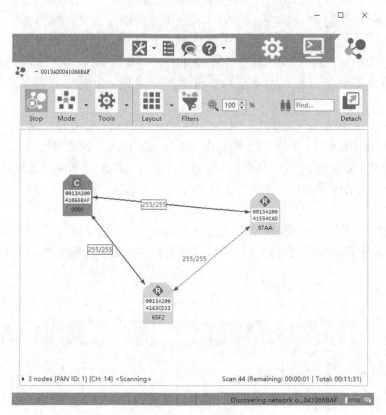

图 7-16   测试结果

7.2.6　Arduino 与 XBee 模块的接口及其应用

1. 参数配置及数据帧格式

XBee 模式配置使用 XCUT 软件完成。

一般点对点的通信可进行如下设置：两个模块都设置 ID=0、CH=E；A 模块为协调器 AT，B 模块为路由器 AT；A 的 DH 设置为 B 的 SH，A 的 DL 设置为 B 的 SL；B 的 DH 设置为 A 的 SH，B 的 DL 设置为 A 的 SL。设置完成后，A 和 B 两个模块之间即可进行类似串行通信的通信。

本小节讨论的 ZigBee 通信实例采用 API 模式。

协调器主要参数配置如下：ID：1，CE：1，MY：0xFFFE，DH：0，DL：0，AP：1。路由器主要参数配置如下：ID：1，CE：0，DH、DL 设为协调器的 MAC 地址，AP：1。

例如协调器接收的 4 字节的数据帧和路由器节点发送 4 字节的数据帧格式如表 7-6 和表 7-7 所示。

表 7-6 　　　　　　　　　　　　　协调器接收帧数据帧

起始字节	长度		接收标志	64 位源地址	16 位源地址	接收选项	数据包	累加和
1 字节	2 字节		1 字节	8 字节	2 字节	1 字节	4 字节	1 字节
0x7E	0x00	0x10	0x90	×× (8 个)	××××	0x01	××××××××	××

表 7-7 　　　　　　　　　　　　　路由器节点发送帧数据帧

起始字节	长度		发送标志	帧 ID	协调器地址	16 位源地址	半径	选项	数据包	累加和
1 字节	2 字节		1 字节	1 字节	8 字节	2 字节	1 字节	1 字节	4 字节	1 字节
0x7E	0x00	0x12	0x10	0x00	0x00 (8 个)	0xFF 0xFE	0x00	0x00	×××× ××××	××

从表 7-6 和表 7-7 看出，接收帧的数据长度比发送帧数据长度少 2 个字节。

2．所需硬件与连线

（1）Arduino Mega 2560 开发板×2。

（2）XBee 2C 模块×2。

（3）杜邦线若干。

（4）DHT11×1。

将两个已经完成参数配置的 XBee 模块分别按图 7-8 与 Arduino Mega 2560 开发板的串口 3 连接，即 15（RX）脚与 XBee 的 DOUT（2 脚）连接，14（TX）脚与 XBee 的 DIN（3 脚）连接，XBee 的 VCC 接 3.3V，XBee 的 10 脚接 GND。其中一个是协调器，另一个是路由器，温湿度传感器 DHT11 的信号端与接路由器的 Arduino Mega 2560 开发板的 3 脚连接。

3．程序代码

实例功能：路由器端的 Arduino 负责采集温湿度并将数据通过 ZigBee 网络传给与协调器连接的 Arduino。

（1）协调器端程序代码

功能：协调器接收路由器上传的温度和湿度值，输出到串口监视器，并下载将 13 引脚的 LED 灯点亮的指令，代码如下。

```
byte c[18];
int sum=0;
int num=0;
void setup()
{
    Serial.begin(9600);
    Serial3.begin(9600);
}

void loop()
{
```

```
    switch(num)
   {
     case 0:
             Temperature();
             delay(1000);
             break;
      case 1:
             led(13,1) ;              //pin13:high
             delay(1000);
             break;
             default:
             break;
   }
   num++;
   if(num>=2)
   num=0;
   }


void Temperature()
    {
          int i=0;
          byte checknum=0;

          while(1)
          if(Serial3.available()>0)
            {
              c[i]=Serial3.read();
              if(i==0&&c[i]!=0x7e)
              i=-1;
              if(i==1&&c[i]!=0)
              i=-1;
              if(i==2&&c[i]!=0x0E)
              i=-1;
              Serial.print(c[i],HEX);
              Serial.print("");
              i++;
              if(i==18)
             break;
            }
            for(int i=3;i<=16;i++)
            checknum+=c[i];
            checknum=0xff-checknum;

            if(checknum==c[17])
```

```
                        {
                            Serial.println("Temperature");
                            Serial.println(c[15]);          //显示温度
                            Serial.println("Humidity");
                            Serial.println(c[16]);          //显示湿度
                            delay(1000);
                        }
                        delay(30);
                    }

int led(int y,int t)                                //y是引脚，t是 HIGH or LOW
{
    int e=y;
    int f=t;
    byte b[20]={0x7E,0x00,0x00,0x10,0x00};
    byte a[14]={0x00,0x13,0xA2,0x00,0x40,0xA6,0x1D,0x4B,0x59,0x23,0x00,0x00};
        a[12]=e;
        a[13]=f;
    byte checknum=0;
    for(int i=5;i<=18;i++)
     {
        b[i]=a[i-5];
     }
    checknum+=0x10+0x00;
    for(int i=0;i<14;i++)
    checknum+=a[i];
    checknum=0xff-checknum;
    b[19]=checknum;
    uint8_t msbLen=((14+2)>>8) & 0xff;
    uint8_t lsbLen=(14+2) & 0xff;
    b[1]=msbLen;
    b[2]=lsbLen;
    for(int i=0;i<20;i++)
    {
       Serial3.write(b[i]);
       Serial.print(b[i],HEX);
    }
}
```

（2）路由器上传数据程序代码
路由器上传数据代码如下。

```
#include <dht11.h>
dht11 DHT11;
#define DHT11PIN 3              //Arduino 的引脚 3 与 DHT11 数据引脚连接
```

```
void setup()
{
  Serial3.begin(9600);              //XBee 的波特率，XBee 与 Arduino 板的串口 3 连接
  Serial.begin(9600);               //串口监视器的波特率
  pinMode(3, INPUT);
}
  void loop()
{
      int chk = DHT11.read(DHT11PIN);
      byte b[20]={0x7E,0x00,0x00,0x10,0x00};
      byte a[16]={0x00,0x00,0x00,0x00,0x00,0x00,0x00,0x00,0xFF,0xFE,0x00,0x00};
      a[12]=(float)DHT11.temperature;
      a[13]=(float)DHT11.humidity;
      byte checknum=0;
      for(int i=5;i<=18;i++)
    {
      b[i]=a[i-5];
    }
      checknum+=0x10+0x00;
      for(int i=0;i<14;i++)
      checknum+=a[i];
      checknum=0xff-checknum;
      b[19]=checknum;
      uint8_t msbLen=((14+2)>>8) & 0xff;
      uint8_t lsbLen=(14+2) & 0xff;
      b[1]=msbLen;
      b[2]=lsbLen;
      for(int i=0;i<20;i++)
      {
         Serial3.write(b[i]);
         Serial.print(b[i],HEX);
      }
         Serial.println();
         delay(2000);
}
```

（3）路由器接收协调器下传的命令和数据代码

路由器接收协调器下传的命令和数据，将相应引脚的 LED 灯点亮。

程序代码如下。

```
byte ledPin13;
void setup()
```

```
{
  Serial.begin(9600);
  Serial3.begin(9600);
  pinMode(ledPin, OUTPUT);
}
byte c[18];
void loop()
{
 int i=0;
  byte checknum=0;
  unsigned long time=millis();
 while(1)
  if(Serial3.available()>0)
        {
              c[i]=Serial3.read();
              if(i==0&&c[i]!=0x7e)
                 i=-1;
              if(i==1&&c[i]!=0)
                 i=-1;
              if(i==2&&c[i]!=0x0e)
                 i=-1;
              Serial.print(c[i],HEX);
              Serial.print("");
              i++;
              if(i==18)
                 break;
              if((millis()-time)>50000)
              {
                 Serial.println("time is over");
        }
      }
    Serial.println();
    delay(1000);
   for(int i=3;i<=16;i++)
   checknum+=c[i];
   checknum=0xff-checknum;
   Serial.println(checknum,HEX);
   if(checknum==c[17])
   {
        Serial.println("receive  packet");
        digitalWrite(c[15],c[16]);              //c[15] 引脚号,c[16] 是 1 或 0
   }
   else
    Serial.println("error");
}
```

7.3 Wi-Fi 通信模块

Wi-Fi 是一种可以将计算机、手持设备等终端以无线方式互相连接的技术。Wi-Fi 具有无线电波覆盖范围广、速度快、可靠性高、无须布线、健康安全等特点，目前已广泛应用于网络媒体、掌上设备、日常休闲、客运列车等众多场合。Wi-Fi 通信模块也广泛应用于监控、遥控玩具、网络收音机、摄像头、数码相框、医疗仪器、数据采集、手持设备、智能家居、仪器仪表、设备参数监测、无线 POS 机、现代农业等方面。

7.3.1 Wi-Fi 通信模块概述

ESP8266 系列模组 ESP×××是一系列基于 ESP8266 的超低功耗的 UART-WiFi 模块的模组。ESP8266 是高性能无线 SOC，以最低成本提供最大实用性，为 WiFi 功能嵌入其他系统提供无限可能。

ESP8266 在较小尺寸封装中集成了业界领先的 Tensilica L106 超低功耗 32 位 MCU，带有 16 位精简模式，主频支持 80MHz 和 160MHz，支持 RTOS，集成 Wi-Fi MAC/BB/RF/PA/LNA，板载天线。支持标准的 IEEE802.11 b/g/n 协议，完整的 TCP/IP 协议栈，支持 STA/AP/STA+AP 三种工作模式，能够进行多路 TCP、Client 连接，模块同时支持 UART/GPIO 数据通信接口、支持 AT 远程升级及云端 OTA 升级。模块超低能耗，适合电池供电，用户可以使用该模块为现有的设备添加联网功能，也可以构建独立的网络控制器。

7.3.2 ESP-01S 模块的参数配置

ESP-01S 模块实物如图 7-17 所示，可以采用与蓝牙通信模块同样的方法进行配置。打开计算机上的串口小助手（注意：勾选"发送新行"）或 IDE 的串口监视器（注意：选择 NL 和 CR），发送命令 AT+RST（重启模块），返回测试信息如图 7-18 所示。模块波特率默认为 115200 bit/s。

图 7-17　ESP-01S 模块实物图　　　　　　　图 7-18　返回测试信息

EPS8266 模块有三种工作模式：Station（设备）模式、AP（Access Point）模式（相当于普通路由器）和 AP 兼 Station 模式。AP 兼 Station 模式除了正常使用外，还可以接收其他设备的信号，再转发出来。下面介绍几种 TCP 通信示例的参数设置。

1. 单连接 Client 的设置

采用 AT 指令配置 Wi-Fi 模块，模块作为 Client，计算机作为服务器，模块接入服务器后，二者进行通信。按以下步骤完成设置。

（1）设置 Wi-Fi 模式

```
AT+CWMODE=1                          //设置为 Station 共存模式
```

响应：OK

（2）重启生效

AT+RST

响应：OK

（3）连接路由

```
AT+CWJAP="ssid","password"           //传入路由的 ssid 和 password
```

响应：OK

（4）查询设备 IP

```
AT+CIFSR                             //返回设备的 STA IP 地址
```

响应：192.168.1.162

（5）创建网络服务器

在计算机上使用网络调试助手，创建网络服务器，如图 7-19 所示。

（6）接入 TCP 服务器

接入 TCP 服务器，如图 7-20 所示。

```
AT+CIPSTART="TCP","10.3.5.237",8080   //传入协议、服务器 IP、端口号
```

响应：OK

图 7-19　创建网络服务器

图 7-20　接入 TCP 服务器

（7）发送数据

```
AT+CIPSEND=4            //发送 4 个字节，字节数可按需设定，返回>
```

```
>DGFY                          //输入要发送的 4 个字节内容，无须输入回车符。
```

响应：SEND OK

注意：若发送的字节数目超过了指令设定的长度 n，则会响应 busy，并发送数据的前 n 个字节，完成后响应 SEND OK。

（8）接收数据

通过网络调试助手发送字符给 Wi-Fi 模块，串口监视器显示接收内容，如下所示。

```
+IPD,n:xxxxxxxxxx    //接收到的数据长度为 n 个字节，xxxxxxxxxx 为数据内容
```

测试结果如图 7-21 所示。

图 7-21 Wi-Fi 模块与计算机的通信界面

2. 透传模式的设置

ESP8266 作为单连接 Client 时，支持透传。

以下是 ESP8266 作为 Station 时，实现透传的配置实例。ESP8266 作为 AP 时可同理实现透传。

按上面的（1）～（6）完成配置，将 Client 接入服务器，然后执行下面两个步骤。

（1）开启透传模式

```
AT+CIPMODE=1
```

响应：OK

（2）开始透传

```
AT+CIPSEND
```

响应：>

从此时开始，串口输入的字符（后面不接回车符和换行符）会透传到服务器端，开始透传界面如图 7-22 所示。

（3）结束透传

在透传模式中，若 Wi-Fi 模块识别到单独的一包数据 "+++"，则退出透传模式。

注意：在字符串输入框输入+++（后面不接回车符和换行符）；单击"发送"。

图 7-22 开始透传界面

3. 多连接服务器设置

ESP8266 作为服务器，可以建立多连接，即可以连接多个 Client。

以下为 ESP8266 作为 AP 建立 TCP 服务器的配置实例。

（1）设置 Wi-Fi 模式

```
AT+CWMODE=3                        //设置为 AP+Station 共存模式
```

响应：OK

（2）重启生效

AT+RST

响应：OK

（3）连接路由

```
AT+CWJAP="ssid","password"  //传入路由的 ssid 和 password
```

响应：OK

（4）启动多连接

AT+CIPMUX=1

响应：OK

（5）建立服务器

```
AT+CIPSERVER=1                     //开启服务器模式，默认端口 333
```

响应：OK

（6）计算机连入 AP 设备

计算机作为 Client 连接设备的设置界面如图 7-23 所示。

注意：ESP8266 作为服务器有超时机制，如果连接建立后，一段时间内无数据来往，服务器会将 Client 踢掉。可在计算机上的网络测试助手连上 ESP8266 后建立一个 2s 的循环数据发送，用于保持连接，如图 7-24 所示。

（7）发送数据

```
AT+CIPSEND=id,n
```

id，连接设备的 id（注：此处"id"均为小写）号，与客户端接入顺序有关；n，发送字节数，字节数可按需设定。

图 7-23　建立 Client 的设置界面

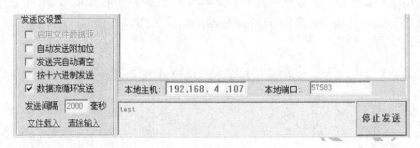

图 7-24　保持连接

返回：>nnnn　　　　//输入要发送的字节内容，无须输入回车符。

响应：SEND OK

注意：若发送的字节数目超过了指令设定的长度 n，则会响应 busy，并发送数据的前 n 个字节，完成后响应 SEND OK。

（8）接收数据

```
+IPD,0,n:xxxxxxxxxx
```

0 表示连接客户端设备 id 号，与客户端接入顺序有关，接收到的数据长度为 n 个字节，xxxxxxxxxx 为数据内容。

4．多连接 Client 参数设置

设置步骤如下。

（1）设置 Wi-Fi 模式

```
AT+CWMODE=1              //设置为 Station 模式
```

响应：OK

（2）重启生效

```
AT+RST
```

响应：OK

（3）连接路由

```
AT+CWJAP="ssid","password"  //传入路由的 ssid 和 password
```

响应：OK

（4）启动多连接

```
AT+CIPMUX=1              //启动多连接 0～4
```

响应：OK

（5）连接服务器

```
AT+CIPSTART=<id>,<type>,<addr>,<port>
```

其中：<id>的值是 0～4，为连接的 id 号；

<type>是字符串参数，表明连接类型，"TCP"为建立 TCP 连接，"UDP"为建立 UDP 连接；

<addr>是字符串参数，远程服务器的 STA IP 地址；

<port>是远程服务器端口号。

（6）发送数据

```
AT+CIPSEND=id,n
```

其中 id 是模块与服务器连接的 id 号，与连接服务器命令中设定的 id 号一致；n 为发送字节数，字节数可按需设定。

返回：

```
>nnnn    //nnnn 为输入要发送的字节内容，无须输入回车符
```

响应：SEND OK

（7）接收数据

```
+IPD,id,n:xxxxx
```

其中 id 与连接服务器命令中设定的 id 号一致，接收到的数据长度为 n 个字节，xxxxx 为数据内容。

Client 连接服务器的实例如图 7-25 和图 7-26 所示。图 7-25 中，Client 端连续执行 5 条 id 号不同的连接服务器命令后，服务器端显示 5 个已连接 id。图 7-26（A）代表 Client，图 7-26（B）代表服务器。Client 端执行 AT+CIPSTART=4,"TCP","192.169.2.149",555 命令后，显示 4 号已连接：4, connect。在服务器端执行 AT+CIPSEND=0,4 命令后，输入 0000（无须回车符），Client 端显示+IPD 来 4,4:0000。之后 Client 端执行 AT+CIPSTART=3,"TCP","192.169.2.149",555 命令后，显示 3 号已连接：3, connect。由于是目前第 2 个接入，服务器显示 1 号已连接：1,connect。在服务器端执行 AT+CIPSEND=1,4 命令后，输入 1111（无须输入回车符），Client 端显示+IPD，3,4:1111。在 Client 端执行 AT+CIPSEND=3,4 命令后，输入 3333（无须输入回车符），服务器端显示+IPD,1,4:3333。

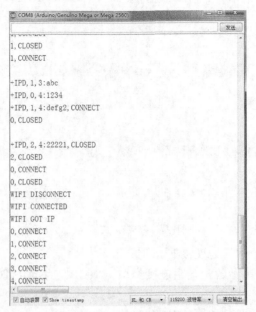

图 7-25 服务器连接和接收数据实例

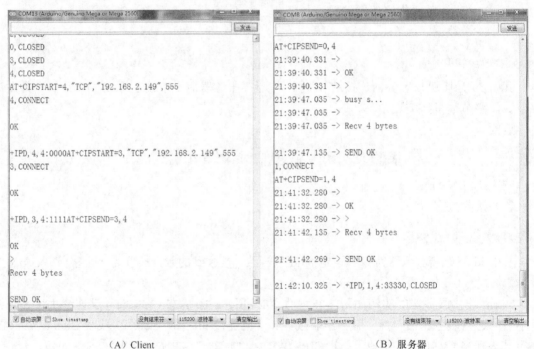

（A）Client　　　　　　　　　　　　　　（B）服务器

图 7-26 Client 连接服务器的实例

7.3.3　Onenet 云平台简介

Onenet 云平台是由中国移动通信平台开发的开放性物联网云平台，可以实现各个设备之间的数据传输功能，同时还能实现云端存储、数据管理等功能。该平台有大量的智能设备开发工具及相关服务。该平台支持多种网络协议，如 HTTP、EDP、MQTT 和 TCP 透传等协议，实现了终端通过 TCP 与 Onenet 云平台直连。Onenet 云平台将接收到的数据按协议解析存储，以 API 的方式提供给应用层使用。

用户可通过 Onenet 云平台按照以下流程进行产品开发：用户注册、产品创建、硬件接入、应用开发和上线发布。其中用户注册和产品创建主要在 Onenet 云平台上完成，设备开发和应用对接主要在用户创建的产品上进行。应用开发通过 Rsetful API 的方式和 Onenet 云平台进行交互对接。

Onenet 云平台接入流程如下：登录注册、新建产品、新增设备、新增数据流、查看数据、新建应用。

Onenet 云平台的数据采集端负责上传数据，可使用计算机端的网络调试助手进行数据上传，数据上传格式如下。

```
POST /devices/4573982/datapoints?type=3 HTTP/1.1
api-key:4pjuTJRDF1jFiH5y6uj5zN7UKH4=
Host:api.heclouds.com
Content-Length:25
{"ADC_1":10, "ADC_2":20}
```

其中/devices/4573982/是设备 ID，api-key 是创建的 apikey，Content-Length:25 表示 {"ADC_1":10, "ADC_2":20}的长度。{"ADC_1":10, "ADC_2":20}是 json 数据，ADC_1 是数据流，用户只需要将其改成自己的数据流即可。

Onenet 云平台采用的 HTTP 数据流传输格式如图 7-27 所示。

图 7-27 Onenet 云平台采用的 HTTP 数据流传输格式

7.3.4 Wi-Fi 模块的类库函数

Wi-Fi 模块 ESP-01S 的设置和通信程序可以调用第三方类库 WIFI 编写，类库主要函数如

表 7-8 所示。

功能描述	函数语法格式	入口参数说明	返回值
表 7-8		**WIFI 类的主要成员函数**（以对象 wifi 为例）	
初始化	wifi.begin()	无	无
模式设置	wifi.confMode(byte a)	a=1，STA；a=2，AP；a=3，AP_STA	1，成功；0，失败
接入路由，设置 Wi-Fi 名称和密码	confJAP(string ssid, string pwd)	ssid，接入点名称； pwd，密码	1，成功；0，失败
启动多连接	wifi.confMux(boolean a)	连接模式 a=0，单路；a=1：多路	1，成功；0，失败
获取本地 IP 地址	wifi. showIP(void)	无	IP 地址(string 型)
设置模块传输方式	wifi. CIPMODE(boolean a)	a=1，透传模式；a=0，非透传模式	1，成功；0，失败
发送数据	wifi.CIPSEND(byte id, string str)	id，0~4；str，发送的字符串	1，成功；0，失败
建立 TCP 或 UDP 连接（单连接模式）	wifi.newMux(byte type, string addr, int port)	type，TCP 或 UDP；addr，IP 地址；port，端口号	1，成功；0，失败

7.3.5 Arduino 与 Wi-Fi 模块的接口及应用

1. 所需硬件及连接

（1）Arduino Mega 2560 板×1。

（2）Wi-Fi 模块 ESP-01S×1。

（3）杜邦线若干。

将 Wi-Fi 模块 ESP-01S 与 Arduino 板的串口 1 连接，即 ESP-01S 的 RX 与 Arduino 的 18（TX1）引脚连接，ESP-01S 的 TX 与 Arduino 的 19（RX1）引脚连接，3.3V 和 GND 对应相连。

2. 通信软件设计

Wi-Fi 模块的主要功能是实现硬件设备与网络的连接，进而将监测的数据上传到云平台，或者从云平台获取远程传送的控制信息。Wi-Fi 模块通过调用封装好的 WIFI 类中的函数来实现 Wi-Fi 模块与网络的连接，应用 Wi-Fi 透传模式和 HTTP 进行数据的通信。模块初始化程序主要应用了 WIFI 类里的 begin 方法唤醒 Wi-Fi 并设置波特率，应用 confMode 方法初始化 Wi-Fi 的工作模式，通过 confJAP 方法配置访问端口的名称和密码，应用 newMUX 方法设置 TCP 或 UDP 连接，应用 CIPMODE 方法设置数据传输模式为透传模式并调用 CIPSEND 方法开启透传。Wi-Fi 模块初始化后，将数据上传到云平台，上传代码如下。

```
void PostTemp (float t){
static int cnt = 0;
String cmd("POST /devices/设备ID /datapoints HTTP/1.1\r\n"
"Host: api.heclouds.com\r\n"
"api-key:6helkq0SrfR0outVMXDePY67Cjk=\r\n"
"Content-Length:" + String(cnt) + "\r\n"
"\r\n");
Serial1.print(cmd);
  cnt = Serial1.print("{\"datastreams\":["
```

```
"{\"id\":\"temperature\",\"datapoints\":[{\"value\":" + String(t) + "}]},"
"]}" );
Serial1.println();           //回车符和换行符不能少
}
```

其中 cnt 为即将上传信息的长度，此长度十分重要，若短于所传数据长度，则会造成尾端数据丢失，若长于所传数据，则会造成前后数据互相影响，数据错位等问题。

通过 JSON 这一轻量级的数据交换格式进行数据传输，JSON 的基本元素是键值对的形式。

上述代码中，Serial1.print()默认返回形参字符串的长度。形参中字符串便为 JSON 格式，其中第二行为对具体数据流进行传输的内容，此处传输的 value 是将原本为 float 类型或 int 类型的变量转换为 string 类型。

Wi-Fi 模块除了有上传数据的功能外，还可实现数据的获取，通过平台根据 HTTP 封装好的 API 获取平台的数据，从服务器中获取数据时，使用 HTTP 中的 GET 指令，指令格式如下。

```
String cmd("GET /devices/设备 ID/datastreams/数据流 ID HTTP/1.1\r\n"
"api-key:wnCBkElAj5XbwkD8IIRTqIJ8n=4=\r\n"
"Host: api.heclouds.com\r\n\r\n");
_cell.print(cmd);
```

此处设备 ID 为具体控制的设备，数据流 ID 为设备对应的控制数据流。利用 Serial1.read() 函数，可以将模块中的信息通过串口读取，每次仅能读取一个字符。接下来再根据 JSON 数据格式的特点，以'{'与'}'字符作为判断符号，便可以轻松将服务器端数据流中的 value 提取出来，并保存在本地变量中。

通过此函数能获取平台返回的字符串，其中包含一系列数据信息。要想获取数据，需要对返回的数据进行处理，变成字符串，处理程序如下。

```
while(1) {
    if(Serial1.available())
    {
        char a = Serial1.read();
        if(a == '{'
        {
            bflag = true;
        }
        else if(a == ')')
        {
            if(i == 1){
            str += '}';
            str += '\0';
            bflag = false;
            i=0;
            break;
```

```
            }
            else{
              str += '}';
              i++;
            }
          }
          if(bflag)
          {
            str += a;
          }
        }
      }
```

此过程将返回到串口的数据读取出来并保存在字符串 str 中，最后返回 str 字符串，当需要里面的数据时，需要对字符串进行处理，获取所需信息。

3. 通信软件设计实例

下面程序实现数据上传 Onenet 云平台和从云平台读取数据流 temp 的功能。程序首先完成串口初始化和 Wi-Fi 模块初始化等功能，然后通过 Wi-Fi 模块读取和上传数据。数据传输采用 HTTP 和 JSON 数据格式。

参考程序代码如下。

```
#define SSID        "mmm"               //定义 Wi-Fi 名
#define PASSWORD    "nnn"               //定义密码
#define APIKEY      "xxxxxxx"           //定义 APIKEY
#define server      "api.heclouds.com"  //Onenet 服务器网址
#include "uartWIFI.h"                   //第三方库
WIFI wifi;                              //定义 WIFI 类的一个对象 wifi
int i = 0;                              //测试变量 i 清零


void setup()
{
  Serial.begin(9600);
  _cell.begin(115200);                  //uartWIFI.h 中将_cell 定义为 Serial1
  _cell.print("+++");                   //退出 AT 指令模式
  delay(3000);
  wifi.begin();                         //Wi-Fi 模块初始化
  bool b = wifi.confMode(3);            //设置为 AP+Station 模式
  if (!b)
  {
    Serial.println("mode error");       //不成功输出错误提示
  }
  wifi.begin();
  delay(2000);
```

```
  bool g = wifi.confJAP(SSID, PASSWORD);      //接入 Wi-Fi
  if (!g)
  {
    Serial.println("Init error");             //不成功输出错误提示
  }
  else Serial.println("Init ok");
  bool h = wifi.confMux(0);                   //设置单连接模式
  if (!h)
  {
    DebugSerial.println("single error");
  }
  else DebugSerial.println("single ok");

  String ipstring = wifi.showIP();            //获取本地 IP 地址
  Serial.println(ipstring);                   //输出显示 IP 地址
  if (wifi.newMux(TCP, server, 80))           //建立 TCP 连接
  {
    Serial.println("connecting...");
  }
  bool f = wifi.CIPMODE(1);                   //设置透传模式
  if (!f)
  {
    DebugSerial.println("touchuan error");
  }
 else DebugSerial.println("touchuan ok");

bool d = wifi.CIPSEND();                      //发送数据
  if (!d)
  {
    DebugSerial.println("touchuan start error");
  }
  else DebugSerial.println("touchuan start ok");
  }

void loop(){
    String str;
    bool bflag = false;
    int count = 1;
    delay(5000);
    getData();                                //接收数据
    Serial.print(str);                        //输出显示接收字符串
    Serial.println("get ok");
    put(i);                                   //上传数据
    i = (i+2) % 50;                           //修改上传的测试变量
```

```
        Serial.println("post ok");
        delay(5000);
}

void getData()                                    //从云平台读取数据
 {
 String cmd("GET /devices/31760997/datastreams/temp HTTP/1.1\r\n"
"api-key:jYF2arDgV=Bt7pZ9ijLEYKaPE=8=\r\n"
"Host: api.heclouds.com\r\n\r\n");
  _cell.print(cmd);                               //上传 GET 命令
  while(1)
    {
       if(Serial1.available())                    //读取 Wi-Fi 串口数据并存于 str 中
       {
          char a = Serial1.read();
          if(a == '{')
            {
              bflag = true;
            }
          else if(a == ')' && count == 2)
            {
              str += '}';
              str += '\0';
              bflag = false;
              break;
            }
          else if(a == ')' && count !=2)
            {
              str += '}';
              count++;
            }
        if(bflag)
          {
             str += a;
          }
      }
    }
 }

void put(int t)                                    //数据上传云平台
{
static int cnt=0;
String cmd("POST /devices/31760997/datapoints HTTP/1.1\r\n"
"Host: api.heclouds.com\r\n"
```

```
"api-key:jYF2arDgV=Bt7pZ9ijLEYKaPE=8=\r\n"
"Content-Length:" + String(cnt) + "\r\n"
"\r\n");
_cell.print(cmd);
cnt = _cell.print("{\"datastreams\":["
"{\"id\":\"temp\",\"datapoints\":[{\"value\":" + String(t) + "}]},"
"]}");
_cell.println();
}
```

编译下载代码后，打开串口监视器，观察提示信息如图 7-28 所示。

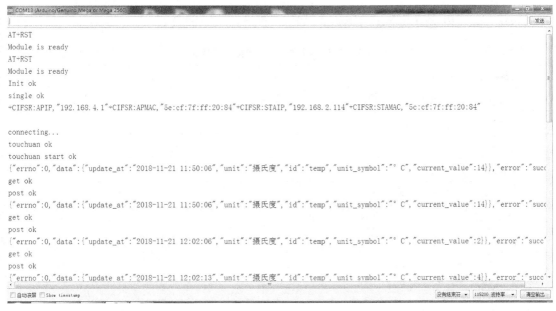

图 7-28 Wi-Fi 通信程序测试界面

7.4 GSM/GPRS 通信模块

GSM/GPRS（General Packet Radio Services，通用分组无线业务）具有充分利用现有网络、资源利用率高、始终在线、传送速率高和资费合理等特点。GSM/GPRS 通信模块是为使用 GPRS 服务而开发的无线通信终端设备，适合只能使用无线通信环境，或终端的传输距离分散，对数据实时性和数据通信速率有要求的场合，可广泛应用于远程数据检测系统、远程控制系统、自动售货系统、无线定位系统、门禁安保系统和物资管理系统等。

7.4.1 GSM/GPRS 模块概述

安信可 GSM/GPRS 模块是一款超低功耗的无线数据传输串口模块。该模块尺寸小，工作温度范围宽，同时价格低，拥有完善的 GSM/GPRS 短信、数据传输和语音服务功能。安信可 GSM/GPRS 模块实物如图 7-29 所示。

图 7-29　安信可 GSM/GPRS 模块实物图

GSM/GPRS 模块的引脚及功能见表 7-9。

表 7-9　　　　　　　　　　　　GSM/GPRS 模块的引脚及功能描述

引脚名称	引脚功能
VCC_IN	电源输入引脚 5～28V
GND	电源地
U_TXD	发送（TTL 电平）
U_RXD	接收（TTL 电平）
RS232_TX	RS232 串口发送
RS232_RX	RS232 串口接收
HTXD	串口升级接口
HRXD	串口升级接口
MIC- \ MIC+	麦克风输入
REC+ \ REC-	喇叭输出
INT	用于控制模块是否进入低功耗模式，高电平退出，低电平进入
PWR	开机键，1.9V 以上超过 2s 即可开机（模块上硬件做了处理，上电自动开机，省去接线麻烦）
EN	MP1584 电源芯片的使能引脚，拉高使能电源芯片，该引脚可以当作模块的复位引脚使用，使得模块有异常时重新启动

7.4.2　GSM/GPRS 模块的调试及参数设置

本小节介绍利用 AT 指令，设置并测试 GPRS 模块的工作模式和参数的过程和方法。AT 指令详见相关手册。

模块的配置可以采用和蓝牙模块同样的方法。打开计算机的串口小助手或 IDE 的串口监视器进行测试。发送 AT 指令返回 OK 后，可用其他 AT 指令设置模块的参数。

1．网络通信测试

按表 7-10 的步骤输出 AT 指令，测试结果如图 7-30 所示，说明模块与服务器连接成功。

表 7-10　　　　　　　　　　　　　　GPRS 模块与服务器通信测试步骤

步骤	AT 指令	指令说明
1	AT	返回 OK，表示模块串口工作正常
2	AT+CGATT=1	返回 OK，附着网络
3	AT+CGDCONT=1,"IP","CMNET"	设置 PDP 参数
4	AT+CGACT=1,1	激活网络
5	AT+CIPSTART="TCP","183.230.40.33",80	连接 TCP/IP 服务器
6	AT+CIPSEND=5	返回>，发送 5 个字符
7	AT+CIPCLOSE	关闭 TCP 连接

2．发短信测试

该模块短信发送方式有两种，一种是 TEXT 格式，只能发英文字符和数字；另一种是 PDU 格式，也就是常说的中文短信。

（1）发送英文短信

AT 指令和步骤如下。

① AT+CMGF=1　　　　　　　　//配置短信方式为 TEXT 模式

② AT+CSCS="GSM"　　　　　　//设置 TEXT 输入字符集格式为"GSM"格式

③ AT+CMGS="13542891751"　//发送短消息到指定号码

发送该指令后会出现">"字符，开始输入字符串，在字符最后加上"→"，表示结束。

输入"→"这个字符的十六进制是 0x1A，后面不接回车符和换行符，一般上位机输出不了这个字符。发送英文短信测试结果如图 7-31 所示。

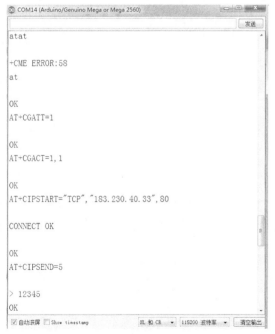

图 7-30　测试结果

图 7-31　发送英文短信测试结果

（2）发送中文短信

① PDU 编码转换界面如图 7-32 所示。

输入要发送的接收方号码（前面加上 +86），字符位数为 16，输入要发送的内容。单击转换，得到 PDU 编码。

② 打开串口调试助手。

③ 发送 at+csq，查看信号强度（在 20 以上为稳定状态）。

④ 发送 at+ccid，查看手机卡接触是否正常。

⑤ 发送 at+creg?，查看是否联网注册。

⑥ 发送 at+creg=1，启用网络注册非请求结果码。

图 7-32　PDU 编码转换界面

⑦ 发送 at+cmgs=21，再发送 PDU 编码（取消发送新行）。

0011000D91687127978781F70008AA06592750BB903C

⑧ HEX 下发送 1A。

串口输出信息如图 7-33 所示。

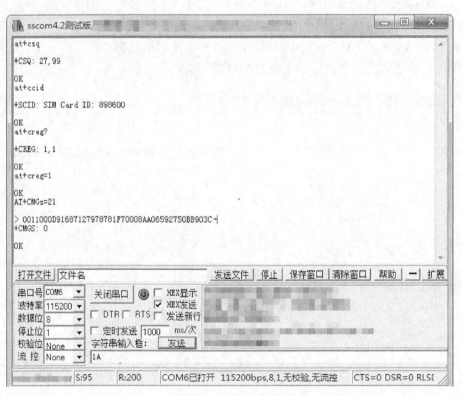

图 7-33　串口输出信息

7.4.3　Arduino 与 GSM/GPRS 模块的接口及其应用

1．所需硬件及连接

（1）Arduino Mega 2560 板×1。

（2）GSM/GPRS 模块×1。

（3）杜邦线若干。

将 GSM/GPRS 模块与 Arduino Mega 2560 板的串口 2 连接，即 GSM/GPRS 模块的 U_RXD 与 Arduino 的 16（TX2）引脚连接，GSM/GPRS 的 U_TXD 与 Arduino 的 17（RX2）引脚连接，VCC_IN 与 5V 和 GND 对应相连。

2．通信软件设计

实例 1：GSM/GPRS 模块上传数据到 Onenet 云服务器。

通信参考程序如下。

```
void setup()
{
Serial2.begin(9600);                    //设置 GSM/GPRS 模块的波特率为 9600bit/s
Serial.begin(9600);                     //设置调试串口波特率为 9600bit/s
 for(int i=0;i<65535;i++)               //发送 AT 命令
    { Serial2.println("AT");

      if (Serial2.available()>0)
      if(Serial2.find("OK")==true)
      { Serial.print("OK\r\n"); break;
      }
       Serial.print("AT\r\n");
     delay(200);
    }

Serial2.println("AT+RST");              //发送 AT+RST 命令
while(1)
    {
      if(Serial2.available()>0)
      if(Serial2.find("OK")==true)
          { Serial.print("AT+RST  OK\r\n");
             break;
          }
    }

   Serial2.println("AT+CGATT=1");       //发送 AT+CGATT=1 命令
while(1)
    {
      if(Serial2.available()>0)
```

```
                    if(Serial2.find("OK")==true)
                        { Serial.print("AT+CGATT=1   OK\r\n");
                          break;
                        }
              }

Serial2.println("AT+CGDCONT=1,\"IP\",\"CMNET\"");//发送 AT+CGDCONT=1,"IP","CMNET"
//命令
 while(1)
     {
         if(Serial2.available()>0)
         if(Serial2.find("OK")==true)
            { Serial.print("AT+CGDCONT=1,\"IP\",\"CMNET   OK\r\n");
              break;
            }
     }


 Serial2.println("AT+CGACT=1,1");              //发送 AT+ CGACT=1,1 命令
 while(1)
     {
         if(Serial2.available()>0)
         if(Serial2.find("OK")==true)
            { Serial.print("AT+CGACT=1,1   OK\r\n");
              break;
            }
     }
   }

void loop(){
//连接服务器
Serial2.println("AT+CIPSTART=\"TCP\",\"183.230.40.33\",80");
        while(1)
                {
                    if(Serial2.available()>0)
                    if(Serial2.find("OK")==true)
                     { Serial.print("AT+CIPSTART=\"TCP\",\"183.230.40.33\",80   OK\r\n");
                       break;
                     }
                }
        Serial2.println("AT+CIPSEND");              //发送 AT+CIPCLOSE 命令
 while(1)
```

```
        {
      if(Serial2.available()>0)
      if(Serial2.find(">")==true)
            { Serial.print("AT+CIPSEND   OK\r\n");
              break;
            }
     }

            put(11);
            Serial.println("成功上传数据");
            delay(100);
      }
   void put(int light){
     static int cnt=0;
     cnt = Serial.println("{\"datastreams\":[""{\"id\":\"light\",\"datapoints\
":[{\"value\":68""}]}]}");
     String cmd("POST /devices/28388193/datapoints HTTP/1.1\r\n"
   "Host: api.heclouds.com\r\n"
   "api-key:6helkq0SrfR0outVMXDePY67Cjk=\r\n"
   "Content-Length:" + String(cnt) + "\r\n"
   "\r\n");
     Serial2.print(cmd);
     Serial2.println("{\"datastreams\":[""{\"id\":\"light\",\"datapoints\":
[{\"value\":68""}]}]}");
     Serial2.write(0x1a);
       while(1){
       if (Serial2.available()>0)
             if(Serial2.find("succ")==true)
               {  Serial.println("succ"); break;
               }
             }
   delay(2100);
    Serial2.println("AT+ CIPCLOSE");                    //发送 AT+CIPCLOSE 命令
     while(1)
        {
         if(Serial2.available()>0)
         if(Serial2.find("OK")==true)
           {Serial.print("AT+ CIPCLOSE  OK\r\n");
             break;
           }
        }
     }
  }
```

通信程序测试结果如图 7-34 所示。

图 7-34　通信程序测试结果

实例 2：发送中文短信"您好"。

程序代码如下。

```
void setup() {
  Serial2.begin(115200);                          //设置串口2(GSM/GPRS模块)的波特率
  Serial.begin(115200);
}
void loop()
{
  Serial2.println("AT");
    delay(1000);
  Serial2.println("AT+CSCS=\"GSM\"");
    delay(1000);
  Serial2.println("AT+CMGF=0");
    delay(1000);
  Serial2.println("AT+CMGS=21");
    delay(1000);
  Serial2.print("0011000D91687127978781F70008AA06592750BB903C ");
    delay(1000);
    Serial2.write(0x1A);
    delay(1000);
```

```
        while(1);
    }
```

7.5　GPS 定位模块

GPS 即全球定位系统，它最初只运用于军事领域，目前已被广泛应用于交通、测绘等许多行业。GPS 的所有应用，都是基于定位的概念或从定位的概念延伸出来的，主要包括运动导航、轨迹记录、大地测量和周边信息查询等。

7.5.1　GPS 定位模块概述

本小节介绍的 GPS 模块为 ATGM336H-5N，该模块尺寸为 9.7mm×10.1mm×2.4mm，是一种高性能 BDS/GNSS 全球移动定位模块。

该型号模块的实物如图 7-35 所示。

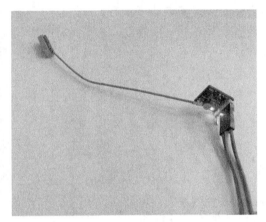

图 7-35　ATGM336H-5N 实物图

ATGM336H-5N 模块具有高灵敏度、低成本和低功耗等特点。这些特点使该模块在导航设备中被大量使用。

GPS 集成技术也是车辆追踪的标准，这项技术的优点在于可以通过传感器对车辆活动进行监控。

ATGM336H-5N 的性能指标如下。

（1）良好的定位导航功能。

（2）支持 A-GNSS。

（3）冷启动捕获灵敏度：−148dBm。

（4）跟踪灵敏度：−162dBm。

（5）定位精度：2.5m（CEP50）。

（6）首次定位时间：32s。

（7）低功耗：连续运行<25mA@3.3V。

（8）内置天线检测及天线短路保护功能。

7.5.2 Arduino 与 GPS 定位模块的接口及其应用

1. 所需硬件与连线

（1）Arduino 板×1。

（2）GPS 模块×1。

（3）杜邦线若干。

ATGM336H-5N 采用串口与 Arduino 板通信，本例采用 Arduino Mega 2560 开发板的串口 1 与 GPS 模块进行通信。

模块的 TX 与 Arduino 的 RX1（19）相连，模块的 RX 与 Arduino 的 TX1（18）相连，模块的 VCC 和 GND 分别与 Arduino 的 5V 和 GND 相连。

2. 测试实例

在 GPS 程序开始运行之后，首先需要进行卫星连接，连接成功后，红灯闪烁。采集当前卫星运行轨迹和状态参数，然后开始接收卫星传回的位置信息，获取位置信息后开始解析工作，将所需要的位置参数从接收的大量信息中筛选出来，之后判断所取出的数据是否正确。若是错误数据就丢弃并重新接收，若是正确数据则进行经纬度换算。

GPS 模块由于信号强弱的问题，在接收数据时会有一定的误差，所以其定位会存在位置信息稍有偏差的情况。

测试参考代码如下。

```
int L = 13;                                    //LED 灯指示灯引脚
int i,i1;
int x,x1;
double y,y1,sum,sum1,latitude,longitude,latitude1,longitude1;
#define GpsSerial   Serial1
#define DebugSerial Serial
const unsigned int gpsRxBufferLength = 600;
char gpsRxBuffer[gpsRxBufferLength];
unsigned int ii = 0;
int ll=0;

struct
{
  char GPS_Buffer[80];
  bool isGetData;                              //是否获取到 GPS 数据
  bool isParseData;                            //是否解析完成
  char UTCTime[11];                            //UTC 时间
  char latitude[11];                           //纬度
  char N_S[2];                                 //N/S
  char longitude[12];                          //经度
  char E_W[2];                                 //E/W
  bool isUsefull;                              //定位信息是否有效
} Save_Data;
```

```
void setup()
{
    GpsSerial.begin(9600);                      //定义波特率 9600
    DebugSerial.begin(115200);
    DebugSerial.println("Waiting...");

    Save_Data.isGetData = false;
    Save_Data.isParseData = false;
    Save_Data.isUsefull = false;
}

void loop(){
    gpsRead();                                  //获取 GPS 数据
    parseGpsBuffer();                           //解析 GPS 数据
    printGpsBuffer();                           //输出显示解析后的数据
    delay(5000);
}

void printGpsBuffer()
{
    if (Save_Data.isParseData)
    {
        Save_Data.isParseData = false;
        DebugSerial.print("Save_Data.UTCTime = ");
        DebugSerial.println(Save_Data.UTCTime);
        if (Save_Data.isUsefull)
        {
            Save_Data.isUsefull = false;
            DebugSerial.print("Save_Data.latitude = ");
            DebugSerial.println(Save_Data.latitude);

        for( i=0;i<11;i++)
            {
                if(Save_Data.latitude[i]=='.')
                break;
            }
            sum=0;
            int m=i;
            for(int j=0;j<i;j++)
            {
                sum=sum+(Save_Data.latitude[m-1]-'0')*pow(10,j);
                m--;
            }
```

```
      int n=i+1;
   for(int k=0;k<11-i;k++)
   {
      sum=sum+(Save_Data.latitude[n]-'0')*pow(0.1,k+1);
   n++;
   }
 x = sum / 100;
 y = (sum - x*100)/60;
 latitude1 = x+y;
 //DebugSerial.print("Save_Data.N_S = ");
 //DebugSerial.println(Save_Data.N_S);
 DebugSerial.print("Save_Data.longitude = ");
 DebugSerial.println(Save_Data.longitude);

for( i1=0;i1<12;i1++)
  {
    if(Save_Data.longitude[i1]=='.')
    break;
  }
  sum1=0;
  int m1=i1;
  for(int j1=0;j1<i1;j1++)
  {
    sum1=sum1+(Save_Data.longitude[m1-1]-'0')*pow(10,j1);
    m1--;
  }
  int n1=i1+1;
  for(int k1=0;k1<12-i1;k1++)
  {
    sum1=sum1+(Save_Data.longitude[n1]-'0')*pow(0.1,k1+1);
    n1++;
  }
  x1 = sum1 / 100;
  y1 = (sum1 - x1*100)/60;
  longitude1 = x1+y1;

  if(latitude1>46||latitude1<0||longitude1>127||longitude1<0)
  {
    DebugSerial.println("GPS DATA is not usefull!");
  }
  else
  {
    latitude = latitude1;
    DebugSerial.println(latitude,6);
```

```
                longitude = longitude1;
                DebugSerial.println(longitude,6);
            }
        }
        else
        {
            DebugSerial.println("GPS DATA is not usefull!");
        }
    }
}


void parseGpsBuffer()
{
    char *subString;
    char *subStringNext;
    if (Save_Data.isGetData)
    {
        Save_Data.isGetData = false;
        ll = 0;
        DebugSerial.println("**************");
        DebugSerial.println(Save_Data.GPS_Buffer);
        for (int i = 0 ; i <= 6 ; i++)
        {
            if (i == 0)
            {
                if ((subString = strstr(Save_Data.GPS_Buffer, ",")) == NULL)
                    errorLog(1);                        //解析错误
            }
            else
            {
                subString++;
                if ((subStringNext = strstr(subString, ",")) != NULL)
                {
                    char usefullBuffer[2];
                    switch (i)
                    {
    case 1: memcpy(Save_Data.UTCTime, subString, subStringNext - subString);
break;                                                  //获取 UTC 时间
    case 2: memcpy(usefullBuffer, subString, subStringNext - subString); break;
                                                        //获取 UTC 时间
    case 3: memcpy(Save_Data.latitude, subString, subStringNext - subString);
break;                                                  //获取纬度信息
    case 4: memcpy(Save_Data.N_S, subString, subStringNext - subString); break;
                                                        //获取 N/S
```

```
      case 5: memcpy(Save_Data.longitude, subString, subStringNext - subString);
break;                                                    //获取纬度信息
      case 6: memcpy(Save_Data.E_W, subString, subStringNext - subString); break;
                                                          //获取 E/
      default: break;
            }
            subString = subStringNext;
            Save_Data.isParseData = true;
            if (usefullBuffer[0] == 'A')
               Save_Data.isUsefull = true;
            else if (usefullBuffer[0] == 'V')
               Save_Data.isUsefull = false;
         }
         else
         {
            errorLog(2);                                  //解析错误
         }
      }
    }
  }
}


void gpsRead() {
 while(1) if(GpsSerial.available()>0)
          {
              gpsRxBuffer[ii++] = GpsSerial.read();
              if (ii == gpsRxBufferLength)break;
          }

  char* GPS_BufferHead;
  char* GPS_BufferTail;
  if ((GPS_BufferHead = strstr(gpsRxBuffer, "$GPRMC,")) != NULL || (GPS_BufferHead
= strstr(gpsRxBuffer, "$GNRMC,")) != NULL )
  {
    if (((GPS_BufferTail = strstr(GPS_BufferHead, "\r\n")) != NULL) &&
(GPS_BufferTail > GPS_BufferHead))
    {
      memcpy(Save_Data.GPS_Buffer, GPS_BufferHead, GPS_BufferTail - GPS_BufferHead);
      Save_Data.isGetData = true;
      ll = 1;
      clrGpsRxBuffer();
    }
  }
}
```

```
void clrGpsRxBuffer(void)
{
  memset(gpsRxBuffer, 0, gpsRxBufferLength);              //清空
  ii = 0;
}
void errorLog(int num)
{
  DebugSerial.print("ERROR");
  DebugSerial.println(num);
  while (1)
  {
    digitalWrite(L, HIGH);
    delay(300);
    digitalWrite(L, LOW);
    delay(300);
  }
}
```

测试结果如图 7-36 所示。

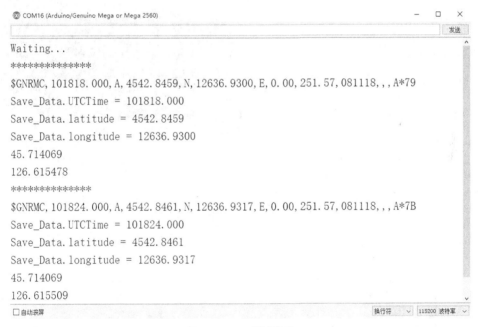

图 7-36　GPS 测试结果

7.6　nRF24L01 通信模块

nRF24L01 通信模块广泛应用于无线鼠标、键盘、游戏机操纵杆、无线门禁、无线数据通信系统、安防系统、遥控装置、遥感勘测、智能运动设备、工业传感器和玩具等设备及场合中。

7.6.1　nRF24L01 通信模块概述

nRF24L01 是一款工作在 2.4～2.5GHz 的世界通用 ISM 频段的单片无线收发器芯片。nRF24L01 能够自动应答且具有自动重发功能，内置循环冗余码校验（Cyclic Redundancy Check，CRC）检错和点对多点的通信地址控制，采用 SPI 与主机通信，数据传输速率 0～8Mbit/s，有 125 个可选工作频道，可用于跳频的很短的频道切换时间。

nRF24L01 可以设置为以下几种模式：接收模式、发送模式、待机模式和掉电模式。nRF24L01 在接收模式下可以接收 6 路不同通道的数据，其星型网络拓扑结构如图 7-37 所示。它包含一组具有唯一地址的 6 个并行数据通道，数据通道是物理射频信道中的逻辑信道，每个数据通道都有自己的物理地址。

将 6 个不同的 nRF24L01 设置为发送（TX）模式后，可以与同一个数据通道设置为接收（RX）模式的 nRF24L01 进行通信，而设置为接收模式的 nRF24L01 可以对这 6 个发射端进行识别。在接收端，nRF24L01 在确认收到数据后，记录地址并以此地址为目标地址发送应答信号；在发送端，数据通道被用作接收应答信号，因此，数据通道的接收地址要与发送端地址相同，以确保接收到正确的应答信号。nRF24L01 模块实物如图 7-38 所示。

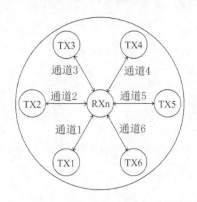

图 7-37　nRF24L01 星型网络拓扑结构图

图 7-38　nRF24L01 模块实物图

nRF24L01 模块引脚定义如表 7-11 所示。

表 7-11　　　　　　　　　　　　　　　　nRF24L01 模块引脚定义

引脚号	引脚名称	引脚说明
1	GND	电源地
2	VCC	1.9~3.6 V
3	CE	收发模式选择
4	CSN	SPI 片选，低电平有效
5	SCK	SPI 时钟
6	MOSI	SPI 从设备数据输入
7	MISO	SPI 从设备数据输出
8	IRQ	工作状态指示

7.6.2　nRF24L01 通信模块的类库函数

nRF24L01 模块的地址可通过软件设置，只有收到本机地址时才会输出数据，而且需要配置的寄存器比较多，时序复杂。采用 RF24 类库可以简化编程，不用考虑寄存器配置即可实现无线通信。nRF24L01 采用 SPI 与 Arduino 通信。下面以实例 radio 为例，对库函数进行说明。

1．RF24()

功能：构造函数，创建一个 RF24 类的对象时被执行，初始化对象，设置 nRF24L01 模块引脚。

语法格式：RF24 radio(uint16_t _cepin, uint16_t _cspin)。

参数说明：_cepin，与 RF 模块的 CE 引脚连接的 Arduino 引脚编号；

　　　　　_cspin，与 RF 模块的 CSN 引脚连接的 Arduino 引脚编号。

返回值：无。

2．begin()

功能：初始化操作，在 setup()中调用。

语法格式：radio.begin()。

参数说明：无。

返回值：成功返回 true，失败返回 false。

3．isChipConnected()

功能：检查芯片是否连接到 SPI 总线。

语法格式：radio.isChipConnected()。

参数说明：无。

返回值：成功返回 true，失败返回 false。

4．startListening()

功能：启动打开通道的接收模式。

语法格式：radio.startListening()。

参数说明：无。

返回值：无。

5．stopListening()

功能：停止接收模式，切换到发送模式。

语法格式：radio.stopListening()。

参数说明：无。

返回值：无。

6．available()

功能：检查 FIFO 缓冲区中是否有可读取的数据。

语法格式：radio.available(uint8_t *pipe_num)。

参数说明：pipe_num：通道号。

返回值：若存在有效数据返回 1，否则返回 0。

7. enableAckPayload()

功能：允许在确认数据包中自定义有效数据。

语法格式： radio.enableAckPayload()。

参数说明：无。

返回值：无。

8. enableDynamicPayloads()

功能：允许动态大小的有效数据。

语法格式：radio.enableDynamicPayloads()。

参数说明：无。

返回值：无。

9. read()

功能：读取有效数据。

语法格式：radio.read(void *buf, uint8_t len)。

参数说明：buf 指针指向一个缓冲区，读取数据写入其中；len 为缓冲区的最大字节数。

返回值：无。

例子：

```
if (radio.available()) {
 radio.read(&data, sizeof(data));
}
```

10. write()

功能：发送有效数据。设置目标地址，一定要先调用 OpenWritingPipe()。

语法格式：radio.write(const void *buf, uint8_t len)。

参数说明：buf，指向发送数据缓冲区的指针；len，发送数据的字节数。

返回值：true，发送成功；false，发送失败。

例子：

```
radio.stopListening();
radio.write(&data, sizeof(data));
```

11. writeAckPayload()

功能：在指定的通道发送确认有效数据包。

语法格式：radio.writeAckPayload(uint8_t pipe, const void *buf, uint8_t len)。

参数说明：pipe，通道号（1~5）；buf：指向发送数据缓冲区的指针；len，发送数据的字节数，最大 32 个字节。

返回值：无。

12. openWritingPipe()

功能：打开一个通过字节数组指定的通道。只能打开一个通道，地址可以更改。调用该函数前需首先调用 stopListening()。

语法格式：radio.openWritingPipe(const uint8_t *address)。

参数说明：address，打开的通道地址，默认为 5 字节地址长度。

返回值：无。

例子：

```
uint8_t addresses[][6] = {"1Node","2Node"};
radio.openWritingPipe(addresses[0]);
uint8_t address[] = { 0xCC,0xCE,0xCC,0xCE,0xCC };
radio.openWritingPipe(address);
address[0] = 0x33;
radio.openReadingPipe(1,address);
```

13．openReadingPipe()

功能：打开接收通道，最多可打开 6 个接收通道。

语法格式：radio.openReadingPipe(uint8_t number, const uint8_t *address)。

参数说明：number，通道号（0～5）；address，打开的通道地址。

返回值：无。

例子：

```
uint8_t addresses[][6] = {"1Node","2Node"};
radio.openReadingPipe(1,addresses[0]);        //在地址 0 管道 1 上打开一个读取管道
radio.openReadingPipe(2,addresses[1]);        //在地址 1 管道 2 上打开一个读取管道
```

14．setAutoAck()

功能：启用或禁用自动应答数据包，默认为启用，只有在需要时转换。

语法格式：radio.setAutoAck(bool enable);

　　　　　　radio.setAutoAck(uint8_t pipe, bool enable)。

参数说明：pipe，通道号；enable，true 为启用，false 为禁用。

返回值：无。

15．closeReadingPipe()

功能：将先前打开的管道关闭。

语法格式：radio. closeReadingPipe(uint8_t pipe)。

参数说明：pipe，通道号（0～5）。

返回值：无。

16．setAddressWidth()

功能：设置地址字节数（24，32 或 40 位）。

语法格式：radio.setAddressWidth(uint8_t a_width)。

参数说明：a_width，要使用的地址宽度（3～5）字节。

返回值：无。

17．setPayloadSize()

功能：设置静态数据包大小。

语法格式：radio.setPayloadSize(uint8_t size)。

参数说明：size 为字节数。

返回值：无。

18．printDetails(void)

功能：显示模块状态信息（需要和 printf 库同时使用）。

语法格式：radio.printDetails(void)。

参数说明：无。

返回值：无。

例子：

```
#include"RF24.h"
include <printf.h>
RF24 radio(7,8);              //初始化 RF 模块的 CE 和 CSN 引脚
void setup() {
    Serial.begin(115200);
    printf_begin();
    radio.printDetails();     //显示模块状态信息
}
void loop(){
}
```

7.6.3　Arduino 与 nRF24L01 模块的接口及应用

下面是一个 Arduino 与 nRF24L01 实现无线收发应用的示例，采用两套 Arduino 板和 nRF24L01 模块，一套发送，一套接收，在串口监视器上观察发送和接收状态。

1．所需硬件及连线

（1）Arduino 板×2。

（2）nRF24L01 模块×2。

（3）杜邦线若干。

Arduino 板与 nRF24L01 按表 7-12 连接。

表 7-12　　　　　　　　　　　Arduino 板与 nRF24L01 的连线表

nRF24L01 引脚名称	引脚说明	Arduino UNO 开发板 引脚编号	Arduino Mega 2560 开发板 引脚编号
GND（1）	地	GND	GND
VCC（2）	电源	3.3V	3.3V
CE（3）	收发模式选择	7	7
CSN（4）	片选	8	53
SCK（5）	时钟	13	52(SCK)
MOSI（6）	信号线	11	50(MISO)
MISO（7）	信号线	12	51(MOSI)

2．发送模块

发送模块参考代码如下所示。

```
#include <SPI.h>
#include "RF24.h"
```

```
bool radioNumber = 1;                              //设定模块地址
RF24 radio(7, 8);                                  //RF 模块的 CE 和 CSN 引脚
byte addresses[][6] = {"1Node", "2Node"};          //用于 2 个节点通信的无线模块通道地址
byte counter = 1;                                  //一个字节，用于跟踪来回发送的数据
void setup() {
  Serial.begin(115200);                            //定义串口监视器波特率
  Serial.println("RF24 发送例程");
  radio.begin();
  radio.enableAckPayload();                        //允许在确认数据报上自定义有效数据
  radio.enableDynamicPayloads();                   //确认有效数据是动态数据
  radio.openWritingPipe(addresses[radioNumber]);
                                                   //打开一个通过字节数组进行写入的通道
  radio.writeAckPayload(1, &counter, 1);           //在通道 1 发送数据，1 字节
}

void loop(void) {
  byte gotByte                                     //初始化传入响应的变量
  radio.stopListening();                           //停止接收
  Serial.write("现在发送");
  Serial.println(counter);
  if ( radio.write(&counter, 1) ) {                //将计数器变量发送到另一个接收模块
    if (!radio.available()) {                      //若缓冲区里没有数据，得到一个空白的答复
      Serial.println("得到空白的答复");
    } else {
      while (radio.available() ) {                 //判断是否接收到有效数据
      radio.read( &gotByte, 1 );                   //读取并显示响应时间
      Serial.print("得到响应");
      Serial.println(gotByte);
      Serial.println("");
      counter++;                                   //递增计数器变量
      }
    }
  }
  else
    Serial.println("发送失败");                      //如果没有 ACK 响应，发送失败
  delay(1000);
}
```

3. 接收模块

接收模块参考代码如下所示。

```
#include <SPI.h>
#include "RF24.h"
#include <printf.h>
bool radioNumber = 1;
RF24 radio(7, 8);
```

```
byte addresses[][6] = {"1Node", "2Node"};   //用于 2 个节点通信的无线模块通道地址
void setup() {
  Serial.begin(115200);
  Serial.println("RF24 接收例程");
  radio.begin();
  radio.enableAckPayload();                        //允许可选的确认有效数据包
  radio.enableDynamicPayloads();                   //确认有效数据是动态数据包
  radio.openReadingPipe(1, addresses[radioNumber]);
  radio.startListening();                          //开始接收
 }


void loop(void) {
  byte pipeNo;
  byte gotByte;                                    //声明接收变量
  while ( radio.available(&pipeNo)) {              //确认有数据
    radio.read( &gotByte, 1 );                     //读取有效数据
    radio.writeAckPayload(pipeNo, &gotByte, 1 );   //接收的数据回送
    Serial.print("接收数据");
    Serial.println(gotByte);
  }
}
```

7.7 本章小结

本章介绍了 Arduino 嵌入式应用系统中常用的蓝牙、XBee、Wi-Fi、GSM/GPRS、GPS 和 nRF24L01 等通信模块，详细地介绍了模块的工作原理、模块测试及参数设置的方法，并通过每个模块的应用实例，具体给出了常用无线通信模块与 Arduino 板的连接方法和实例的参考代码。

第 **8** 章　**Arduino 嵌入式系统综合应用**

本章将讨论倒车雷达、门禁系统、遥控小车、智能家居、MP3 播放器和万年历这 6 个与实际应用紧密相关的 Arduino 嵌入式系统综合应用。

8.1　倒车雷达

本节介绍倒车雷达模拟系统的软硬件设计方法。

8.1.1　系统总体设计

利用超声波测距传感器 HC-SR04 实现一个倒车雷达系统，要求系统实时检测汽车和障碍物的距离，当接近障碍物时，在液晶显示器上实时显示距离，并发出声音报警，随着距离的减小，报警声音越发急促。

倒车雷达系统总体结构如图 8-1 所示。

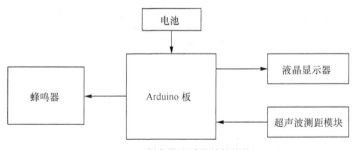

图 8-1　倒车雷达系统总体结构

8.1.2　系统硬件设计

1. 所需硬件

（1）Arduino UNO 板×1。

（2）超声波传感器 HC-SR04×1。

（3）有源蜂鸣器×1。

（4）LCD Keypad Shield 或 LCD1602×1。

（5）杜邦线若干。

图 8-2 是采用 LCD Keypad Shield 扩展板的连接实物图。

图 8-2　连接实物图

2．连线

表 8-1 是 HC-SR04、蜂鸣器与 Arduino 板的引脚及连接表。LCD1602 与 Arduino 的连接参见图 5-27。

表 8-1　　　　　**HC-SR04、蜂鸣器与 Arduino 板的引脚及连接表**

HC-SR04 模块和蜂鸣器引脚名称	引脚说明	连接的 Arduino 引脚编号
VCC	电源	5V
Trig	触发输入端	2
Echo	回响信号输出端	3
GND	地	GND
蜂鸣器+	有源蜂鸣器的正极	11
蜂鸣器−	有源蜂鸣器的负极	GND

8.1.3　系统软件设计

1．软件流程图

倒车雷达软件流程如图 8-3 所示。

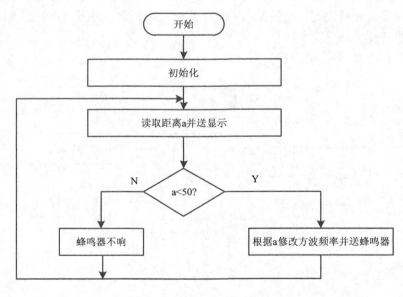

图 8-3　倒车雷达软件流程图

2．参考程序

程序编译下载后，改变障碍物与测距传感器之间的距离，当距离小于报警距离 50cm 时，蜂鸣器开始发声，当距离变小时，声音愈发急促，同时在 LCD 和串口监视器上动态显示距离。
参考程序如下。

```
// LCD Keypad Shield 和 arduino UNO 的电路连接
//  LCD RS 连接数字引脚 8
//  LCD Enable 连接数字引脚 9
//  LCD D4 连接数字引脚 4
//  LCD D5 连接数字引脚 5
//  LCD D6 连接数字引脚 6
//  LCD D7 连接数字引脚 7
//  LCD R/W 与 GND 连接
#include <LiquidCrystal.h>
LiquidCrystal lcd(8, 9, 4,5, 6, 7);
#include "stdlib.h"
#include "SR04.h"
#define TRIG_PIN 2
#define ECHO_PIN 3
char str1[10] = "dis:";
SR04 sr04 = SR04(ECHO_PIN,TRIG_PIN);
long a;
int buzzer = 11;
void setup (void)
{
  lcd.begin(16, 2);
  Serial.begin(115200);
  pinMode(buzzer, OUTPUT);
  delay(1000);
}

void loop (void)
{
  lcd.setCursor(0, 0);                      //设置光标位置
  lcd.print(str1);                          //显示 dis:
  a = sr04.Distance();                      //显示距离
  Serial.println(a);
  lcd.print(a);
  lcd.print("cm   ");                       //显示单位 cm
  if (a < 50) {
       digitalWrite(buzzer, HIGH);
       delay((a / 10) * 100 + (a % 10) * 5);  //距离 a 控制发声频率
       digitalWrite(buzzer, LOW);
       delay((a / 10) * 100 + (a % 10) * 5);
       }
  else
```

```
        digitalWrite(buzzer, LOW);
}
```

8.2 门禁系统

本节介绍一个门禁系统的软硬件设计方法。

8.2.1 系统总体设计

门禁系统以读者或教师的一卡通的卡号为身份 ID，操作系统分为两种模式：录入模式和识别模式。具体功能和操作要求如下。

（1）按住按键，进入录入模式。

（2）将卡片靠近读卡器录入相关信息，并将卡号存入 EEPROM，如果录入成功则 LCD 显示卡号和"Success"提示。

（3）重复以上步骤进行录入，同一张卡不能重复录入，否则 LCD 显示"Fail REG！"。

（4）松开按键，进入门禁识别模式。

（5）将卡片靠近读卡器，如果卡片信息已经录入成功则 LCD 显示卡号和"YES！"，同时将 Arduino 板上与 13 引脚连接的 LED 灯点亮，模拟开锁操作，否则显示卡号和"NO！"。

读者可在此基础上增加新的功能，例如声音提示或增加管理员模式等。

门禁系统总体结构如图 8-4 所示。

图 8-4 门禁系统总体结构

8.2.2 系统硬件设计

1. 所需硬件与连线

（1）Arduino Mega 2560 开发板×1。

（2）RFID 读卡模块 RC522×1。

（3）液晶显示器 LCD1602 模块×1。

（4）按键×1 和 1 kΩ 电阻器×1。

（5）杜邦线若干。

2. 模块连线

读卡模块与 Arduino 板的引脚连接如表 8-2 所示，按键一端接 GND，另一端与 Arduino 板的 10 脚连接，10 脚同时接 1kΩ 的上拉电阻器。LCD1602 与 Arduino 板的连接参见图 5-27。

表 8-2   RC522 模块和 Arduino 板连线表

RC522 模块引脚名称	Arduino 引脚编号	引脚功能	RC522 模块引脚名称	Arduino 引脚编号	引脚功能
SDA	49	SPI 使能	GND	GND	电源地
SCK	52	时钟	RST	47	复位
MOSI	51	数据输入	3.3V	3.3V	电源
MISO	50	数据输出			

8.2.3　系统软件设计

1．软件流程图

门禁系统程序流程如图 8-5 所示。

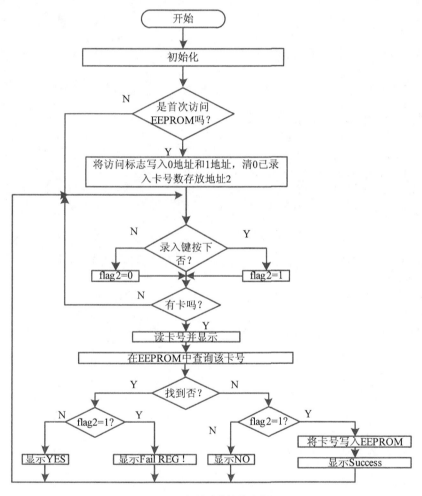

图 8-5　门禁系统软件流程图

2．参考程序

参考程序代码如下。

```
#include <LiquidCrystal.h>
#include <LiquidCrystal.h>
```

```
LiquidCrystal lcd(9, 8, 7, 6,5, 4);
#include <SPI.h>
#include <RFID.h>
#include <EEPROM.h>
int addr ;
int flag;                               //首次访问 EEPROM 标志
int flag1;                              //首次访问 EEPROM 标志
int flag2;                              //EEPROM 起存地址
int num_id;                             //EEPROM 中记录的个数
RFID rfid(49, 47);                      //D49——读卡器片选引脚、D47——读卡器 RST 引脚
int id[5];                              //卡号缓冲数组
int k1 = 10;                            //定义按键与引脚 10 连接
void setup()
{
  Serial.begin(9600);
  SPI.begin();
  rfid.init();
  lcd.begin(16, 2);
  pinMode(k1, INPUT_PULLUP);
  flag= EEPROM.read(0);
  flag1= EEPROM.read(1);
  if (flag!=0x55|| flag1!=0x55){
  EEPROM.write(0,0x55);                 //地址 0 和 1 两个单元存储标记
  EEPROM.write(1,0x55);
  EEPROM.write(2,0);
 }
  num_id = EEPROM.read(2);              //地址 2 存储记录个数，可以修改
  addr=3+5* num_id;
  lcd.setCursor(0,0);
  lcd.print("welcome!");
 }


void loop()
{
    if (!digitalRead(k1)) flag2=1;
    else flag2=0;                       //如果 k1 高电平，进入检索模式
    if (rfid.isCard()) {
        if (rfid.readCardSerial()) {
            lcd.clear();
            lcd.setCursor(0,0);
            for(int i=0;i<5;i++){
            lcd.print (rfid.serNum[i],HEX);}      //LCD 显示卡号
            if(find_card())
                {
                        if(flag2)
                            {
```

```
                                        lcd.clear();
                                        lcd.setCursor (4, 1);
                                        lcd.print ("Fail REG!");
                                        }
                                  else {
                                  digitalWrite(13,HIGH);    //LED 灯点亮 1s，模拟开锁操作
                                        delay(1000);
                                        lcd.setCursor (4, 1);
                                        lcd.print("YES"); //显示 YES
                                        }
                                  }
                        else  {
                              if(flag2)
                                { eeprom_write();
                                 lcd.setCursor (4, 1);
                                 lcd.print("Success");    //显示 Success
                                }
                              else
                                {
                                 lcd.setCursor (4, 1);
                                 lcd.print("NO");     //显示 NO
                                }
                              }
                        }
        //选卡，可返回卡容量（锁定卡片，防止多数读取），去掉本行将连续读卡
        rfid.selectTag(rfid.serNum);
    }
  rfid.halt();
}

void eeprom_write()                          //存卡号函数
{
  for (int i = 0; i < 5; i++)
  {
    EEPROM.write(addr, rfid.serNum[i]);
    addr++;
  }
   num_id= num_id+1;
   EEPROM.write(2,num_id);                    //记录当前存放的地址位置
}

void eeprom_read(int index)               //读卡号函数
{
  int start_addr =3+ index * 5;
  int j = 0;
  for (int i = start_addr; i < start_addr + 5; i++)
  {
```

```
      id[j++] = EEPROM.read(i);                    //读到缓冲区中
  }
}

bool find_card()                                //若找到该卡，返回 true，否则返回 false
{
  if(num_id==0)return false;
  for (int i = 0; i <num_id; i++)
  {
    eeprom_read(i);
    for (int j = 0; j < 5; j++)
    {
      if (rfid.serNum[j] != id[j])              //一旦不符合，匹配下一条记录
        break;
      if (j == 4)                               //j 能走到 4，说明完全匹配
        return true;
    }
  }
  return false;
}
```

8.3 遥控小车

本节介绍一个采用安卓手机和步进电机的蓝牙模块遥控智能小车的软硬件设计方法。

8.3.1 系统总体设计

1. 设计要求

首先在手机蓝牙串口助手中设计操作界面，如图 8-6 所示。通过该操作界面可以用手机对小车进行遥控，实现对小车前进、后退、左转、右转、停止的控制。

图 8-6 设计操作界面

2．系统总体结构

遥控小车的总体结构如图 8-7 所示。

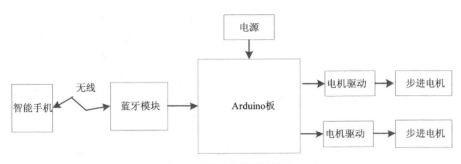

图 8-7　遥控小车的总体结构图

8.3.2　系统硬件设计

所需硬件与连线如下。

（1）Arduino Mega 2560 板×1。

（2）两相混合式 42 步进电机×2 和车体×1。

（3）双 L298 驱动模块×1。

（4）1 6.8V/3A 锂电池组×1 及电源模块×1。

（5）蓝牙模块×1 和安装手机蓝牙助手的智能手机×1。

（6）杜邦线若干。

模块连线如表 8-3 和表 8-4 所示。L298 驱动模块电路和电源模块电路分别如图 8-8 和图 8-9 所示。

表 8-3　　　　　　　　　　　　　步进电机与 Arduino 板连线

相序	与左侧电机连接引脚	与右侧电机连接引脚
A 红	4	8
B 绿	5	9
C 蓝	6	10
D 黑	7	11

表 8-4　　　　　　　　　　　　　蓝牙模块与 Arduino 板连线

蓝牙引脚名称	Arduino 引脚编号
RX	18
TX	19
VCC	5V
GND	GND

遥控小车实物图如图 8-10 所示。

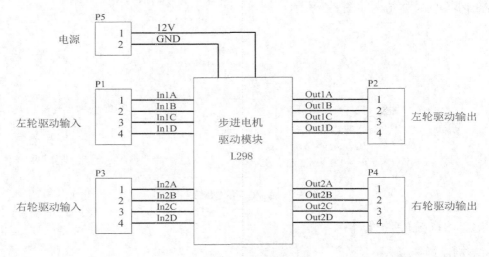

图 8-8 L298 驱动模块电路

图 8-9 电源模块电路

图 8-10 遥控小车实物图

8.3.3 系统软件设计

步进电机采用双四拍控制方式，小车通过蓝牙模块接收命令，控制步进电机以实现小车运动功能。蓝牙接收命令定义如表 8-5 所示。

表 8-5		蓝牙接收命令定义		
1(0x31)	2(0x32)	3(0x33)	4(0x34)	5(0x35)
前进	左转弯	右转弯	后退	停车

遥控小车程序流程如图 8-11 所示。

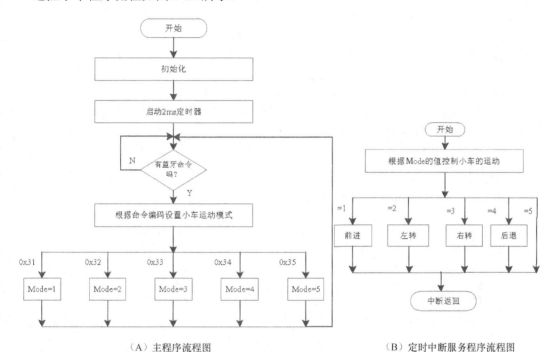

（A）主程序流程图　　　　　　　　　（B）定时中断服务程序流程图

图 8-11　遥控小车程序流程图

步进电机小车底层驱动程序如下。

```
#include <MsTimer2.h>
int  Steep_pins1[4] = { 4, 5, 7, 6};            //步进电机接口1，左侧车轮
int  Steep_pins2[4] = { 10, 11, 9, 8};          //步进电机接口2，右侧车轮
byte otab_d4 [4] = { 0x02, 0x06, 0x0c, 0x09};   //双四拍字表 AB-BC-CD-DA
int time1;                                      //左侧车轮延时/速度，数值越大，速度越慢
int time2;                                      //右侧车轮延时/速度，数值越大，速度越慢
int Pointer1;                                   //步进电机1字表指针
int Pointer2;                                   //步进电机2字表指针
int mode;                                       //行进状态标志
int speed;                                      //速度
//前进
void move_ahead() {
  if (time1 != 0) {
      time1 = time1 - 1;
  }
  else {
```

```
        if (Pointer1 == 3)  Pointer1 = 0;             //左侧车轮正传
        else    Pointer1 = Pointer1 + 1;
        if (Pointer2 == 3)  Pointer2 = 0;             //右侧车轮正传
        else    Pointer2 = Pointer2 + 1;
        Step_Motor( Pointer1,  Pointer2);
        time1 = speed;
    }
}
//左转
void Turn_left() {
    Pointer1 = Pointer1;                               //左侧车轮不转
    if (time2 != 0) time2 = time2 - 1;
    else {
        if (Pointer2 == 3)  Pointer2 = 0;             //右侧车轮正传
        else    Pointer2 = Pointer2 + 1;
        time2 = speed;
    }
    Step_Motor( Pointer1,  Pointer2);
}
//右转
void Turn_right( ) {
    if (time1 != 0)  time1 = time1 - 1;
    else {
        if (Pointer1 == 3)  Pointer1 = 0;             //左侧车轮正传
        else    Pointer1 = Pointer1 + 1;
        time1 = speed;
    }
    Pointer2 = Pointer2;                               //右侧车轮不转
    Step_Motor( Pointer1,  Pointer2);
}
//后退
void Back_off() {
    if (time1 != 0)  time1 = time1 - 1;
    else {
        if (Pointer1 == 0)  Pointer1 = 3;             //左侧车轮反转
        else    Pointer1 = Pointer1 - 1;
        if (Pointer2 == 0)  Pointer2 = 3;             //右侧车轮反转
        else    Pointer2 = Pointer2 - 1;
        Step_Motor( Pointer1, Pointer2);
        time1 = speed;
    }
}
//步进电机控制函数
void Step_Motor(int Pointer1, int Pointer2) {
    for (int j = 0; j < 4; j++) {
        digitalWrite(Steep_pins1[j], bitRead(otab_d4 [Pointer1], 3 - j));
        digitalWrite(Steep_pins2[j], bitRead(otab_d4 [Pointer2], 3 - j));
```

```
  }
}
void steep() {                          //定时中断处理程序
  switch (mode) {
    case 1: move_ahead(); break;
    case 2: Turn_left (); break;
    case 3: Turn_right(); break;
    case 4: Back_off (); break;
    case 5: break;
  }
}
void setup() {
  Serial3.begin(9600);
  mode = 5;
  speed = 3;
  time1 = speed;
  time2 = speed;
  Pointer1 = 0;
  Pointer2 = 0;
  for (int i = 0; i < 4; i++) {
    pinMode(Steep_pins1[i], OUTPUT);
    pinMode(Steep_pins2[i], OUTPUT);
  }
  MsTimer2::set(2, steep);
  MsTimer2::start();                    //启动定时器 2 中断
}
void loop() {
  if (Serial3.available()) {
    char command = Serial3.read();
    switch (command) {
      case 0x31: mode = 1; break;       //前进
      case 0x32: mode = 2; break;       //左转
      case 0x33: mode = 3; break;       //右转
      case 0x34: mode = 4; break;       //后退
      case 0x35: mode = 5; break;       //停车
    }
  }
}
```

8.4 智能家居系统

本节介绍一个基于 Arduino 和 Onenet 云平台的"轻型"智能家居系统的软硬件设计方法。

8.4.1 系统总体设计

智能家居系统作为家庭智能方案的集合，不仅能对家庭环境进行实时监测，还要求完成对家庭照明灯、家用电器的智能化控制。

本小节设计与实现了一个"轻型"智能家居实验系统，系统总体结构如图 8-12 所示。智能家居系统由传感器、控制器、协调器、Wi-Fi 路由器、智能终端以及云平台等几部分构成。传感器主要完成测量数据的采集；控制器主要完成控制命令的执行；协调器完成测量数据的汇集、上报和控制命令的下发。传感器和控制器与协调器之间采用 ZigBee 网络进行通信。路由器使用家庭普通的路由器即可，通过 Wi-Fi 与协调器无线连接。云平台是数据的中转站，上报的数据传到云平台之后，智能移动终端通过网络访问云平台，实现对数据的读取。下发的数据和命令由智能终端操作 App 发送到云平台，由协调器最后下传到控制器。

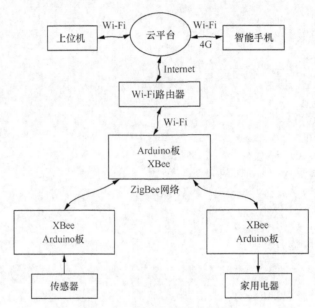

图 8-12 智能家居系统总体结构

系统具体组成如下。

（1）物联网接入平台：选用 Onenet。

（2）协调器：Arduino 板+XBee 模块+Wi-Fi 模块。

（3）传感器节点：Arduino 板+ XBee 模块+传感器。

（4）控制器节点：Arduino 板+ XBee 模块+指示灯。

（5）移动客户端：上位机或安卓智能手机。

（6）ZigBee 网络拓扑结构：星型。

（7）以太网接入方式：Wi-Fi。

（8）传感器：DHT11 温湿度传感器、颗粒物传感器（PM2.5）、光照传感器等。

（9）远程家电控制：通过 Arduino 板控制 LED 灯的亮灭来模拟。

组网分两个步骤，首先实现协调器的 Wi-Fi 连网，协调器可进行本地测量和数据上报，也可接收云平台下传命令，控制 LED 灯的亮灭；然后搭建 ZigBee 网络，将传感器接入，由协调器完成各数据的上报及命令的下发。

8.4.2　系统硬件设计

1．所需硬件

（1）Arduino Mega 2560 板×3。

（2）温湿度传感器 DHT11×1、颗粒物传感器（PM2.5）×1、光照传感×1 等。

（3）LED 三色灯×1。

（4）Wi-Fi 模块×1、XBee 模块×3。

（5）杜邦线若干。

2．引脚连接

传感器连线如表 8-6 所示，控制器连线如表 8-7 所示。

表 8-6　　　　　　　　　　　　传感器连线表

传感器引脚名称	Arduino 板引脚	传感器引脚名称	Arduino 板引脚
DHT11 的 DATA	3	电源	5V
光敏电阻器的 LR	A1	GND	GND
灰尘传感器的 5 脚和 3 脚	A0 和 2		

表 8-7　　　　　　　　　　　　控制器连线表

共阴极三色灯引脚	Arduino 板引脚	共阴极三色灯引脚	Arduino 板引脚
红	5	蓝	公共端
绿	6	7	GND

另外，协调器上的 Wi-Fi 模块 ESP-01S 与 Arduino 的串口 1 连接，所有 XBee 模块均与 Arduino 的串口 3 连接。

8.4.3　系统软件设计

1．软件流程图

智能家居下位机软件设计分三部分，即图 8-13 是协调器的软件流程图，图 8-14 是传感器节点的软件流程图，图 8-15 是开关控制节点的软件流程图。

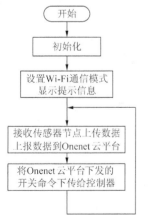
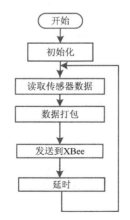
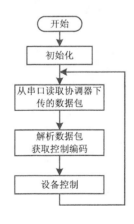

图 8-13　协调器的软件流程图　　　图 8-14　传感器节点的软件流程图　　　图 8-15　开关控制节点的软件流程图

2. 协调器参考程序

协调器参考程序代码如下。

```
#define SSID        "mmm"                    //Wi-Fi 名称
#define PASSWORD    "nnn"                     //Wi-Fi 密码
#define APIKEY   "jYF2arDgV=Bt7pZ9ijLEYKaPE=8="
#define server     "api.heclouds.com"

#include "uartWIFI.h"
WIFI wifi;
unsigned long lastConnectionTime = 0;       //上一次连接服务器的时间（ms）
boolean lastConnected = false;              //前一次连接状态
const unsigned long postingInterval = 8 * 1000;     //两次更新时间间隔（ms）

byte c[18];
int sum=0;
int num=0;
char y[30];
static char z[30];
int d[5];

void setup() {
    Serial3.begin(9600);                    //设置 XBee 波特率
    DebugSerial.begin(9600);                //设置调试串口
    _cell.begin(115200);                    //设置 Wi-Fi 波特率
    _cell.print("+++");

  delay(3000);
  wifi.begin();

  bool b = wifi.confMode(3);
  if (!b)
  {
     DebugSerial.println("mode error");
  }
  wifi.begin();
  delay(2000);

  bool g = wifi.confJAP(SSID, PASSWORD);
  if (!g)
  {
     DebugSerial.println("Init error");
  }
  else DebugSerial.println("Init ok");
```

```
  bool h = wifi.confMux(0);
  if (!h)
  {
      DebugSerial.println("single error");
  }
else DebugSerial.println("single ok");

  String ipstring = wifi.showIP();
  Serial.println(ipstring);

  if (wifi.newMux(TCP, server, 80)) {
      DebugSerial.println("connecting...");
  }

  bool f = wifi.CIPMODE(1);//touchuan
  if (!f)
  {
      DebugSerial.println("touchuan error");

  }
 else DebugSerial.println("touchuan ok");              //透传 OK

  bool d = wifi.CIPSEND();
  if (!d)
  {
      DebugSerial.println("touchuan start error");
  }
  else DebugSerial.println("touchuan start ok");

}


void loop(){
  zigbee_get_onenet_put();                            //上报（传）
  onenet_get_zigbee_put();                            //下发
 }


//接收传感器采集的信息并上传 onenet
void zigbee_get_onenet_put(){
      int i=0;
      byte checknum=0;
      while(1)
  {
      if(Serial3.available()>0)
```

```
        {
            c[i]=Serial3.read();
            if(i==0&&c[i]!=0x7e)
            i=-1;
            if(i==1&&c[i]!=0x00)
            i=-1;
            if(i==2&&c[i]!=0x10)
            i=-1;
            //Serial.print(c[i],HEX);
            //Serial.print("");
            i++;
            if(i==20)
            break;
        }
    }
    //7e 00 10 90 00 13 a2 00 41 55 4c 6d 9c e3 01 01 02 03 04 e1
    //0   1  2  3  4  5  6  7  8  9 10 11 12 13 14 15 16 17 18 19

    for(int i=3;i<=18;i++)
    checknum+=c[i];
    checknum=0xff-checknum;
    if(checknum==c[19])
    {
        if(c[15]>0&&c[15]<30)
        {
                put(c[15],c[16],c[17],c[18]);                //上传到 Onenet
        }
    delay(4000);
        }
}


//采集信息上报 onenet
void put(int temp,int hum,int light,int pm25)
{
static int cnt=0;
String cmd("POST /devices/31760997/datapoints HTTP/1.1\r\n"
"Host: api.heclouds.com\r\n"
"api-key:jYF2arDgV=Bt7pZ9ijLEYKaPE=8=\r\n"
"Content-Length:" + String(cnt) + "\r\n"
"\r\n");
  _cell.print(cmd);
  cnt = _cell.print("{\"datastreams\":["
"{\"id\":\"temp\",\"datapoints\":[{\"value\":" + String(temp) + "}]},"
"{\"id\":\"hum\",\"datapoints\":[{\"value\":" + String(hum) + "}]},"
```

```
"{\"id\":\"light\",\"datapoints\":[{\"value\":" + String(light) + "}]},"
"{\"id\":\"pm25\",\"datapoints\":[{\"value\":" + String(pm25) + "}]},"
"]}");
        _cell.println();
    }
//将 onenet 下发的开关量下传给控制节点
void onenet_get_zigbee_put(){
 getbingxiang();
 delay(1000);
 getkongtiao();
 delay(1000);
 getdeng();
 delay(1000);
 Serial.println("----------------------------------");
 Serial.println(z[0]-48);
 Serial.println(z[1]-48);
 Serial.println(z[2]-48);
 zigbee_put(z[0]-48,z[1]-48,z[2]-48);
 delay(500);
}
//将 x,y,z 打包下传
void zigbee_put(int x,int y,int z){
  int bingxiang=x;
  int kongtiao=y;
  int deng=z;

  byte b[21]={0x7E,0x00,0x00,0x10,0x00};
  byte a[15]={0x00,0x13,0xA2,0x00,0x41,0x63,0xCD,0x33,0xFF,0xFE,0x00,0x00};
  a[12]=bingxiang;
  a[13]=kongtiao;
  a[14]=deng;
  byte checknum=0;
  for(int i=5;i<=19;i++)
  {
        b[i]=a[i-5];
  }
        checknum+=0x10+0x00;
        for(int i=0;i<15;i++)
        checknum+=a[i];   //a[0]+a[1]+....a[14]+0x0+0x10
        checknum=0xff-checknum;
        b[20]=checknum;
        b[1]=0x00;
        b[2]=0x11;
        for(int i=0;i<21;i++)
```

```
        {
            Serial3.write(b[i]);                    //发送给 XBee
}
        }


char getbingxiang                              //从云平台取冰箱开关控制数据
 {
  String cmd("GET /devices/31760997/datastreams/bingxiang  HTTP/1.1\r\n"
//注意设备 id
"api-key:jYF2arDgV=Bt7pZ9ijLEYKaPE=8=\r\n"
"Host: api.heclouds.com\r\n\r\n");
        int count =0;
        int count1 =0;
        int count2=0;
        char str;
        int i=0;
        unsigned long start = millis();
        _cell.print(cmd);

         while(1)                              //查看获取的数据
        {
            if(Serial1.available())
            {
            y[i]=Serial1.read();
            Serial.print(y[i]);
            if(i==0&&y[i]!='v')
            i=-1;
            if(i==1&&y[i]!='a')
            i=-1;
            if(i==2&&y[i]!='l')
            i=-1;
            if(i==3&&y[i]!='u')
            i=-1;
            if(i==4&&y[i]!='e')
            i=-1;
            i++;
            if(i==8)
            {
             z[0]=y[7];
             Serial.println("*");
             Serial.println(y[7]);
             Serial.println("*");
             break;
             }
```

```
                }
        if(millis()-start>postingInterval){
            break;
        }
    }
}

 char getdeng()                              //从云平台取照明灯的开关数据
{
    //略
}

 char getkongtiao()                          //从云平台取空调的开关数据
{
//略
 }
```

3. 控制器程序代码

功能：实时接收协调器下发的命令，对三色灯进行点亮与关闭操作，三色灯用于模拟照明灯、冰箱、空调的开关控制。

```
int num=0;
 byte c[30];
 boolean flag=0;
 void setup()
 {
    pinMode(5,OUTPUT);
    pinMode(6,OUTPUT);
    pinMode(7,OUTPUT);
    Serial3.begin(9600);
    Serial.begin(115200);
 }

 void loop()
 {
    zigbee_get();
 }
//----------------------------------------------------------------------
        void zigbee_get()
    {

            int i=0;
            byte checknum=0;
             while(1)
             {
```

```
                    if(Serial3.available()>0)
                    {
                          c[i]=Serial3.read();
                          //Serial.println(c[i],HEX);
                          if(i==0&&c[i]!=0x7e)
                          i=-1;
                          if(i==1&&c[i]!=0)
                          i=-1;
                          if(i==2&&c[i]!=0x0F)
                          i=-1;
                          i++;
                          if(i==19)
                          break;
                    }
               }

               for(int i=3;i<=17;i++)
               checknum+=c[i];
               checknum=0xff-checknum;
               if(checknum==c[18])
               {
                    Serial.println(c[15]);
                    Serial.println(c[16]);
                    Serial.println(c[17]);
                    if(c[15]==1){
                         digitalWrite(5,HIGH);
                    }else{
                         digitalWrite(5,LOW);
                    }
                    if(c[16]==1){
                         digitalWrite(6,HIGH);
                    }else{
                         digitalWrite(6,LOW);
                    }
                    if(c[17]==1){
                         digitalWrite(7,HIGH);
                    }else{
                         digitalWrite(7,LOW);
                    }
               }
          }
     }
```

4. 传感器节点程序代码

功能：实时采集温度、湿度、光强和 PM2.5 的值，每隔 4s 通过 ZigBee 网络上传协调器。

```
#include "dht11.h"
dht11 DHT11;
#define DHT11PIN 3

//GY2P10
int measurePin = A0;                        //连接灰度传感器到 Arduino 的 A0 引脚
int ledPower = 2;                           //连接灰度传感器到 Arduino 的数字引脚 2
int samplingTime = 280;
int deltaTime = 40;
int sleepTime = 9680;

float voMeasured = 0;
float calcVoltage = 0;
float dustDensity = 0;

//light
#define light_dependen A1                   //定义模拟口 A1
int Intensity = 0;                          //光照度数值

  int num=0;
  byte c[30];
  boolean flag=0;

  void setup()
  {
    pinMode(ledPower,OUTPUT);
    pinMode(5,OUTPUT);                       //led 控制引脚
    pinMode(6,OUTPUT);
    pinMode(7,OUTPUT);

    Serial3.begin(9600);
    Serial.begin(115200);
  }

  void loop()
  {
      zigbee_put();
      delay(4000);
  }

  void zigbee_put(){
          byte b[22]={0x7E,0x00,0x00,0x10,0x00};
          byte a[17]={0x00,0x00,0x00,0x00,0x00,0x00,0x00,0x00,0xFF,0xFE,0x00,0x00};
 //DHT11-------------------------------------------------------------------
```

```
    int chk = DHT11.read(DHT11PIN);
 //----------------------------------------------------------------------
 //PM2.5
   digitalWrite(ledPower,LOW); //power on the LED
   delayMicroseconds(samplingTime);
   voMeasured = analogRead(measurePin); //read the dust value
   delayMicroseconds(deltaTime);
   digitalWrite(ledPower,HIGH); //turn the LED off
   delayMicroseconds(sleepTime);
   //0 - 5V mapped to 0 - 1023 integer values
   //recover voltage
   calcVoltage = voMeasured * (5.0 / 1024.0);
   dustDensity = 170 * calcVoltage - 100;
   Serial.print("Dust Density: ");
   Serial.println(dustDensity); //unit: ug/m3
 //----------------------------------------------------------------------
   Intensity = analogRead(light_dependen);    //读取模拟口A1的值，存入Intensity变量
   a[12]=DHT11.temperature;                    //传输值
       a[13]=DHT11.humidity;
       a[14]=Intensity;
   a[15]=dustDensity;
       byte checknum=0;                        //定义8字节的累加
        for(int i=5;i<=20;i++)                 //将b数组与a数组合并，b中有5个，a
 //中有15个数
 {
  b[i]=a[i-5];
  }
 //执行累加操作：除了0x7E,0x00,0x00其他加在一起然后被FF减
       checknum+=0x10+0x00;
       for(int i=0;i<16;i++)
       checknum+=a[i];
       checknum=0xff-checknum;
       b[21]=checknum;

 //长度分为两个16进制的数来保存到b[1]和b[2]中
       uint8_t msbLen=((15+3)>>8) & 0xff;
       uint8_t lsbLen=(15+3) & 0xff;
       b[1]=msbLen;
       b[2]=lsbLen;

 //将数据写到串口3通，并且在串口9600中输出16进制数
       for(int i=0;i<22;i++)
       {
           Serial3.write(b[i]);
```

```
        Serial.println(b[i],HEX);
      }
        Serial.println();
      }
```

5．上位机和手机客户端

　　智能家居的上位机和智能手机客户端监控界面的设计有多种方法，而基于 Onenet 云平台设计智能家居监控界面最简单，不需要编程即可实现，其设计方法详见 Onenet 云平台相关文档。使用计算机和手机客户端可以观察测试结果。移动终端的主界面如图 8-16 所示，可以实时查看光强、温湿度，PM2.5 的变化曲线和数值，同时可以通过按钮对照明灯、空调、冰箱进行开关控制等。

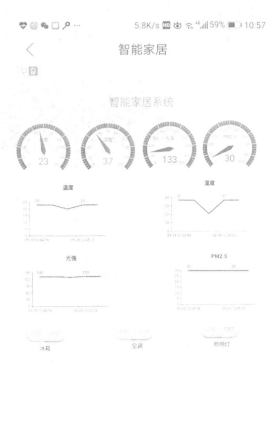

图 8-16　移动终端的主界面

8.5　MP3 播放器

　　本节介绍一个基于 Arduino 的 MP3 音乐播放器的软硬件设计方法。

8.5.1　MP3 音乐播放原理

制作步骤如下。

第一步：首先利用 foobar2000 软件把任意 MP3 音频文件转换成.wav 格式。

（1）打开 foobar2000，选择"File>Open"，找到要转换的音乐，将音乐文件导入。

（2）在导入的音乐中单击鼠标右键，选择"Convert>Quick convert"，在出现的对话框中选择"WAV 格式"，单击"Convert"即可。

第二步：制作 Arduino 开发板能够播放的音频文件。

根据 Arduino 开发板的工作频率，选择合适的转换程序，在"tools"文件夹下选择"Arduino with 16MHz"文件夹，在这个文件夹里有很多转换模式，根据 Arduino 程序，选择"HalfRate@16MHz_Stereo.bat（半速率立体声模式）"，将这个文件放到"sox_win"文件夹下面，将前面生成的.wav 文件拖到这个批处理文件上，文件目录结构如图 8-17 所示，当出现图 8-18 所示的提示时，说明转换完成了。

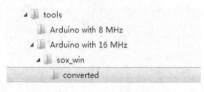

图 8-17　文件目录结构

图 8-18　CMD 界面提示

之后，"sox_win"文件夹下面新建了一个文件夹"converted"，转换好的文件（扩展名为.ahs）就在里面；按同样的方法，转换其他的音乐文件，直至最终完成；注意文件目录结构如图 8-19 所示。

图 8-19　文件目录结构

第三步：将转化好的.ahs 文件放到 SD 卡根目录中。注意，文件名不能使用中文。

8.5.2　MP3 播放的类库函数

第三方音乐播放类库定义了一个 SdPlayClass()类和一个 SdPlay 对象；还定义了一个构造函数 SdPlayClass()，用于变量的初始化；一个析构函数~SdPlayClass()，用于释放资源。下面介绍几个主要的类成员函数。

1．setSDCSPin()

功能：设置 SD 卡的 CS（片选）引脚。

语法格式：SdPlay.setSDCSPin(uint8_t csPin)。

参数说明：csPin，与 SD 卡片选连接的 Arduino 开发板的引脚编号。

2．setWorkBuffer()

功能：设置静态缓冲区的位置和大小。

语法格式：SdPlay.setWorkBuffer(uint8_t *pBuf, uint16_t bufSize)。

参数说明：pBuf，缓冲区的起始位置；

bufSize，工作缓冲区的大小，必须是 512 的整数倍，至少为 1024。

返回值：无。

3．init()

功能：完成初始化和声音模式设置。

语法格式：SdPlay.init(uint8_t soundMode)。

参数说明：soundMode，音频选择编码和输出模式编码逻辑或的结果。

音频选择编码：全速率（0x00），半速率（0x10）。

输出模式编码：单声道（0x00），立体声（0x01）。

返回值：1，设置成功；0，设置失败。

4．getLastError()

功能：读取错误编码。

语法格式：　SdPlay.getLastError()。

参数说明：无。

返回值：0x80，空指针；0x81，缓冲区太小；0x82，系统未正确初始化。

5．getflag()

功能：读取播放音频文件序号。

语法格式：SdPlay.getflag()。

参数说明：无。

返回值：返回音频文件序号。

6．setflag()

功能：设置播放文件序号，从 0 开始。

语法格式：SdPlay.setflag()。

参数说明：无。

返回值：无。

7．dir()

功能：输出目录列表。

语法格式：SdPlay.dir(void (*callback)(char *))。

参数说明：将音频文件名存入*callback 中。

返回值：无。

8．setFile()

功能：选择播放的音频文件。

语法格式：SdPlay.setFile(char *fileName)。

参数说明：fileName，音频文件名。

返回值：1，正常；0，错误。

9．worker()

功能：在主循环中连续调用，完成播放。

语法格式：SdPlay.worker()。

参数说明：无。

返回值：无。

10．play()

功能：如果没有播放，开始播放；如果正在播放，从零开始。

语法格式：SdPlay.play()。

参数说明：无。

返回值：无。

11．stop()

功能：停止播放，设置播放位置为零。

语法格式：SdPlay.stop()。

参数说明：无。

返回值：无。

12．pause()

功能：如果在播放中则暂停播放；如果暂停播放中则恢复播放。

语法格式：SdPlay.pause()。

参数说明：无。

返回值：无。

8.5.3　MP3 播放器的设计

1．MP3 播放器功能

本小节介绍的播放器可实现如下功能：SD 卡根目录已经保存了多首转换后的 MP3 文件，上电即开始从头播放，按 NEXT 键播放下一首，按 LAST 键播放上一首，按 PAUSE 键暂停播放，再按 PAUSE 键继续播放，按 0～9 键进行点歌，按 Mode 键切换成单曲循环播放或顺序播放。

2．硬件结构图

如图 8-20 所示，MP3 播放器由 Arduino Mega 2560 开发板、SD 读卡模块、红外接收模块、红外遥控器、USB 音箱和电源等部分组成。

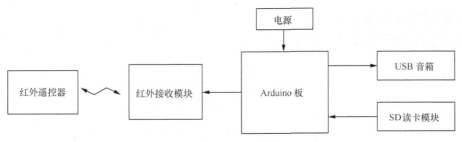

图 8-20　MP3 播放器的结构图

3. 所需硬件与引脚连接

（1）Arduino Mega 2560 开发板×1。

（2）SD 卡座×1 和 SD 卡×1。

（3）遥控器×1。

（4）USB 音箱×1。

（5）红外接收模块×1。

（6）面包板×1。

（7）杜邦线若干。

红外接收模块的 VCC 与 5V 连接，GND 对应相连，信号输出端连接 Arduino 的引脚 6。读卡模块和音箱连线如表 8-8 所示。

表 8-8　　　　　　　　　　　　读卡模块和音箱连线表

SD 卡座（SPI）	引脚说明	Arduino Mega 2560 开发板引脚
+5V	电源	5V
CS	片选	53
MOSI	主出从入	51
SCK	时钟	52
MISO	主入从出	50
GND	地	GND
音箱引脚 1	音频输出	44
音箱引脚 2	音频输出	45

MP3 播放器电路连接如图 8-21 所示。

图 8-21　MP3 播放器实物连接图

4．播放器程序流程图

MP3 播放器程序流程如图 8-22 所示。

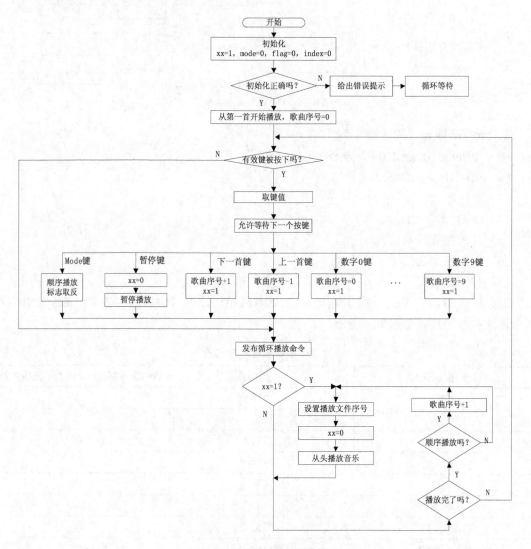

图 8-22　MP3 播放器程序流程图

5．MP3 播放器参考程序

程序代码如下。

```
#include <IRremote.h>
#include <SimpleSDAudio.h>
#include <string.h>
#define BIGBUFSIZE (2*512)
//地址为宏定义方式，便于修改
#define KEY_0  0xFF6897
#define KEY_1  0xFF30CF
#define KEY_2  0xFF18E7
```

```
#define KEY_3  0xFF7A85
#define KEY_4  0xFF10EF
#define KEY_5  0xFF38C7
#define KEY_6  0xFF5AA5
#define KEY_7  0xFF42BD
#define KEY_8  0xFF4AB5
#define KEY_9  0xFF52AD
#define KMode  0xFF629D            //对应 CH 键
#define KNEXT  0xFF02FD
#define KPrev  0xFF22DD
#define KPause 0xFFC23D


int mode, flag, index, xx;
uint8_t bigbuf[BIGBUFSIZE];
unsigned long value = 0;
int cnt = 0;
int RECV_PIN = 6;
IRrecv irrecv(RECV_PIN);          //定义 IRrecv 对象来接收红外线信号
decode_results results;           //解码结果放在 decode_results 构造的对象 results 里
long long int addr_Table[] = {KEY_0, KEY_1, KEY_2, KEY_3, KEY_4, KEY_5, KEY_6,
                              KEY_7, KEY_8, KEY_9, KMode, KNEXT, KPre, KPause
                              };
char list[30][30];

void setup()
{
  mode = 0, flag = 0;
  index = 0, xx = 1;              //xx: 从头播放标志
  Serial.begin(9600);
  irrecv.enableIRIn();           //启动红外解码
  Serial.print(F("Free Ram: "));
  Serial.println(freeRam());
  SdPlay.setWorkBuffer(bigbuf, BIGBUFSIZE);
  Serial.print(F("\nInitializing SimpleSDAudio V" SSDA_VERSIONSTRING " ..."));
  SdPlay.setSDCSPin(53);
  if (!SdPlay.init(SSDA_MODE_HALFRATE | SSDA_MODE_STEREO))
  {
      Serial.println(F("initialization failed. Things to check:"));
      Serial.println(F("* is a card is inserted?"));
      Serial.println(F("* Is your wiring correct?"));
      Serial.println(F("* maybe you need to change the chipSelect pin to match
your shield or module?"));
      Serial.print(F("Error code: "));
      Serial.println(SdPlay.getLastError());
      while (1);
```

```
    }
    else
    {
      Serial.println(F("Wiring is correct and a card is present."));
    }
    Serial.println(F("Files on card:"));
    SdPlay.dir(&DirCallback);
    Serial.print(index);
    Serial.println(" songs found!");
    SdPlay.setFile(list[flag]);
    SdPlay.play();
    irrecv.resume();
}

void loop()
{
  if (IR_Value()) {
    music_menu();
  }
  music_play();
}

bool IR_Value()
{
  if (irrecv.decode(&results))
  {
    cnt++;
    if (results.value != (-1))
    {
      value = results.value;
    }
    Serial.print("cnt:");
    Serial.println(cnt);
    irrecv.resume();
    if (cnt > 1) {
      cnt = 0;
      if (addr_find()) {
        return true;
      } else {
        return false;
      }
    }
  }
  return false;
}
```

```
void music_menu()
{
  switch (value)
  {
    case KMode:
    mode=~mode;
     Serial.println("KMode pressed!");
      mode = ~mode;
      if (mode)
     Serial.println("顺序播放");
      else
     Serial.println("单曲循环");
      break;
    case KPause:
      SdPlay.pause();
      Serial.println("Pause pressed!");
      xx = 0;
      break;
    case KNEXT:
      flag++;
      Serial.println("Next pressed!");
      xx = 1;
      break;
    case KPre:
      flag--;
      Serial.println("Pre pressed!");
      xx = 1;
      break;
    default:
      music_select();
      xx = 1;
      break;
  }
}


void music_play()
{
  SdPlay.worker();
  if (xx) {
    Serial.print("Restart!");
START:
    Serial.println(flag);
    SdPlay.setFile(list[flag]);
    Serial.println(list[flag]);
```

```
      SdPlay.play();
      xx = 0;
    }
   if (SdPlay.isStopped())
   {
     Serial.println("Play Done!");
     if (mode)
       flag++;
     goto
     START;
   }
}

void music_select()
{
   for (int i = 0; i < 10; i++)
   {
     if (value == addr_Table[i])
       flag = i;
   }
}

bool addr_find()                        //用于查找是否是定义的按键
{
   for (int i = 0; i < sizeof(addr_Table) / sizeof(addr_Table[0]); i++)
   {
     if (value == addr_Table[i])
       return true;
   }
   return false;
}

void DirCallback(char *buf)
{
   Serial.println(buf);
   strcpy(list[index], buf);
   Serial.println(list[index]);
   index++;
}

int freeRam ()
{
   extern int __heap_start, *__brkval;
   int v;
   return (int) &v - (__brkval == 0 ? (int) &__heap_start : (int) __brkval);
}
```

8.6　万年历

本节介绍一个能够显示日历、时钟的万年历系统的软硬件设计方法。另外，该万年历还具有温湿度显示功能。

8.6.1　系统总体设计

利用实时时钟/日历模块 PCF8563、温湿度传感器 DHT11、按键和 LCD Keypad Shield，设计一个万年历及温湿度显示系统。通过 4 个按键，实现时钟、日历的在线修改，以及万年历和温湿度检测的切换。PCF8563 模块带有备用电池，掉电后能保持内部时钟正常运行。

万年历系统总体结构图如图 8-23 所示。

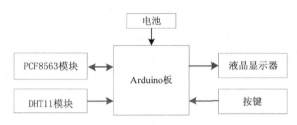

图 8-23　万年历总体结构图

8.6.2　系统硬件设计

1．所需硬件

（1）Arduino UNO 或 Arduino 2560×1。

（2）PCF8563 模块×1。

（3）DHT11 模块×1。

（4）LCD Keypad Shield×1。

（5）杜邦线若干。

图 8-24 是采用 LCD Keypad Shield 扩展板的万年历实物连接图。

图 8-24　万年历实物连接图

2．连线

PCF8563 模块、DHT11 模块与 Arduino 板的连接如表 8-9 所示。按键在 LCD Keypad Shield

扩展板上已经连接到 A0 上，采用模拟量输入识别按键。

表 8-9   引脚及连接

模块名称	引脚（或按键)名称	引脚（或按键功能）说明	与 Arduino 连接的引脚编号
PCF8563	VCC	电源	5V
	SDA	串行数据 I/O	UNO（A4）　Mega2560（D20）
	SCL	串行时钟输入	UNO（A5）　Mega2560（D21）
	GND	地	GND
DHT11	VCC-	电源	5V
	DATA	数据输出	2
	GND	地	GND
扩展板	SELECT	参数修改	A0
	UP	增加	
	DOWN	减少	
	RIGTH	确认	

8.6.3　PCF8563 的类库函数

Rtc_Pcf8563 是 PCF8563 的第三方类库，包含多个成员函数，下面以对象 rtc 为例介绍其主要的几个成员函数。

1. getDateTime()

功能：读取内部日历、时钟。读取所有设备寄存器（包括设定闹钟寄存器）到变量中：day，weekday，month，century，year，hour，minute, sec，alarm_minute，alarm_hour，alarm_day，alarm_weekday。

语法格式：rtc.getDateTime()。

参数说明：无。

返回值：无。

2. setDateTime()

功能：设定日历、时钟。

语法格式：rtc.setDateTime(byte day, byte weekday, byte month, bool century, byte year, byte hour, byte minute, byte sec)。

参数说明：按照日、周、月、世纪、年、小时、分和秒顺序设定。世纪参数说明：0=20××；1=19××。

返回值：无。

3. getSecond()

功能：读取秒寄存器的内容。调用该函数前，应首先执行 getDateTime()函数。

语法格式：rtc.getSecond()。

参数说明：无。

返回值：秒。

成员函数：rtc.getMinute()、rtc.getHour()、rtc.getDay()、rtc.getMonth()、getYear()、 getWeekday()、rtc.getAlarmMinute()、rtc.getAlarmHour()、rtc.getAlarmWeekday()的调用方法和 rtc.getSecond()类似，按顺序其功能分别是读取分钟、小时、日、月、年、周、分报警、小时报警和周报警等。

4．FormatDate()

功能：格式化 data 数据。

语法格式：rtc.formatDate(byte style)。

参数说明：style，RTCC_DATE_ASIA 代表 yyyy-mm-dd 格式；RTCC_DATE_US 代表 mm/dd/yyyy 格式；RTCC_DATE_WORLD 或默认代表 dd-mm-yyyy 格式。

返回值：格式化后的字符串。

5．formatTime()

功能：格式化 time 数据。

语法格式：rtc.formatTime(byte style)。

参数说明：style，RTCC_TIME_HM 只输出时分；RTCC_TIME_HMS 或默认，输出时分秒。

返回值：格式化后的字符串。

8.6.4　系统软件设计

1．软件流程图

万年历软件流程如图 8-25 所示。

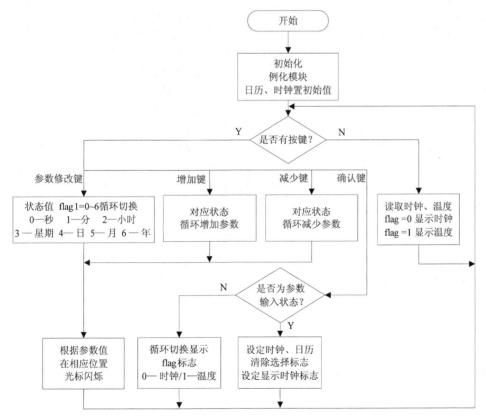

图 8-25　万年历软件流程图

2. 参考程序

程序编译下载后，液晶屏幕上显示当前时钟和日历，通过确认键切换显示当前时钟、日历或当前温度和湿度。需要调整时钟和日历时，可以通过参数修改键将光标移到要修改的参数位置，再通过增加或减少键进行修改，修改后按确认键返回。参考程序如下。

```cpp
//8563 时钟模块、DHT11 模块。
//在 LCD 上显示时钟和日历，温度和湿度。通过确认键切换显示内容。
#include <Rtc_Pcf8563.h>
#include <LiquidCrystal.h>
#include "dht11.h"
Rtc_Pcf8563 rtc;                              //定义一个对象 rtc
dht11 DHT11;
#define DHT11PIN 2                            //定义 DHT11 模块引脚
const int rs = 8, en = 9, d4 = 4, d5 = 5, d6 = 6, d7 = 7;  //LCD1602 引脚
LiquidCrystal lcd(rs, en, d4, d5, d6, d7);
byte day, weekday, month, century, year;      //定义日期变量
byte hr, minute, sec ;                        //定义时间变量
char time_str[16];                            //时间
char data_str[16];                            //日历
char strOut[8];
char time_Out[16];
int  key_in = A0;                             //模拟量按键
int  key_v[4] = {0x2D , 0x13, 0x8, 0x00 };    //预存键值
int  flag = 0;                                //显示时钟状态
int  flag1 = 0xff;                            //初始没有按键状态
int  key;                                     //按键
int  key1;                                    //防止重键
String week[7] = {"Mon ", "Tue ", "Wed ", "Thur", "Fri ", "Sat ", "Sun "};
byte Centigrade[8] = {                        //定义℃显示符号
  B10000,
  B00110,
  B01001,
  B01000,
  B01000,
  B01001,
  B00110,
  B00000
};
void setup() {
  lcd.begin(16, 2);                           //液晶初始化
  lcd.createChar(0, Centigrade);              //在地址 0 创造℃字符
  getclock();                                 //读取当前时钟
}
void loop() {                                 //主循环函数
```

```
    read_key();
    if (key != 0)
    {
      switch (key) {
        case 1: Select();   break;           //选择键
        case 2: Reduce();   break;           //增加键
        case 3: Increase(); break;           //减少键
        case 4: Return();   break;           //确认键
      }
      key = 0;
    }
    if (flag == 0)
      time_display();
    else if (flag == 1)
      temp_display();
    else if (flag == 2)
      set_display();
  }
  void getclock() {                          //读日历、时钟
    rtc.getDateTime();
    sec = rtc.getSecond();
    minute = rtc.getMinute();
    hr = rtc.getHour();
    day = rtc.getDay();
    month = rtc.getMonth();
    year = rtc.getYear();
    weekday = rtc.getWeekday();
  }
  void set_display() {                       //参数修改状态，在相应位置光标闪烁
    lcd.cursor();
    lcd.blink();
    if (flag1 != 0xff) {
      switch (flag1) {
      case 0: lcd.setCursor(10,0);lcd.print(sec / 10);lcd.print(sec % 10);lcd.
setCursor(11, 0); break;
      case 1: lcd.setCursor(7, 0);lcd.print(minute / 10); lcd.print(minute %
10);lcd.setCursor(8, 0);break;
      case 2: lcd.setCursor(4, 0);lcd.print(hr / 10); lcd.print(hr % 10); lcd.
setCursor(5, 0); break;
      case 3: lcd.setCursor(12,1);lcd.print(week[weekday - 1]);lcd.setCursor(15, 1);
break;
      case 4: lcd.setCursor(8, 1);lcd.print(day / 10);lcd.print(day % 10); lcd.
setCursor(9, 1); break;
      case 5: lcd.setCursor(5, 1);lcd.print(month / 10);lcd.print(month %
```

```
10);lcd.setCursor(6, 1); break;
        case6:lcd.setCursor(0,1);lcd.print("20");lcd.print(year/10);
lcd.print(year%10); lcd.setCursor(3,1); break;
      }
    }
  }
  void time_display()                        //显示日历、时钟
  {
    lcd.noCursor();
    lcd.noBlink();
    lcd.setCursor(4, 0);
    lcd.print(rtc.formatTime());
    lcd.setCursor(0, 1);
    lcd.print(rtc.formatDate(RTCC_DATE_ASIA));
    lcd.setCursor(12, 1);
    lcd.print(week[rtc.getWeekday() - 1]);
  }
  void temp_display() {                      //温湿度显示
    DHT11.read(DHT11PIN);
    int temperature = DHT11.temperature;     //温度
    int humidity = DHT11.humidity;           //湿度
    lcd.setCursor(4, 0);
    lcd.print("T=");
    lcd.print(temperature);
    lcd.write(byte(0));
    lcd.print("");
    lcd.setCursor(4, 1);
    lcd.print("H=");
    lcd.print(humidity);
    lcd.print("% ");
  }
  void read_key() {                          //读按键
    int key_Value = analogRead(A0) >> 4;     //读取 AD 高 8 位
    if (key_Value != 0x3f) {                 //无键按下时键值是 0x3f
      delay(120);
      key_Value = analogRead(key_in) >> 4;
      if (key_Value != 0x3f) {
        for (int i = 0; i < 4; i++) {
    if (key_Value >= key_v[i] - 1 && key_Value <= key_v[i] + 1)     //取一个范围
            key = i + 1;                      //键值从 1 开始
        }
      }
      if (key1 != key)                        //防止连键
        key1 = key;
```

```
    else
      key = 0;
  }
}
void Select() {                                  //参数修改键
  getclock();
 rtc.setDateTime(day, weekday, month, 0, year, hr, minute, sec);
 if (flag == 1) {
    flag = 0;
  }
  else  {
    flag = 2;
    if (flag1 == 0xff)
      flag1 = 0;
    else if (flag1 < 6) {
      flag1 += 1;
      rtc.setDateTime(day, weekday, month, 0, year, hr, minute, sec);
    }
    else flag1 = 0;
  }
}
void Reduce() {                                  //减少键
  if (flag1 != 0xff) {
    switch (flag1) {
      case 0: if (sec == 0)  sec = 59; else sec -= 1;  break;
      case 1: if (minute == 0)  minute = 59;  else minute -= 1;  break;
      case 2: if (hr == 0)  hr = 23; else hr -= 1;  break;
      case 3: if (weekday == 1)  weekday = 7;  else weekday -= 1;  break;
      case 4: if (day == 1)  day = 31; else day -= 1;  break;
      case 5: if (month == 1)  month = 12;  else month -= 1;  break;
      case 6: if (year == 0)  year = 99; else year -= 1;  break;
    }
    rtc.setDateTime(day, weekday, month, 0, year, hr, minute, sec);
  }
}
void Increase() {                                //增加键
  if (flag1 != 0xff) {
    switch (flag1)  {
      case 0: if (sec == 59)  sec = 0; else sec += 1;  break;
      case 1: if (minute == 59) minute = 0; else minute += 1; break;
      case 2: if (hr == 23)  hr = 0; else hr += 1;  break;
      case 3: if (weekday == 7)  weekday = 1;  else weekday += 1;  break;
      case 4: if (day == 31)  day = 1; else day += 1;  break;
      case 5: if (month == 12)  month = 1;  else month += 1;  break;
```

```
        case 6: if (year == 99) year = 0; else year += 1; break;
      }
      rtc.setDateTime(day, weekday, month, 0, year, hr, minute, sec);
    }
}
void Return() {                             //确认键
  if (flag1 != 0xff) {
    rtc.setDateTime(day, weekday, month, 0, year, hr, minute, sec);
    flag1 = 0xff;
    flag = 0;
  }
  else {
    flag = !flag;
    lcd.clear();
    flag1 = 0xff;
  }
}
```

8.7　本章小结

　　本章介绍了倒车雷达、门禁系统、遥控小车、智能家居系统、MP3 播放器、万年历这 6 个与实际应用相关的 Arduino 嵌入式系统综合应用。在应用讲解中首先提出了系统功能，然后给出了系统总体框图，介绍了系统的硬件设计方法，最后给出了系统实现的软件流程图和参考代码。6 个综合应用实例将遥控、按键管理、液晶显示、超声波测距、温湿度测量、PM2.5 检测、光强度检测、RFID、SD 卡、EEPROM、步进电机、蓝牙、Wi-Fi 通信等多种技术和模块应用于实际应用系统，使读者可以从中学习多种嵌入式和物联网应用系统的软硬件设计技术。